高等院校公共基础课规划教材

办公自动化高级应用案例教程
——Office 2010

尹建新　刘颖 等　编著

电子工业出版社
Publishing House of Electronics Industry
北京·BEIJING

内容简介

全书包括文字处理 Word、数据处理 Excel 和演示文稿设计 PowerPoint 三大部分，"既方便教师教，也方便学生学"是写作这本书的目标宗旨，全书以案例形式，以"学前准备"介绍知识点与"案例操作"实践知识点的结合，将理论与实践统一。

本书内容丰富，结构清晰，具有很强的操作性和实用性。可作为高等院校、高职院校等办公自动化课程的教材，也可作为各类社会人员学习或培训办公软件的教材。

未经许可，不得以任何方式复制或抄袭本书之部分或全部内容。

版权所有，侵权必究。

图书在版编目（CIP）数据

办公自动化高级应用案例教程：Office 2010/尹建新等编著. —北京：电子工业出版社，2014.8
高等院校公共基础课规划教材
ISBN 978 - 7 - 121 - 24020 - 1

Ⅰ.①办…　Ⅱ.①尹…　Ⅲ.①办公自动化－应用软件－高等学校－教材　Ⅳ.①TP317.1

中国版本图书馆 CIP 数据核字（2014）第 177581 号

责任编辑：贺志洪
特约编辑：张晓雪　薛　阳
印　　刷：三河市鑫金马印装有限公司
装　　订：三河市鑫金马印装有限公司
出版发行：电子工业出版社
　　　　　北京市海淀区万寿路 173 信箱　邮编 100036
开　　本：787×1092　1/16　印张：15.75　字数：403 千字
版　　次：2014 年 8 月第 1 版
印　　次：2018 年 11 月第 19 次印刷
定　　价：35.00 元

凡所购买电子工业出版社图书有缺损问题，请向购买书店调换。若书店售缺，请与本社发行部联系，联系及邮购电话：(010) 88254888。

质量投诉请发邮件至 zlts@phei.com.cn，盗版侵权举报请发邮件至 dbqq@phei.com.cn。

服务热线：(010) 88258888。

前　言

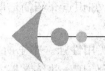

　　如今，计算机的应用已经渗透到了各行各业，融入到了我们的工作、学习和生活中，特别是在办公领域中，运用计算机技术实现办公自动化，大大地提高了工作效率，能够方便地管理大量资料以及整理繁杂的文件，提升工作质量。在众多的办公软件中，微软公司的 Office 系列软件是办公自动化软件中的佼佼者，其强大的功能深受广大用户的青睐。

　　为适应社会发展的需求，近年来许多高校将"办公自动化高级应用"课程纳入计算机基础教育课程体系，作为全校性的公共选修课程。课程的教学目的在于通过教与学，使学生正确理解办公自动化的概念，领略办公自动化软件的原理和使用方法，重点掌握办公自动化的高级应用，能综合运用办公自动化软件对实际问题进行分析和解决，培养学生应用办公自动化软件处理办公事务、信息采集处理的实际操作能力，以便日后能更好地胜任工作。同时，教育部有关组委会及社会各考证机构也推出了与 Office 的相关竞赛，如：全国信息技术大赛；PPT 创意大赛；校、市、省 Office 竞赛，还有有关 Office 的二级考试和全国级别的相关考试等，越来越多的人已经认识到了学会使用计算机、熟练运用办公自动化软件的重要性。

　　全书包括文字处理 Word、数据处理 Excel 和演示文稿设计 PowerPoint 三大部分，"既方便教师教，也方便学生学"是写作这本书的目标宗旨，全书以案例形式，以"学前准备"介绍知识点与"案例操作"实践知识点的结合，将理论与实践统一。

　　第 1 篇是文字处理 Word 的高级应用，共 4 章。本篇以黑板报的制作案例介绍图文混排、版面设计等；以邀请函制作、模板文件和问卷调查等案例的实现介绍了常用文档的制作；以各部门协同一份年终总结报告的写作介绍了主控文档和子文档的操作；以毕业论文的排版介绍了长文档的处理，包括多级编号的设置、域的使用、样式的使用、文档的审阅、自动目录的生成等。

　　第 2 篇是电子表格数据处理 Excel 的高级应用，共 4 章。本篇第 5 章以"停车情况记录表"的完成介绍了数据的输入、单元格数据有效性设置、数组公式的使用、条件格式和常用函数等；第 6 章合计 2 个教学案例来熟练函数的运用。案例 1 通过对"员工资料信息表"的完成，介绍了日期时间函数、查找函数、文本处理函数、财务函数和数据库函数等函数的使用；案例 2 以"万年历"的制作进一步巩固常用函数的使用；第 7 章和第 8 章分别介绍了数据的管理、双层饼图、双坐标轴图表、数据透视表和数据透视表虚拟字段的添加与字段计算等。

　　第 3 篇是演示文稿制作 PowerPoint 的高级应用，共 3 章。本篇第 9 章是以找出问题、效果对照方式来介绍 PPT 设计的构思与制作，是 PPT 制作的方法引导的章节；第 10 章以大学生创新项目答辩为例，使用母版设计统一风格、图文并茂的学术型 PPT 制作的常用思路与方法；第 11 章以 iPhone 手机产品广告宣传演示文稿的制作，介绍了动感 PPT 的设计，包括视频的添加、播放、动画效果的添加和触发器的使用等。

本书的主要特点如下：

1. 通俗易懂，实践操作性强。本书既有理论知识的讲解，又有成系统、成作品的实践案例，知识点介绍简洁明了，实践操作讲解详尽，适合教师与学生教、学，也适合学生自学。

2. 实用性强。本书所涉及的知识和内容，案例取源来自实际工作与生活，在实际应用中广泛使用，熟练掌握本书涉及案例与练习，不仅可以学习理论与方法，而且还可以应用这些解题方法来提高实际办公效率和质量的高级应用方法。

本书由尹建新、刘颖等编著，他们设计了全书结构与整体内容。本书编写的具体分工如下：第1篇的第1、2、3章由夏其表编写，第4章由刘颖编写，其中的学位论文排版素材由陈秋霞提供；第2篇的第5、6章由易晓梅编写；第7、8章由于芹芬编写；第3篇的第9、10、11章由尹建新编写，其中案例2由张广群提供，案例3由虞秋雨、邓小燕提供。全书由尹建新统稿。本书中的素材可到华信教育资源网（www.hxedu.com.cn）中免费下载。

特别申明，本书PPT演示文稿的第1章PPT的设计与构思，参考了网上下载的许多优秀作品，如孙小小老师，秋叶老师（微博 www.70man.com）、布衣公子老师（微博 http://weibo.com/teliss）等的作品，教材中也有引用的这些老师设计的个别幻灯片页面，在此表示非常的感谢，如对您有冒犯，请您联系本书主编（10262029@qq.com）。

由于办公软件高级应用技术范围广、发展快，本书在内容取舍与阐述上难免存在不足，甚至谬误，敬请广大读者批评指正。

如需素材等相关教学资料，请联系出版社。

编　者

2014 年 7 月

目 录

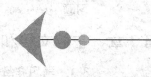

第1篇　Word 高级应用

第 2 篇　Excel 高级应用

第3篇 PowerPoint 2010 高级应用

第 1 篇

Word 高级应用

　　Word 是目前市面上功能最强大、操作最简单的文字编辑工具。使用 Word 能够输入和编辑文字、制作各种图表、制作 Web 网页和打印各式文档等。Word 高级应用，是读者对于 Word 软件更高层次的探索，需要尝试一种新的思想、新的视角、新的方法来研究和学习 Word。在学习和使用 Word 高级应用中，读者需要转换观念，用研究的心态去使用 Word，用专业精神和艺术感去设计一个文档，学会使用节、样式、索引、各种自动化命令等对文档进行编辑。

　　本篇分 4 章介绍 Word 2010 的高级应用。

　　第 1 章，黑板报制作。以黑板报制作为主要研究对象，介绍图文混排中图片图形、表格、文本框、艺术字等各种要素之间的关系以及排版技巧。

　　第 2 章，常用文档制作。以邀请函、模板文件、索引文件、问卷调查表等为对象，介绍 Word 中邮件合并、模板、索引、控件等相关内容。

　　第 3 章，主控文档和子文档。以统一化管理的思路，将主控文档拆分成几个子文档进行编辑修改，研究主控文档和子文档的相互关系。

　　第 4 章，长文档排版。以设计毕业论文文档为基础，分析了长文档排版中样式、域、节、修订、目录、页眉页脚、页码等的设置技巧。

第 1 章　黑板报制作

　　要使一篇文档美观，仅仅进行简单的文字编辑及文字段落格式化操作是远远不够的，必须对文档进行整体版面设计，使用图片、剪贴画、图形形状、SmartArt 图形、表格、图表等丰富的图形、图像，对文档进行图文混排，使得文档看起来更加的生动、充满活力。下面就以黑板报制作为主要内容来学习如何在 Word 2010 中实现图文混排效果。

1.1　黑板报制作设计要点

　　在像黑板报等图文混排案例的制作过程中，必须考虑页面布局、内容编辑以及文档美化三方面的问题。

1. 页面布局

　　在图文混排的文档编辑中，一般首先要设置文档的页面大小、页边距、纸张方向、网格属性等页面布局属性，然后通过分栏将文档分为两栏或者多栏，在一些文字需要分多块放置的区域可以通过文本框进行布局或者一些特殊形状进行布局等。图片、表格、形状等各对象的布局也要与文字相匹配。

2. 内容编辑

　　文档内容要做到文字合理、突出重点、有层次感，界面美观、图文并茂。

3. 文档美化

　　在图文混排的例子中，一般需要图片、艺术字、形状等各种元素为文档进行美化，但切忌随意堆砌图像，放入的图像要与文题相符，否则还不如不放。同时，还可以设置水印、背景、底纹、边框等对文档进行美化。

1.2　学习准备

　　在 Word 2010 中，将图文混排所需的图片、艺术字、表格、公式等对象都放置在"插入"菜单中，如图 1-1 所示。其中的"插图"功能区包含图片、剪贴画、形状、Smart-Art、图表和屏幕截图 6 种不同的插图类型，"文本"功能区包含文本框、艺术字、首字下沉等选项。

图 1-1 "插入"菜单

1.2.1 表格

表格作为显示成组数据的一种形式，用于显示数字和其他项，可以快速引用和分析数据。表格具有调理清楚、说明性强、查找速度快等优点，使用非常广泛。Word 2010 提供了非常完善的表格处理功能，使用它提供的工具，可以轻松制作出满足需求的表格。

1. 创建表格

Word 2010 的"插入"→"表格"功能区提供了 6 种建立表格的方法：用单元格选择板直接创建表格、使用"插入表格"命令、使用"绘制表格"命令、使用"文本转换为表格"命令、"Excel 电子表格"命令、使用"快速表格"命令。这 6 种创建方法中，前 3 种都是常用的方法，主要操作步骤如下：

（1）选择"插入"菜单，单击"表格"按钮弹出下拉菜单。

（2）在下拉菜单中列出了一个 10 列 8 行的列表，将光标移动到列表中并拖动鼠标，选择所需要的行与列（选定的行与列会变成黄色），即可创建表格。

或从下拉菜单中选择"插入表格"命令，用户选择所需要插入表格的行数和列数。

或从下拉菜单中选择"绘制表格"命令，此时光标呈现画笔状，按住鼠标左键拖动绘制表格的边框，再拖动鼠标左键在表格的框线内绘制所需的横线、竖线、斜线等。

在 Word 2010 中，表格和文本之间也可以根据使用需要进行相应的转化操作。如需要将表格转化为文本，可以选择要转化成文本的表格，选择"表格工具"→"布局"功能区，单击"数据"组中的"转化为文本"按钮 🔲 转换为文本 即可。如需要将文本转化为表格，则首先输入文本内容；选中要转化为表格的文本，在"插入"菜单的"表格"组中单击"表格"按钮，从下拉菜单中选择"文本转化成表格"选项，输入列数，并根据文本内容设置文字分隔位置，如图 1-2 所示。

2. 编辑表格

创建表格后，如需更改表格行数或列数、合并或拆封单元格、设置单元格格式等，都可以选中表格，右击，在弹出的快捷菜单中选择相应操作即可。也可单击表格中的某个单元格后，选择"表格工具"→"设计"菜单，为表格设置表格样式、边框和底纹属性等，如图 1-3 所示。选择"表格工具"→"布局"菜单，可以对表格进行行列的操作、单元格的操作以及对齐方式、合并等操作，如图 1-4 所示。

3. 公式

Word 2010 的表格通过内置的函数功能，并参照 Excel 的表格模式提供了强大的计算

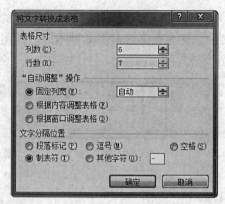

图 1-2 将文字转换为表格

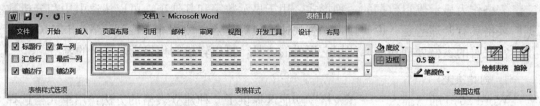

图 1-3 "表格工具"—"设计"菜单

图 1-4 "表格工具"—"布局"菜单

功能，可以帮助用户完成常用的数学计算，包括加、减、乘、除以及求和、求平均值等常见运算。

如果需要运算的内容刚好位于最右侧或最低层，用户可以通过 LEFT、ABOVE 等单词表示左侧的数据或上部的数据。

【例 1-1】 计算表 1-1 商品销售表中的合计值和平均值。

表 1-1 商品销售表   单位：元

产品名称	一月份	二月份	三月份	四月份	合计
啤酒	2600	2500	2800	3200	
饮料	3300	2600	3900	3800	
副食品	1600	2060	3100	1950	
平均产品销售收入					

可以按照如下步骤进行。

步骤 1：选定单元格。选中需要计算公式的单元格，选中 F2 单元格。

步骤 2：打开"公式"对话框。选择"表格工具"→"布局"→"公式"命令，打开"公式"对话框，如图 1-5 所示。

步骤 3：输入公式。在"公式"文本框中输入公式"＝SUM（B2：E2）"或"＝SUM（LEFT）"，求出啤酒产品的合计销售收入。同样地，可以计算饮料和副食品的前 4 个月销

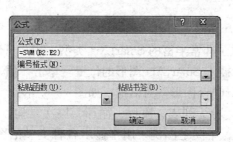

图 1-5　"公式"对话框

售收入。

步骤 4：计算平均值。选定 B5 单元格，在"公式"文本框中输入公式"＝AVER-AGE（B2：B4）"或"＝AVERAGE（ABOVE）"，求单元格 B2：B4 的平均值。或者单击"粘贴函数"下拉列表，从中选择所需要的函数。Word 为表格计算功能提供了许多计算函数，它们与 Excel 的计算函数基本一致，用户可根据需要从中加以选择。此时"公式"文本框中将显示出该函数名，用户应在单括号内指定公式计算引用的单元格。

步骤 5：设置数字格式。从"编号格式"下拉列表中选择或输入合适的数字格式，本例子选择"0.00"，即表示按正常方式显示，并将计算结果保留两位小数。

步骤 6：公式完成。单击"确定"按钮，关闭"公式"对话框。此时，Word 就会在B5 单元格中显示"2500.00"。采用同样的方法为 C5、D5、E5、F5 等单元格定义所需的计算公式。

1.2.2　SmartArt 图形

SmartArt 图形是用来表现结构、关系或过程的图表，以非常直观的方式与读者交流信息，它包括图形列表、流程图、关系图和组织结构图等各种图形。

1. 什么是 SmartArt 图形

SmartArt 图形是信息和观点的视觉表示形式。可以通过从多种不同布局中进行选择来创建 SmartArt 图形，从而快速、轻松、有效地传达信息。常见的 SmartArt 图形类型有列表、流程循环、层次结构、关系、矩阵、棱锥图等类型，如图 1-6 所示。

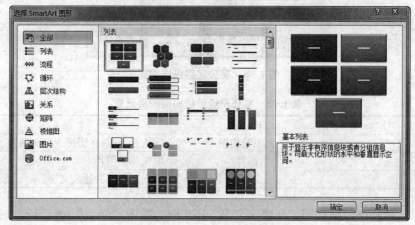

图 1-6　SmartArt 图形

2. 如何创建 SmartArt 图形

在 Word 2010 中提供了非常丰富的 SmartArt 类型，用户可以按照以下方式进行创建。

（1）将光标移至需要插入 SmartArt 图形的位置，单击"插入"→"SmartArt"选项。

（2）弹出"选择 SmartArt 图形"对话框，如图 1-6 所示。其中分为 3 个区域，左侧是 SmartArt 图形的类型，分为列表、流程、循环、层次结构、关系、矩阵、棱锥图、图片、Office.com 9 个类型；中间是图例，用于显示各种类型的图形；右侧是 SmartArt 图形的说明。

（3）在"选择 SmartArt 图形"对话框的左侧单击需要的类型，在中间的列表中单击需要插入的样式，然后单击"确定"按钮即可。例如，选择"层次结构"标签中的"组织结构图"选项，单击"确定"按钮。

（4）在文档内插入一个所选的 SmartArt 图形，并输入文字。单击 SmartArt 图形以外的任意位置，完成 SmartArt 图形的编辑。

如对默认的 SmartArt 图形的形状、样式、布局等不满意时，可选择"组织结构图工具"→"格式"菜单进行设置，如图 1-7 所示。

图 1-7 "组织结构图工具"—"格式"菜单

【例 1-2】 如图 1-8 所示，需要利用 SmartArt 图形创建一个公司的组织结构图。该组织结构图需要的元素见表 1-2。

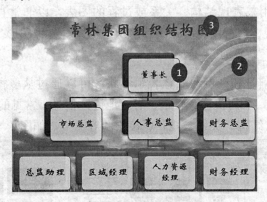

图 1-8 某公司组织结构图

表 1-2 某公司组织结构图所需元素

编　号	对　象	操　作
①	组织结构图	插入 SmartArt 图形－层次结构图
②	图片	填充背景图片
③	文本框	插入文本框并输入文字

步骤 1：新建组织结构图。新建一个 Word 文档，单击"插入"→"SmartArt 图形"，在"层次结构"选项区中选择"层次结构"选项，如图 1-9 所示。

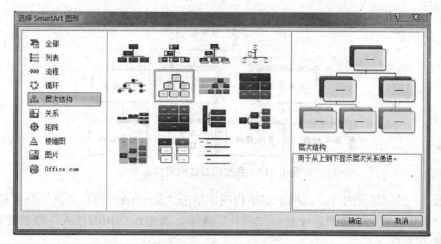

图1-9　新建组织结构图

步骤2：添加形状。在文档中插入一个组织结构图后，右击第二行的第二个文本框，再选择"添加形状"→"在后面添加形状"按钮，如图1-10所示。

步骤3：再添加一个形状。按照同样的方法在添加的形状下面再添加一个文本框，然后调整位置，添加两个形状后的效果如图1-11所示。

图1-10　添加形状　　　　**图1-11　添加形状后的效果**

步骤4：输入文字。单击"文本"字样，在其中输入文本，并设置相应格式，效果如图1-12所示。

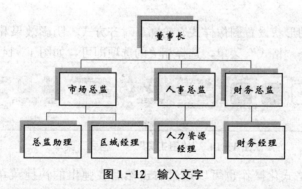

图1-12　输入文字

步骤5：更改样式。选择组织结构图，单击"SmartArt工具"→"设计"面板，选择"更改颜色"按钮，在弹出的下拉列表中选择"彩色范围-强调颜色3至4"选项，更改组织结构图样式，效果如图1-13所示。

步骤6：输入标题。在组织结构图的上方插入一个文本框，并输入文本"常林集团组织结构图"，设置字体为"华文新魏"，字号为"小初"，文字颜色为红色。

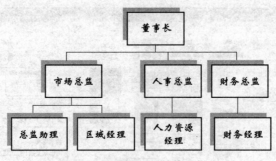

图 1-13　更改组织结构图样式

步骤 7：添加背景图片。选择组织结构图，单击"SmartArt 图形工具"→"格式"面板，在"形状填充"下拉列表中选择"图片"选项，为组织结构图插入一张需要的图片。最终效果如图 1-8 所示。

1.2.3　形状

在 Word 2010 中提供了丰富的形状工具，包括线条、矩形、基本形状、箭头总汇、公式形状、流程图、星与旗帜和标注共 8 种类型，每种类型又包含若干图形样式，通过这些形状工具可以绘制出用户所需要的各种图形。

1．插入形状

插入一个或多个形状的主要步骤如下。

（1）选择"插入"→"形状"按钮，在弹出的下拉菜单中单击需要插入的形状，使用拖拽的方法在需要插入形状的地方绘制形状。

（2）如需要插入多个形状，可选择"插入"→"形状"→"新建绘图画布"命令，在光标所在位置插入一个绘图画布，然后在"绘图工具"→"格式"菜单中单击需要插入的形状并拖拽到文档中即可。

2．编辑形状

如需要为插入的形状设置图像样式、轮廓、对齐方式、阴影效果和三维效果等，可以单击"绘图工具"→"格式"菜单，选择相关的选项即可，如图 1-14 所示。

图 1-14　"绘图工具"—"格式"菜单

形状的编辑和格式化操作也可以通过右击然后在弹出的快捷菜单中进行选择操作，如需在绘制的形状中输入文字，只要选中形状并右击，在弹出的快捷菜单中选择"添加文字"选项即可；如要设置多个形状的叠放次序也可以右击在弹出的快捷菜单中完成操作。

【例 1-3】　制作标识牌。

我们现在通过形状按钮来制作如图 1-15 所示的标识牌，制作所需元素见表 1-3。

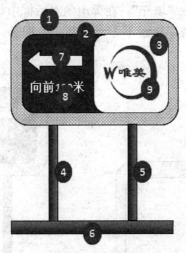

图1-15　标识牌

表1-3　标识牌制作所需元素

编　号	对　象	操　作
①→③	圆角矩形	绘制三个圆角矩形
④→⑥	矩形	绘制三个矩形，制作矩形条
⑦	箭头	绘制白色箭头
⑧	文本框	插入无边框无填充的文本框
⑨	图片	插入图片

　　制作如图1-15所示的标识牌，主要步骤如下。

　　步骤1：绘制圆角矩形。单击"插入"→"形状"按钮，在弹出的下拉列表中选择"圆角矩形"命令，然后在文档编辑区中绘制一个圆角矩形。

　　步骤2：填充背景。右击该圆角矩形，在弹出的快捷菜单中选择"设置形状格式"选项，在弹出的对话框中，选择"填充"→"图案填充"选项，设置图案填充效果为"30％"，前景色为"白色，背景1，深色25％"，设置如图1-16所示的填充背景颜色。

　　步骤3：绘制蓝色矩形。在图形上绘制一个稍小的圆角矩形，设置填充色为蓝色，如图1-17所示。

图1-16　绘制一个圆角矩形

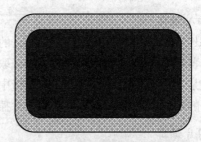

图1-17　绘制稍小蓝色圆角矩形

　　步骤4：绘制白色矩形。在窗口中再绘制一个圆角矩形，并设置填充色为白色，如图1-18所示。

　　步骤5：绘制矩形条。在最外侧圆角矩形下方绘制一个矩形，右击，在弹出的快捷菜单中选择"设置形状格式"→"填充",在弹出的对话框中设置渐变填充颜色。复制一个刚绘制的矩形放在右边,在两个矩形下方再绘制一个矩形,并设置渐变填充颜色,如图1-19所示。

图1-18 绘制白色圆角矩形

图1-19 绘制矩形条和白色箭头

步骤6:绘制箭头。在蓝色图形上方绘制一个箭头形状,并设置填充色为白色,无轮廓,如图1-19所示。

步骤7:输入文字。再次选择"插入"菜单,单击"文本框"按钮,选择"绘制文本框"选项,在箭头图形下绘制一个文本框,并输入文本,设置字体为"宋体",字号为"五号",字形为加粗,字体颜色为白色,无填充颜色,无轮廓,效果如图1-20所示。

步骤8:插入图片。切换至"插入"面板,单击"图片"按钮,插入需要的图片,并设置图片自动换行方式为:"浮于文字上方",调整图片大小和位置,最终效果如图1-20所示。

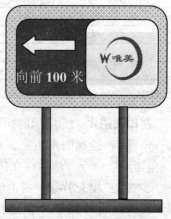

图1-20 最终效果图

1.2.4 图片

1. 插入图片

Word 2010中可以插入来自4种方式的图片:①系统内置的剪贴画;②来自文件的图片;③来自扫描或数码相机的图片;④截取整个程序窗口或截取窗口中的部分内容。具体操作方法是:选择"插入"→"插图"组中的相应按钮进行操作。选择不同的按钮,就会打开相应的对话框窗口,选择需要的图片插入即可。

2. 图片编辑

单击插入的图片,这时"图片工具"→"格式"菜单就会出现在菜单列表中,如图1-21所示。插入的图片,除复制、移动和删除等基本操作外,通过"图片工具"→"格式"菜单和右击弹出的快捷菜单的相应命令,可以调整图片大小、裁剪图片等操作。也可以设置图片排列方式(如文字和图片的环绕方式等)。可以调整图片的颜色(如亮度、对比度、颜色设置等），也可以删除图片背景。可以设置图片的艺术效果，包括标记、铅笔灰度、画图刷、水彩海绵等22种效果，也可以设置图片样式（样式是多种格式的组合，包括为图片添加边框、设置图片效果以及设置图片版式等相关内容）。如果是多张图片，可以通过右击在弹出的快捷菜中进行图片的组合和取消组合操作，调整图片的叠放次序等。图1-22所示的是为图片设置"柔化边缘椭圆"图片样式后的效果，图1-23所示的是为图片设置"全映像"的图片效果（映像效果）后的结果。

图1-21 "图片工具"—"格式"菜单

图1-22 设置"柔化边缘椭圆"图片样式后的效果

图1-23 设置图片映像效果

3. 屏幕截图

在编写 Word 文档时，经常需要通过截取屏幕把正在编辑的图像插入到文档中。以往需要截屏，可以按键盘上的 PrintScreen 或 Alt＋PrintScreen 组合键，抓取屏幕上或活动窗口上显示的内容，并存在剪贴板中，之后可以直接在文档中应用。

Word 2010 提供了非常方便和实用的"屏幕截图"功能。该功能可以将任何最小化后收藏到任务栏的程序屏幕视图等插入到文档中，也可以将屏幕任何部分截取后插入文档中。插入屏幕截图的操作步骤如下。

（1）将光标置于需要插入图片的位置。

（2）单击"插入"→"插图"功能区中的"屏幕截图"按钮 ，弹出"可用视窗"

窗口，其中存放了除当前屏幕外的其他最小化的藏在任务栏中的程序屏幕视图，单击需要插入的程序屏幕视图即可。

（3）同时，在弹出的"可用视窗"窗口中，也可单击"屏幕剪辑"选项。此时"可用视窗"窗口中的第一个屏幕被激活成模糊状。

注意：第一个屏幕在模糊前大约有1～2秒的间隔，若需要截取对话框等操作步骤图，可以在此间隔中单击按钮操作。

（4）将光标移到需要剪辑的位置，拖拽剪辑图片的大小。图片剪辑好后，放开鼠标左键即可完成插入操作。

1.2.5 图表

Word 2010有强大的图表功能，可以方便用户查看数据的图案、差异、预测趋势等。本节将介绍如何利用Word 2010制作引人入胜的图表。

（1）新建一个Word文档，单击"插入"→"图表"按钮。

（2）在弹出的"插入图表"对话框的左侧选择图表的类型，右侧选择图表的子类型，如图1-24所示。

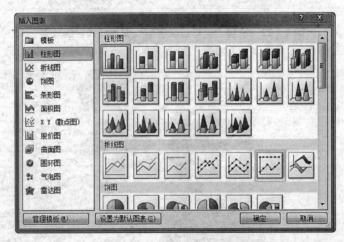

图1-24 "插入图表"对话框

（3）单击"确定"按钮后将弹出一个Excel窗口，在Excel中显示图表的示例数据。在Word中同时会显示图表的示例效果，如图1-25所示。

（4）Excel的第1列显示的是Word中图表的水平轴名称，Excel中的第1行显示的是Word中图表的系列名称。用户可以更改Excel表中的数据，Word图表将按照Excel的数据进行显示。

（5）如需要更改图表的类型，可以选中图表，再右击，在弹出的快捷菜单中选择"更改图表类型"选项。

（6）如需要为图表设置图表背景墙或三维选择效果等，可以选择图表，然后单击"图表工具"→"布局"面板，如图1-26所示，单击相关按钮即可。如需要为更改图表格式，可以单击"图表工具"→"格式"面板；如需要设置图表数据，可以单击"图表工具"→"设计"面板。

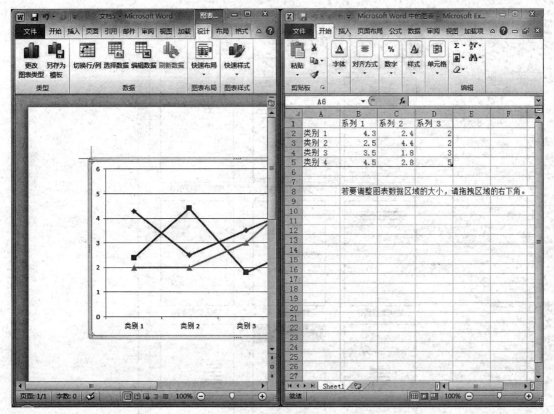

图 1-25 插入图表

图 1-26 "图表工具"选项卡

1.2.6 文本

Word 2010 的"文本"面板包含文本框、文档部件、艺术字、首字下沉、签名行、日期和时间及对象 6 种类型。

1. 文本框

文本框是在文档的编辑区独立划出的一个区域，有"横排"和"竖排"两种。横排的文字从左向右水平排列，竖排的文字从右向左垂直排列。在文本框中可以输入文字、绘制图形、插入图片等。文本框的使用为我们展示了一种全新的更好的文档布局方法。

要插入一个文本框，可以单击"插入"→"文本"组→"文本框"按钮，如图 1-27 所示，Word 提供了各种类型的文本框模板，用户可以选择相应类别的文本框或者自己绘制文本框。绘制好文本框后，用户可以通过"绘图工具"→"格式"菜单或者右击弹出的快捷菜单对文本框的格式进行设置。

当一篇文章在一个文本框内没有办法显示全的情况下，可以使用多个文本框进行文本框的链接。文本框的链接就是把两个以上的文本框链接在一起，不管它们的位置相差多

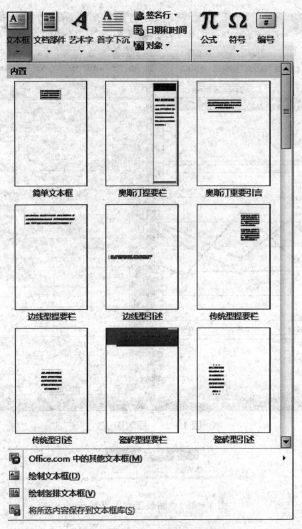

图 1-27 "文本框"按钮

远，如果文字在上一个文本框中排满，则在链接的下一个文本框中接着排下去。

要创建文本框的链接，可以按如下方法进行：

（1）创建一个以上的文本框，注意不要在文本框中输入内容。

（2）选中第一个文本框，单击"绘图工具"→"格式"菜单中的"创建文本框链接"按钮。

（3）此时光标变成茶杯形状，把光标移到空文本框上面单击即可创建链接。

（4）如果要继续创建链接，可以继续移到空的文本框上面单击即可。

（5）按 Esc 键即可结束链接的创建。

注意：横排文本框与竖排文本框之间不能创建链接。链接后的两个文本框中，第一个文本框排不下的文字，在第二个文本框中接着排下去。

2. 艺术字

艺术字是一种特殊效果的文本，其装饰效果包括颜色、字体、阴影效果和三维效果等。在 Word 2010 中艺术字被视为一幅图片。

插入艺术字的具体操作步骤如下。

（1）将光标移至需要插入艺术字的位置。

（2）单击"插入"→"艺术字"按钮，在弹出的下拉列表中选择需要插入的艺术字类型。

注意：docx 格式的 Word 文档和 doc 格式的 Word 文档在插入艺术字时，会显示不同的艺术字类型。例如，在 docx 格式下插入艺术字时弹出的艺术字类型框如图 1-28 所示，在 doc 格式下插入艺术字时弹出的艺术字类型框如图 1-29 所示。

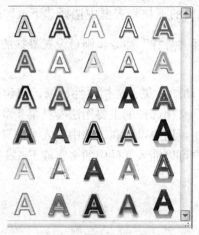

图 1-28　docx 格式下的艺术字类型框

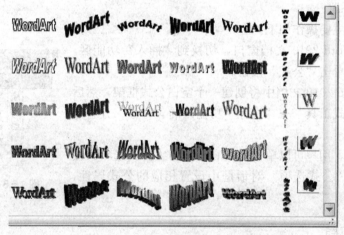

图 1-29　doc 格式下的艺术字类型框

（3）选择后弹出"编辑艺术字文字"对话框，输入文本，设置文本格式。

（4）单击"确定"按钮完成艺术字的插入。

插入艺术字后，如需重新编辑文字或者设置艺术字的格式等，可以单击需要修改的艺术字，然后选择"艺术字"工具→"格式"菜单，对艺术字重新编辑文字、设置艺术字间距、更改艺术字填充效果、更改艺术字样式、更改形状等，如图 1-30 所示。

3. 首字下沉

首字下沉就是指改变段落中的第一个字的字号，并以下沉或悬挂的方式改变文档的版

图 1-30 "艺术字"工具一"格式"菜单

式，一般用于文档的开头。

设置首字下沉的方法很简单，只需在段落中选择要下沉的字符，然后单击"插入"→"首字下沉"按钮，在弹出的下拉列表框中选择"下沉"命令，即可完成首字下沉的设置。如在下拉列表框中选择"悬挂"命令，则可设置悬挂的效果。

4.其他"文本"选项

"文档部件"按钮包含自动图文集、文档属性、域、构建基块管理器、将所选内容保存到文档部件库共 6 个选项。文档部件的主要用法参见第 4 章。

单击"日期和时间"按钮，用户可以在文档中插入当前日期。

单击"对象"按钮，用户可以插入文件中的文字或 Excel 图表、PowerPoint 幻灯片等各种对象。

1.2.7 公式

Word 2010 提供有创建空白公式对象的功能，用户可以根据实际需要在 Word 2010 文档中灵活创建公式。

创建公式的主要操作如下。

（1）打开 Word 2010 文档窗口，切换到"插入"功能区。在"符号"组中单击"公式"按钮。

（2）在 Word 2010 文档中将创建一个空白公式框架，然后通过键盘或"公式工具"→"设计"功能区的"符号"分组输入公式内容。

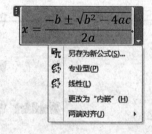

输入公式后，用户可以单击公式右下角的"公式选项"按钮，在弹出的"公式选项"对话框中设置相应的公式属性，如图 1-31 所示。

图 1-31 公式选项

1.2.8 页面布局

在编辑一篇文档前，往往要先对文档的页边距、纸张大小、纸张方向以及页面颜色、页面边框等效果进行设置，这时需要打开"页面布局"菜单，如图 1-32 所示。

单击"页面布局"→"页面设置"组右下角的对话框启动器，将打开"页面设置"对话框，如图 1-33 所示。在该对话框中，用户可以设置页边距、纸张方向、页码范围、纸张类型、版式以及文档网格等效果。

如要为文档添加背景图片，可以打开"页面布局"→"页面颜色"→"填充效果"→"图片"对话框，插入合适的图片作为背景。如要对文档进行分栏，只需选择需分栏的文

图 1-32 "页面布局"菜单

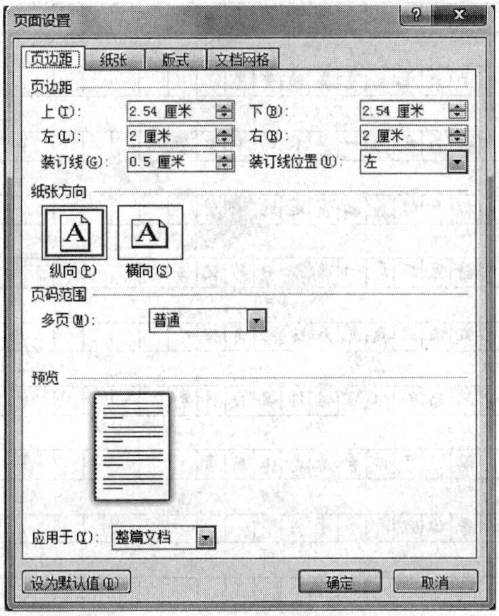

图 1-33 "页面设置"对话框

字,切换至"页面布局"菜单,在"页面设置"组中单击"分栏"按钮，在弹出的下拉列表中选择需要分的栏数,即可完成分栏排版设置。"页面布局"菜单中还可以设置水印、稿纸等特殊效果。

【例 1-4】 利用页面布局完成稿纸的创建。

题目要求：现要求完成以如图 1-34 所示的稿纸一张,其中文档背景为 15×20 的稿纸样式,页脚设置为行数×列数＝格数,右对齐,网格颜色为绿色;将文字字体设置为华文行楷;将段落标记统一替换为手动换行符;设置首字下沉 3 行,全文左缩进两个字符;添加文字水印"荷塘月色",字体样式设置为华文行楷、72 磅、蓝色。

主要操作步骤如下。

步骤 1：新建稿纸文件。单击"页面布局"菜单中的"稿纸设置"按钮,选择"方格式稿纸"选项,系统默认生成一张 20×20 的稿纸。

步骤 2：设置稿纸属性。选择"页面布局"→"稿纸设置"按钮,打开"稿纸设置"对话框。设置稿纸的行数×列数为 15×20,网格颜色为绿色,页脚对齐方式为右对齐,页脚显示内容为行数×列数＝格数等。

步骤 3：编辑文字。按要求输入荷塘月色的文字,并通过"插入"→"首字下沉"按钮设置首字下沉效果,并设置正文的字体和段落格式等。

步骤 4：添加水印。单击"页面布局"→"水印"按钮,选择"自定义水印"命令,设置水印文字为"荷塘月色",颜色为蓝色,字体为华文行楷,72 磅字,版式为斜式。

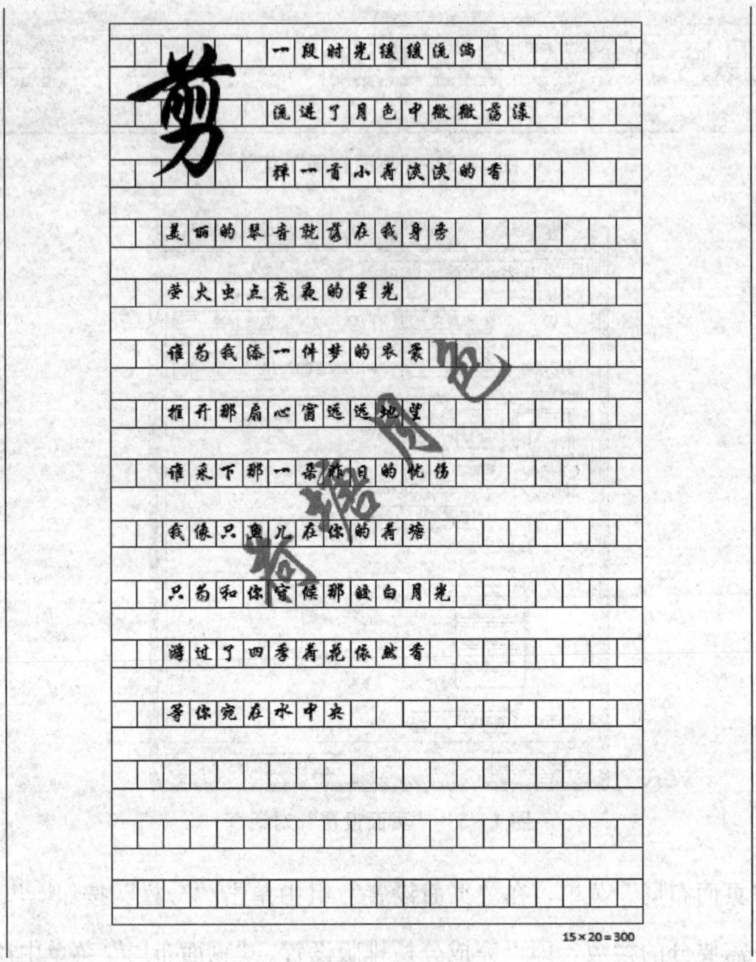

图 1-34 创建稿纸

步骤 5：此时稿纸中无法显示水印效果，双击文档的页眉处，进入页眉编辑区，将网格选中并右击，在弹出的快捷菜单中设置网格的自动换行方式（版式）为"浮于文字下方"即可。

1.3 案例——制作黑板报

【案例要求】

本节将以一份黑板简报的制作为例，介绍 Word 2010 中图文混排的高级应用。制作黑板报的过程中需要涉及图片、图形形状、艺术字、表格、公式、文本框等内容要素，在布局上需要分别利用分栏布局、文本框布局和形状布局。

在黑板报案例的制作过程中，首先要通过页面设置将文档设置为横向等，然后通过分栏将文档分为两栏，右边栏通过 4 个文本框进行布局，两栏中间的空白区域通过矩形进行布局；布局完成后，编辑文档内容；并通过图片、自定义形状等对文档进行美化。黑板报的最终效果图如图 1-35 所示，页面所需元素见表 1-4。

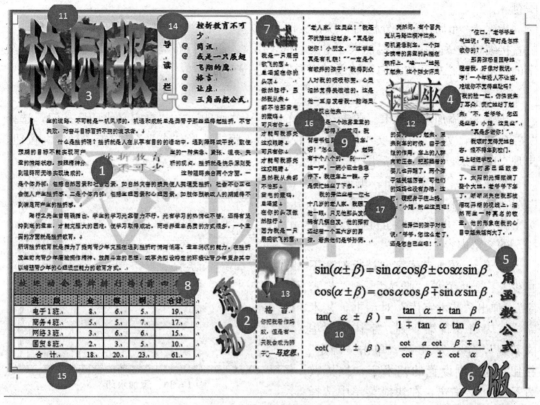

图 1-35　黑板报效果图及各要素分布

表 1-4　黑板报元素及要求

编号	对象	操　作
①→⑦	艺术字	插入艺术字，调整样式和大小
⑧	表格	插入表格，设置底纹等格式
⑨	文本框	右栏中插入四个文本框，并进行文字链接
⑩	公式	编辑公式
⑪→⑬	剪贴画	插入剪贴画
⑭→⑯	形状	利用形状按钮分别制作导读栏、四边的矩形框以及中间的矩形框
⑰	水印	添加水印

【案例制作】

为了完成图 1-35 所示的黑板报的制作，应从文档布局、内容编辑以及美化三方面来介绍。

1. 文档布局

步骤 1：新建文档。新建一个 Word 文档，并保存为校园报.doc 文档。

步骤 2：设置页面属性。单击"页面布局"菜单，设置上、下页边距为 1.5 厘米，左右页边距为 1 厘米，方向为"横向"，纸张大小为 A4，页眉为 1.5 厘米，页脚为 0 厘米。

步骤 3：分栏。将整个页面分两栏（"页面布局"→"分栏"），设置两栏间距为 6 字符。

步骤 4：布局。全文分栏后，现在文档中有左栏、右栏和两栏中间区域三个部分，左栏直接编辑文章内容，右栏插入 4 个文本框，用文本框进行布局，并对 4 个文本框进行文字的链接；两栏中间的空白区域通过矩形形状进行布局。

2. 内容编辑

步骤 1：添加水印效果。单击"页面布局"→"水印"→"自定义水印"按钮，选择"文字水印"，文字右边的文本框输入"校园报"，版式选择"水平"，单击"确定"按钮，出现水印效果，设置完成后图 1－36 所示。

步骤 2：参考效果图。编辑文章"挫折教育不可少"，按 Enter 键，使光标下移 8 行，并输入"挫折教育不可少"的文章内容。

步骤 3：添加艺术字"挫折教育不可少"。选择菜单"插入"→"艺术字"，弹出"艺术字库"对话框，艺术字样式为第 3 行第 4 列，字体为"华文新魏"，字号为 18 磅，单击"确定"按钮，选中刚设置的艺术字"挫折教育不可少"，右击，在快捷菜单中选择"设置艺术字格式"，在打开的"设置艺术字格式"对话框的"版式"选项卡中，选择"四周型"，单击"确定"按钮。参考效果图，放置艺术字位置。

图 1－36　添加水印

步骤 4：添加艺术字"简讯"。该艺术字样式为第 4 行第 6 列，字体为华文新魏，字号为 44 磅，加粗，版式为浮于文字上方。

步骤 5：添加艺术字"校园报"。该艺术字样式为第 2 行第 4 列，字体高度为 5 厘米，宽度为 7 厘米，版式为"浮于文字上方"，设置填充颜色为"极目远眺"，底纹样式"水平"。

步骤 6：添加艺术字"让座"。该艺术字样式为第 3 行第 4 列，字体为宋体，字号为 48 磅，加粗，版式为"四周型"。

步骤 7：添加艺术字"三角函数公式"。该艺术字样式为第 2 行第 6 列，字体为华文楷体，字号为 24 磅，加粗，版式为"浮于文字上方"。

步骤 8：添加艺术字"A 版"。艺术字样式为第 1 行第 1 列，字体为华文行楷，字号为 48 磅，加粗，版式为"浮于文字上方"，填充颜色为"灰色"。

步骤 9：添加艺术字"我是一只展翅飞翔的鹰"。该艺术字样式为第 5 行第 1 列，字体为宋体，字号为 16 磅，加粗，版式为"浮于文字上方"。

注意：艺术字添加的位置请参考图 1－35。

步骤 10：设置首字下沉。选中该文档第一个字符"人"字，选择"插入"→"文本"功能区中单击"首字下沉"按钮，设置位置为"下沉"，字体"宋体"，下沉行数

"3"，单击"确定"按钮，首字下沉效果如图 1-37 所示。

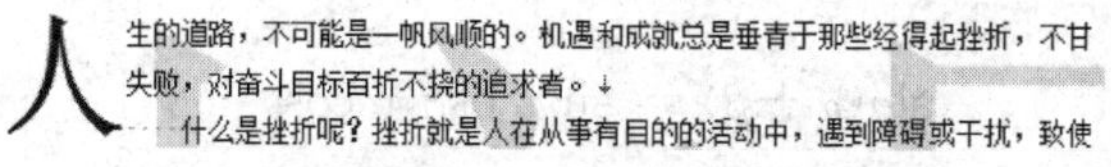

人生的道路，不可能是一帆风顺的。机遇和成就总是垂青于那些经得起挫折，不甘失败，对奋斗目标百折不挠的追求者。↵

什么是挫折呢？挫折就是人在从事有目的的活动中，遇到障碍或干扰，致使

图 1-37　首字下沉效果

步骤 11：创建表格。在左侧文字下方插入一个 7 行 5 列的网格型表格，合并第一行单元格，并在表格第一行输入内容"校运动会奖牌排行榜（前四名）"；表格第一行设置字体为"华文新魏"，字号为"小三"、"加粗"，字符间距为加宽 3 磅，单击"确定"按钮。同理，表格第二行的文字字体设置为"宋体"，字号"五号"、"加粗"，表格中其他文字格式为"宋体"、"五号"；右击表格第一行，在弹出的快捷菜单中单击"表格和底纹"→"底纹"，在打开的"底纹"对话框中设置第一行底纹填充色为"紫色"，样式为"12.5％"；表格第二行底纹填充色为"白色，背景 1，深色 25％"，样式为"12.5％"；表格中的文字对齐方式设置为"中部居中"；最终表格的效果图如图 1-38 所示。

校运动会奖牌排行榜（前四名）				
班　级	金	银	铜	合计
电子1班	8	6	5	19
商务4班	5	5	7	17
网络3班	3	6	6	15
国贸8班	2	3	5	10
合　计	18	20	23	61

图 1-38　插入表格

步骤 12：创建文本框链接。右栏我们先前已经创建了 4 个文本框。将文字内容复制到右栏第一个文本框中，发现文本框中只能显示部分内容，单击第一个文本框，出现"文本框工具"→"格式"功能区，单击选项卡中的"创建链接"按钮 ，光标变成"茶杯"的形状，然后单击第二个文本框。第一个文本框中显示不下的内容自动在第二个文本框中显示。同理，第二个文本框和第三个文本框创建链接，第三个文本框和第四个文本框创建链接，最后对该文档布局进行调整，完成后如图 1-39 所示。

步骤 13：设置文本框属性。选择文本框并右击，在弹出的菜单中单击"设置文本框格式"选项，在弹出的"设置文本框格式"对话框中选择"颜色和线条"选项卡，设置这 4 个文本框的线条颜色为无颜色，填充颜色为无颜色。

图 1-39　创建文本框链接

步骤14：插入公式。在4个文本框的下方，单击"插入"→"公式"按钮，插入如图1－40所示的公式。

$$\sin(\alpha \pm \beta) = \sin\alpha\cos\beta \pm \cos\alpha\sin\beta$$

$$\cos(\alpha \pm \beta) = \cos\alpha\cos\beta \mp \sin\alpha\sin\beta$$

$$\tan(\alpha \pm \beta) = \frac{\tan\alpha \pm \tan\beta}{1 \mp \tan\alpha\tan\beta}$$

$$\cot(\alpha \pm \beta) = \frac{\cot\alpha\cot\beta \mp 1}{\cot\beta \pm \cot\alpha}$$

图1－40　创建公式

3. 美化

步骤1：插入剪贴画。在艺术字"校园报"处插入剪贴画，单击"图片工具"→"格式"→"自动换行"，设置剪贴画版式为"衬于文字下方"。然后调整艺术字"校园报"和图片的位置，达到如图1－41所示的效果。同理，插入文档中另外两张图片，设置图片的格式为"衬于文字下方"。

图1－41　校园报剪贴画

步骤2：插入两栏中间形状。绘制一个矩形框，将矩形框放置页面中间。选中矩形框，右击，在弹出的快捷菜单中，选择"设置自选图形格式"命令，在打开的"设置自选图形格式"对话框中，将线条颜色设置为"粉红色"，线型设置为"短划线"，线条粗细设置为"1磅"，并将此矩形框置于底层。

步骤3：绘制页面边界的4个矩形框，如图1－35所示。上、下两个矩形框高度为0.28厘米，宽度为22厘米，右击，在弹出的快捷菜单中选择"设置自选图形格式"命令。在弹出的对话框中选择"颜色与线条"选项卡，"填充颜色"下拉列表中单击"填充效果"，弹出"填充效果"对话框。单击"渐变"选项卡，设置颜色为"单色"、"粉红"，底纹式样"水平"，左右两个矩形框设置高度为0.28厘米，宽度为19厘米，旋转90°，放置在文档两侧，填充颜色同前。

步骤4：绘制导读栏。分别选择"插入"→"形状"列表中的"圆角矩形"、"矩形"和"圆形"，在"校园报"文字边上绘制如图1－42所示的图形，按住Shift键，选中刚绘制的每个图形，右击，在弹出的快捷菜单中选择"组合"命令，将图形组合成一个整体，设置两个"圆角矩形框"的填充颜色为"雨后初晴"，中心辐射。

步骤5：导读栏输入文字。右击右边圆角矩形框，在弹出的快捷菜单中选择"添加文字"命令，在矩形框中输入文字，设置字体为"楷体"，字号"小四"，加粗。选中所输入的文字，选择"开始"→"项目符号和编号"，选择一个你喜欢的"项目符号"（也可以单击"自定义"按钮进行查找）。左边圆角矩形框内输入"导读栏"，设置字体为"宋体"，字号为"小四"，"加粗"。设置完成的效果如图1－43所示。

步骤6：完成。调整图片、艺术字、文本框等元素的大小和位置，完成黑板报的制作。最终效果如图1－44所示。

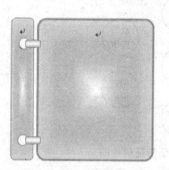

图 1-42　绘制导读栏

图 1-43　导读栏中输入文字

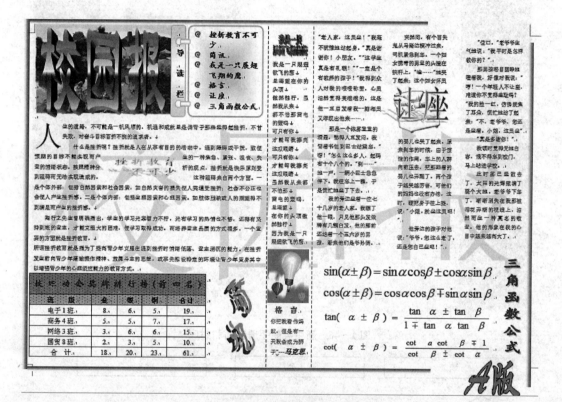

图 1-44　黑板报最终效果图

◆◇ 习题 ◇◆

1. 利用 SmartArt 图形模仿绘制如图 1-45 所示的核心价值特征射线图。

2. 如图 1-46 所示，完成新生导航手册的封面和封底制作。
设计的主要内容包括页面设置以及艺术字、自选图形、文本框等。

3. 利用 Word 绘制如图 1-47 所示的职工信息流程图。

4. 制作旅游小报。
利用图片、艺术字、文本框、形状等工具完成旅游小报的制作，如图 1-48 所示。

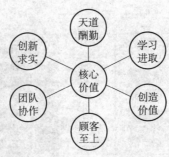

图1-45　核心价值特征射线图

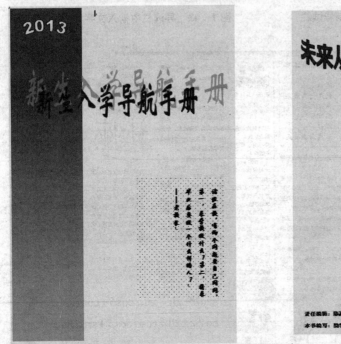

图1-46　新生导航手册封面和封底

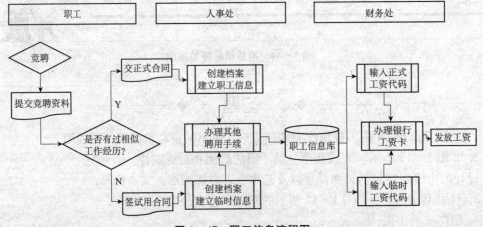

图1-47　职工信息流程图

图 1-48　旅游小报

第 2 章　常用文档制作

近年来，一些公文或者邀请函等常用文档的写作越来越受到各级单位的重视，Word 2010 中提供了文档制作的各种模板和工具，下面就对邀请函、通知、报告、会议纪要等常见文档制作逐一进行介绍。

2.1　邀请函的制作

如果在日常工作和生活中需要制作出大量内容相同而收信人不同的信函时，就可以使用 Word 2010 提供的邮件合并功能，非常快速地创建出多份信函。下面就以寄送天丰公司十周年庆的邀请函为例，介绍如何使用 Word 的邮件合并功能。

2.1.1　学习准备

1. 什么是邮件合并

邮件合并是指在邮件文档的固定内容中，合并与发送一批与信息相关的数据，这些数据可以来自如 Excel 的表格、Access 数据表等的数据源，从而批量生成需要的邮件文档，大大提高工作效率。

在邮件合并的制作过程中，一般要先建立两个文档：一个 Word 文件包括所有文件共有内容的主文档（标准文件）和一个包括变化信息的数据源（如 Excel 表格、Access 数据表等），然后使用邮件合并功能在主文档中插入变化的信息，合成后的文件用户可以保存为 Word 文档、打印或者以邮件形式发出去。

2. 邮件合并的应用范围

邮件合并可以应用于批量制作信封、信函、工资条、成绩单、证书以及邀请函等文档。这些文档往往具有以下两个特点：

（1）需要制作的数量比较大。

（2）文档内容分为固定不变的内容和变化的内容，比如邀请函中邀请者、邀请时间、地点等内容固定不变；而邀请对象、称谓等就属于变化的内容。

3. 邮件合并的基本制作过程

（1）制作主文档。主文档就是前面提到的固定不变的主体内容，以信封为例，主文档就是一个标准信封，它是待发的大量信封的基础信息。

（2）准备数据源。数据源就是含有标题行的数据记录表，可以是 Excel 工作表、Access 数据表或者其他包含联系人的记录表。

（3）把数据源合并到主文档中。整个合并过程可以利用"邮件合并向导"进行，最终完成所需文档。

2.1.2　案例——制作一份邀请函

下面就以制作天丰公司十周年庆的邀请函为例，讲解邮件合并文档的制作过程。

步骤1：建立主文档。在 Word 中编辑邀请函主文档，即邀请函中不变的部分，并保存为"邀请函.docx"，如图 2-1 所示。

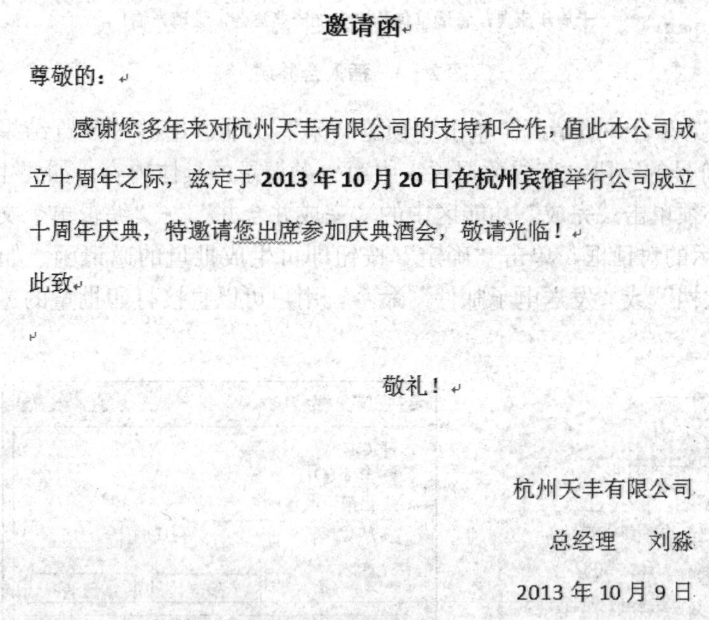

邀请函

尊敬的：

　　感谢您多年来对杭州天丰有限公司的支持和合作，值此本公司成

立十周年之际，兹定于 **2013 年 10 月 20 日在杭州宾馆**举行公司成立

十周年庆典，特邀请您出席参加庆典酒会，敬请光临！

此致

　　　　　　敬礼！

　　　　　　　　　　　　　　　杭州天丰有限公司

　　　　　　　　　　　　　　　总经理　刘淼

　　　　　　　　　　　　　　　2013 年 10 月 9 日

图 2-1　邀请函主文档

步骤2：准备数据源。邮件合并使用的数据源可以是 Excel 工作簿或 Access 数据库等，公司一般存有客户信息的 Excel 表，因此无须重新建立数据源。但是 Excel 数据源文件第一行必须是字段名，数据中间没有空行，删除不在邀请之列的客户信息，将存有客户信息的工作表另存为"邀请函数据源.xlsx"。

步骤3：开始合并主文档和数据源。打开刚才新建的主文档"邀请函.docx"，打开"邮件"菜单（如图 2-2 所示），单击"开始邮件合并"按钮，选择文档类型为信函。

图 2-2　"邮件"菜单

步骤4：单击"选择收件人"按钮，在弹出的下拉菜单中选择"使用现有列表"命令。

步骤5：导入数据源。选择名为"邀请函数据源.xlsx"的Excel素材文件，选择其中的Sheet1表格，导入Excel表数据。

步骤6：单击"编辑收件人列表"按钮，用户可以选择相应的数据行。

步骤7：撰写信函。单击"编写和插入域"功能区中的"插入合并域"按钮，弹出如图2-3所示的域列表。在"尊敬的"字后面插入"客户姓名"的字段，数据源中的该字段就合并到了主文档中的指定位置，接着依次插入"称谓"等其他字段，如图2-3所示。

邀请函

尊敬的《客户姓名》《称谓》：

　　感谢您多年来对杭州天丰有限公司的支持和合作,值此本公司成

立十周年之际，兹定于 **2013年10月20日在杭州宾馆**举行公司成立

十周年庆典，特邀请您出席参加庆典酒会，敬请光临！

图2-3　插入合并域

步骤8：浏览并合并邀请函。单击"预览结果"功能区中的"预览结果"按钮，主文档中带"《》"符号的字段，变成数据源表中第一条记录的具体内容。如要生成所有客户的邀请函，用户必须单击"完成"功能区中的"完成并合并"→"编辑单个文档"按钮，弹出如图2-4所示的对话框，单击"确定"按钮即可生成批量的邀请函。如图2-4所示，若单击"打印文档"或"发送电子邮件"命令，用户可以直接打印批量的邀请函或批量发送邀请函邮件。

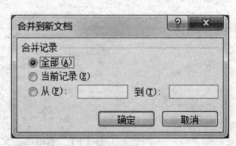

图2-4　完成并合并到新文档

生成批量的邀请函以后，如果需要将邀请函通过书面的形式寄送出去，用户也可以通过"邮件"菜单制作出信封。

在Word 2010中提供了两种制作信封的方法：使用信封制作向导或自行创建信封。这里主要介绍信封制作向导的方法。

使用信封制作向导，既可以创建单个信封，也可以批量生成信封。

（1）单击"邮件"菜单，选择"中文信封"按钮。

（2）弹出"信封制作向导"对话框。在对话框的左侧有一个树状的制作流程，单击"下一步"按钮。

（3）在"信封样式"下拉列表框中选择信封的样式，并将信封样式下的复选框全部打勾。单击"下一步"按钮，如图 2-5 所示。

图 2-5　制作信封向导

（4）在"选择信封样式"和"信封数量"对话框中选择"基于地址簿文件，生成批量信息"选项，然后单击"下一步"按钮。

（5）在"从文件中获取并匹配收信人信息"对话框中单击"选择地址簿"按钮，打开选择名为"邀请函数据源．xlsx"的 Excel 素材文件，并选择姓名、称谓、单位、地址和邮编在地址簿中的相应的字段信息，如图 2-6 所示。单击"下一步"按钮。

（6）在"输入寄信人信息"对话框中输入寄信人的姓名、单位、地址和邮编等信息，如图 2-7 所示。单击"下一步"按钮。

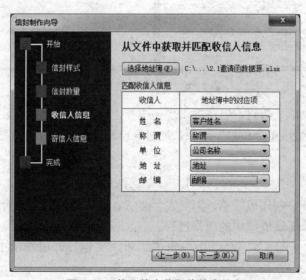

图 2-6　从文件中获取收件人信息

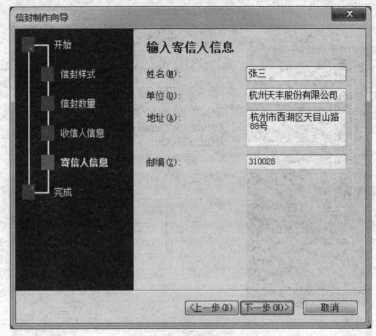

图 2-7 输入寄信人信息

（7）单击"完成"按钮完成信封的制作。最终批量信封的效果图如图 2-8 所示。

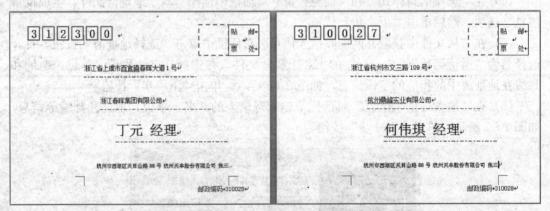

图 2-8 信封最终效果图

（8）如只需生成单个信封，则在第 4 步"选择生成信封的方式和数量"对话框中选择"键入收信人信息，生成单个信息"选项，通过自己输入收信人信息完成单个信封的制作。

2.1.3 案例扩展

除了邀请函以外，制作成绩单、工资表、奖状、通知等也是邮件合并中常见的应用类型。下面就介绍期末考试成绩单的制作过程。

步骤 1：建立主文档。在 Word 中编辑成绩单主文档，即成绩单中内容不变的部分，文档效果图如图 2-9 所示。

期末考试成绩单

同学：

　　你好

　　现将 2012－2013 学年下学期的成绩反馈给你，请合理安排好假期学习时间，认真参加暑期社会实践。

　　新学期报到注册时间：2013 年 8 月 31 日，请务必准时返校！

2012－2013 学年第二学期			
课程	课程性质	学分	成绩
高等数学	公共基础课	3	
大学物理	公共基础课	3	
大学英语	公共基础课	4	
政治经济学	公共基础课	2	
体育	公共基础课	2	
信息导论	专业选修课	2	
C 程序设计	专业基础课	3	
总分		班级排名	
评语			

图 2-9　期末考试成绩单主文档

　　步骤 2：准备数据源。编辑或打开各个考生的期末考试的成绩汇总表。

　　步骤 3：开始邮件合并。单击"邮件"菜单，选择"开始邮件合并"按钮 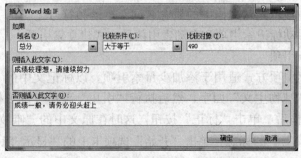，在弹出的下拉菜单中选择"信函"命令。

　　步骤 4：导入数据源。单击"选择收件人"按钮，在弹出的下拉菜单中选择"使用现有列表"命令，弹出"使用现有列表"对话框，选择名为成绩表的 Excel 素材文件，导入 Excel 表数据。

　　步骤 5：插入合并域。返回 Word 文档，将光标定位在第 2 行的最左侧，在"编写和插入域"组中单击"插入合并域"按钮，插入姓名域。同样的插入各门课程的成绩域、总分域和排名域。

　　步骤 6：添加公式。如果成绩单中要填写两种情况的评语，比如总分超过 490 分的评语为"成绩较理想，请继续努力"，总分低于 490 分的评语为"成绩一般，请务必迎头赶上"。用户可以单击"编写和插入域"组中的"规则－如果…那么…否则"按钮，在弹出"插入 Word 域：IF"对话框中添加如图 2-10 所示的语句。

图 2-10　"插入 Word 域：IF"对话框

步骤 7：完成并合并文档。单击"完成"→"完成并合并"按钮，在弹出的下拉菜单中选择"编辑单个文档"命令，弹出"合并到新文档"对话框。单击"全部"按钮，制作完成。

如要通过电子邮件统一将各自的成绩单发送给各位考生，可以在最后单击"完成"功能区中的"完成并合并"→"发送电子邮件"，在打开的"合并到电子邮件"对话框中，对"邮件选项"中的"收件人"进行选择。在本例中选择"期末考试成绩单.xlsx"中的"邮箱"，填写邮件主题行，如图 2-11 所示。选择发送记录的范围后单击"确定"按钮，这样我们就完成了对所有学生的成绩单生成和电子邮件的发送。

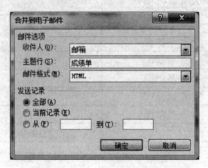

图 2-11　合并到电子邮件

2.2　索引

索引可以列出一篇文章中重要关键词或主题的所在位置（页码），以便快速检索查询，常见于一些书籍和大型文档中。在实际应用中，索引通常会与文档排版结合使用。

2.2.1　学习准备

1. 什么是索引

索引是根据一定需要，把书刊中的主要概念或各种题名摘录下来，标明出处、页码，按一定次序分条排列，以供人查阅的资料。它是图书中重要内容的地址标记和查阅指南。设计科学编辑合理的索引不但可以使阅读者倍感方便，而且也是图书质量的重要标志之一。Word 就提供了图书编辑排版的索引功能。

2. 如何编制索引

要编制索引，应该首先对文档中的概念名词、短语和符号之类的关键词标记索引项。Word 2010 提供了手动标记索引项和自动索引两种方式建立索引项。

（1）手动标记索引项

采用手动标记索引项方式适用于添加少量索引项。以标记文中的"唯物主义"为例，先用鼠标选定文中"唯物主义"四字，然后执行"引用"菜单下的"标记索引项"，出现"标记索引项"对话框后，单击"标记"按钮，这时在原文中的"唯物主义"后面将会出现"｛XE"唯物主义"｝"的标志，单击"开始"选项卡上的"显示/隐藏编辑标记" ↯ 按钮，可把这一标记隐藏或显示出来。如果要把本书中所有的出现"唯物主义"的地方索引出来，可在出现"标记索引项"对话框后，执行"标记全部"，这样全书中凡出现"唯物主义"的页面都会被标记出来。

当做完上面的索引标记之后，就可以提取所标记的索引了。其方法是，把光标移到书的最后边，然后执行"引用"菜单下的"插入索引"，单击"确定"按钮，此时，一个索引就出现在光标处。如果当初选择的是"标记全部"，则索引会标记出所索引的某个词都出现在哪一页上。一个索引词在同一页中出现多次，索引为节省页面，只会标记一次。这样就可以按照索引的提示查找有关页面的内容了。

（2）自动标记索引

如果有大量关键词需创建索引，采用手动标记索引项方式逐一标记显得烦琐。Word 2010 允许将所有索引项存放在一张双列的表格中，再由自动索引命令导入，实现批量化索引标记。这个含表格的 Word 文档被称为索引自动标记文件。

自动标记索引的创建方式具体详见 2.2.2 节中的案例。

3. 分隔符

在 Word 文档中提供了多种分隔符，使得排版设计更为灵活自如，这些分隔符在"页眉布局"选项卡"页眉设置"组的"分隔符"下拉列表中，如图 2-12 所示，分两大类：分页符和分节符。

这些分隔符使用方法如下。

（1）分页符：当文本或图形等内容填满一页时，Word 会插入一个自动分页符并开始新的一页。如果要在某个特定位置强制分页，可插入手动插入分页符，这样可以确保章节标题总在新的一页开始，具体做法是将插入点置于要插入分页符的位置，然后再插入分页符。

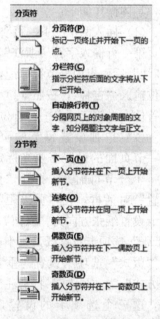

图 2-12　分隔符选项卡

分栏符：对文档（或某些段落）进行分栏后，Word 文档会在适当的位置自动分栏，若希望某一内容出现在下栏的顶部，则可用插入分栏符的方法实现。

自动换行符：通常情况下，文本到达文档页面右边距时，Word 自动将换行。插入"自动换行符"后在插入点位置可强制断行，"自动换行符"显示为灰色"↓"形，与直接按回车键"↵"不同，这种方法产生的新行仍将作为当前段的一部分，因此该换行属于软换行符，而直接按回车键的"↵"换行符属于硬换行符。

（2）分节符："节"是文档格式化的最大单位（或指一种排版格式的范围）。默认情况下，Word 将整个文档视为一节，故对文档的页面设置是应用于整篇文档的。如需要采用不同的版面布局，只需插入分节符将文档分为几"节"。

一篇文档当涉及多版面的设计时，可用分节符先做分割，在"分节符类型"中，选择下面的一种。

● 下一页：选择此项，光标当前位置后的全部内容将移到下一页面上。

● 连续：选择此项，Word 将在插入点位置添加一个分节符，新节从当前页开始。

● 偶数页：光标当前位置后的内容将转至下一个偶数页上，Word 自动在偶数页之间空出一页。

● 奇数页：光标当前位置后的内容将转至下一个奇数页上，Word 自动在奇数页之间空出一页。

例如：新建一个 Word 文档，由三页组成，最终排版参见随书素材"素材 \ 2. 2 分隔符案例样稿.docx"，要求如下：

第一页第一行内容为"浙江"；页面垂直对齐方式为"居中"；页面方向为纵向、纸张大小为 16 开；页眉内容设置为"西湖"，居中显示；页脚内容设置为"我的家乡"，居中显示。

第二页第一行内容为"吉林"；页面垂直对齐方式为"顶端对齐"；页面方向为横向、纸张大小为 A4；页眉内容设置为"长白山"，居中显示；页脚内容设置为"东北"，居中显示。

第三页第一行内容为"安徽"；页面垂直对齐方式为"顶端对齐"；页面方向为横向、纸张大小为 B5；页眉内容设置为"黄山"，居中显示。

具体操作如下：

（1）插入两个"下一页"分节符，将文档分为分成可单独设置版式的三个部分。在第一页第一行输入字符"浙江"，在其回车符前方插入"分节符"的"下一页"类型，此时"浙江"后面出现分节符标记，光标自动定位在第二页的第一行首位。在第二页的第一行首位输入"吉林"，按照（1）的步骤重新插入下一页分节符，光标自动定位在第三页第一行首位。在第三页第一行首位输入"安徽"，此时文档由两个分节符分为三个部分。

（2）单独设置每节的页面。第一节页面的设置需要光标定于第一个分节符前方，打开"页面设置"对话框，在"页边距"选项卡设置纸张方向为"纵向"，在"纸张"选项卡设置纸张大小 A4，在"版式"选项卡设置"垂直对齐方式"为"居中"，特别注意的是，这三个选项卡的设置底端"应用于"选项都要选择"本节"选项，如图 2 - 13 所示。第 2、3 页的页面要求由读者自行完成。

（3）单独设置每节的页眉页脚。第一节页眉和页脚的设置，只需要分别双击第一页的页眉和页脚处，此时自动进入页眉页脚视图状态，分别输入"西湖"和"我的家乡"，并居中对齐。第二

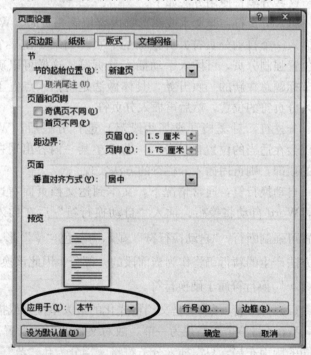

图 2 - 13　"页面设置"对话框

节页眉和页脚的设置，只需要双击第二页的页眉页脚处。特别要注意的是，在分别输入"长白山"和"东北"前，要将"页眉和页脚"工具栏的"导航"组"链接到前一条页眉"取消，即单击使其橘色改成无色，如图 2 - 14 所示，目的是使不同节的页眉页脚的设置分

开。采用同样方法，读者可以设置第三页即第三节的页眉，最终达到"2.2分隔符案例样稿.docx"效果。

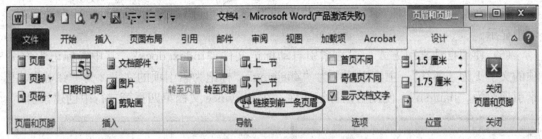

图2-14　"页眉和页脚"工具栏

2.2.2　案例——制作一个索引文件

【案例要求】

创建索引文件，题目要求如下。

建立文档"Province.docx"，由4页组成，如图2-15和图2-16所示，其中：

(1) 第一页中第一行内容为"浙江"，样式为"标题1"；页面垂直对齐方式为"居中"；页面方向为纵向、纸张大小为16K；仅第一页添加页眉"浙江"，居中。

(2) 第二页中第一行内容为"江苏"，样式为"标题2"；页面垂直对齐方式为"顶端对齐"；页面方向为横向，纸张大小为A4；对该页面添加行号，起始编号为1。

(3) 第三页中第一行内容为"浙江"，样式为"标题3"，页面垂直对齐方式为"底端对齐"；页面方向为纵向，纸张大小为B5（JIS）。

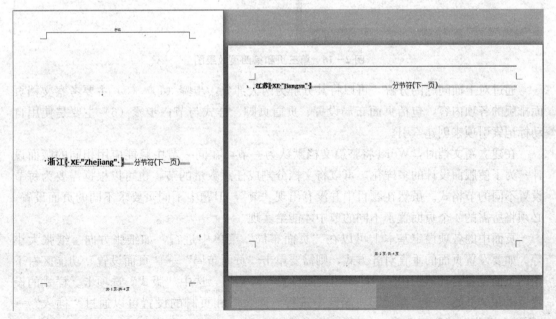

图2-15　第一页和第二页效果图

（4）第四页中第一行内容为"索引"，样式为"正文"，页面垂直对齐方式为"顶端对齐"；页面方向为纵向，纸张大小为 A4。

（5）在文档页脚处插入"第 X 页共 Y 页"形式的页码，X 为当前页，Y 为总页数，居中显示。

（6）使用自动索引方式，建立索引自动标记文件"Index.docx"，其中，标记为索引项的文字 1 为"浙江"，主索引项 1 为"Zhejiang"；标记为索引项的文字 2 为"江苏"，主索引项 2 为"Jiangsu"。使用自动标记文件，在 Province 文档第四页第二行中创建索引。

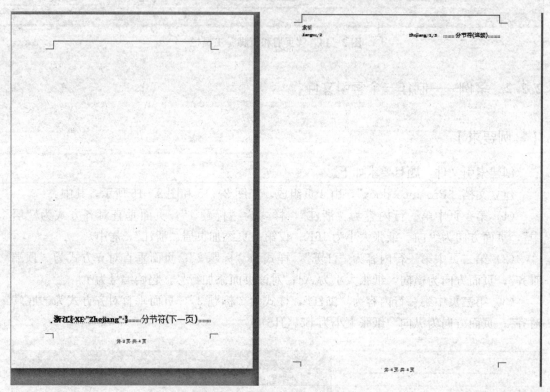

图 2-16　第三页和第四页效果图

通过对上面问题的分解，可以将其分解为两大部分，步骤（1）～（5）主要考察文档页面排版的各项内容，包括页面布局设置、页眉页脚、样式与节；步骤（6）主要是使用自动标记索引项来创建索引。

在建立新文档时，Word 将整篇文档默认为一节，在同一节中只能应用相同的版面设计。为了使版面设计的多样化，可以将文档分割成任意数量的节，也可以根据需要为每节设置不同的节格式。虽然在题目中并没有出现"节"，但题中不同页要求不同的页面设置，必须将所需的 4 个页面置于不同的节中才能给实现。

页面中的各项设定基本上可以在"页面布局"菜单中进行，如纸张方向、纸张大小等。如要设置页面的垂直对齐方式，则需要单击"页面布局"→"页面设置"功能区右下角的页面设置启动器图标，打开"页面设置"对话框，选中"版式"选项卡。样式的设置可以在"开始"→"样式"功能区中进行，而页眉和页脚的设置可以通过"插入"→"页眉和页脚"功能区选取。

自动索引方式，并不是自动创建索引，而是自动标记索引项。在创建索引前，必须对索引的关键词建立索引项，Word 2010 提供了标记索引项和自动索引两种方式建立索引项。索引项实质上是指标记索引中特定文字的域代码，将文字标记为索引项时，Word 2010 将插入一个具有隐藏文字格式的域。在明确了被索引内容所在的位置后，才能进行索引的创建。本案例将通过自动索引的方式创建索引项。

【案例制作】

下面就详细介绍本案例的制作过程。

1. 第一页

题目要求：第一页中第一行内容为"浙江"，样式为"标题 1"；页面垂直对齐方式为"居中"；页面方向为纵向、纸张大小为 16 开；第一页添加页眉"浙江"，居中。

步骤 1：新建文档"Province.docx"，并保存。

步骤 2：在第一页的第一行中插入"下一页"分节符 3 次，为文档添加三个新的节（总结四个节）。插入分节符可以通过"页面布局"→"分隔符"功能区→"分节符"→"下一页"插入。

步骤 3：在第一页的第一行中输入文字"浙江"，为其设置"标题 1"样式。标题 1 样式，可以通过"开始"→"样式"功能区→"标题 1"进行设置。

步骤 4：页面设置。单击"页面布局"→"页面设置"功能区右下角的页面设置启动器按钮，打开"页面设置"对话框。在"页边距"、"纸张"和"版式"选项卡中可以分别设置当前页的纸张方向、纸张大小和垂直对齐方式。注意设置这些页面布局属性时，务必将应用范围设置为"本节"。当然，纸张方向和纸张大小也可以通过单击"页面布局"→"页面设置"功能区中的纸张方向和纸张大小按钮选取。

步骤 5：创建页眉。在第一页中，选择"插入"→"页眉和页脚"功能区→"页眉"→"编辑页眉"，会自动进入页眉编辑状态，输入浙江（默认居中）。移动光标到第二页中，可以看到第二页中同样出现"浙江"字样的页眉。在"页眉和页脚"的"设计"选项卡中，单击取消"链接到前一条页眉"按钮，并删除"浙江"。

2. 第二页

题目要求：第二页中第一行内容为"江苏"，样式为"标题 2"；页面垂直对齐方式为"顶端对齐"；页面方向为横向，纸张大小为 A4；对该页面添加行号，起始编号为 1。

步骤 1：第二页中页面设置操作同第一页。

步骤 2：样式设置。默认情况下，"开始"菜单的"样式"功能区中并没有标题 2 样式，如果要找到标题 2 样式，可以按快捷键 Ctrl＋Alt＋2，或者单击"样式"功能区右下角的"样式"启动器按钮，在打开的"样式"窗口中选择"选项"命令，设置"选择要显示的样式"选项为"全部样式"，返回"样式"窗口后即可找到样式标题 2。

步骤 3：行号的设置。单击"页面布局"→"页面设置"→"行号"→"连续"按钮，可以添加行号。对行号的属性进行详细设置，可以单击"行编号选项"，打开"页面设置"

对话框，在"版式"选项卡中单击"行号"按钮，在打开的"行号"对话框中进行设置，如图 2-17 和图 2-18 所示。

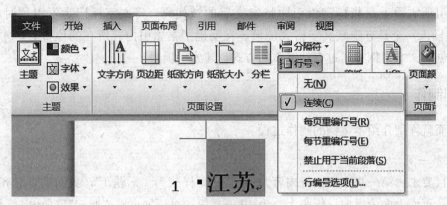

图 2-17 添加连续行号

3. 第三页和第四页

设置方法参考第一页和第二页。

4. 创建页脚

题目要求：在文档页脚处插入"第 X 页共 Y 页"形式的页码，X 为当前页码，Y 为总页数，居中显示。

具体操作步骤：单击"插入"→"页眉和页脚"→"页码"→"页面底端"→居中的"X/Y"形式。该样式中的 X 代表当前页码，Y 代表总页数，如要设置成题目中的"第 X 页共 Y 页"的形式，可以在页眉区域中输入相应的文字即可。

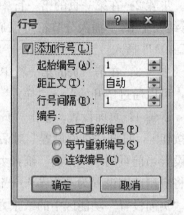

图 2-18 设置行号

5. 创建索引

题目要求：建立索引自动标记文件"Index. docx"，其中，标记为索引项的文字 1 为"浙江"，主索引项 1 为"Zhejiang"；标记为索引项的文字 2 为"江苏"，主索引项 2 为"Jiangsu"。

步骤 1：创建索引自动标记文件"Index. docx"。要创建索引，实质上必须先明确被索引的各索引项所在位置，再创建索引。如果需要明确位置的索引项过多，Word 2010 允许将所有索引项放在一张双列的表格中，再由自动索引命令导入，实现批量化索引项标记。这个包含表格的 Word 文档被称为索引自动标记文件。

根据题目要求，首先新建 Word 文档"index. docx"，插入一个两行两列的表格，见表 2-1，分别输入标记索引项的文字和主索引项，保存文档。

表 2 - 1　自动标记文件

浙江	Zhejiang
江苏	Jiangsu

步骤 2：打开 Province. docx，单击"引用"→"索引"→"插入索引"，在"索引"对话框中，单击"自动标记"按钮，再选择 Index. docx 文件。Word 会在整篇文档中搜索索引文件第一列中文字的确切位置，使用第二列中的文本作为索引项标记。标记完成后，在第一页的文字"浙江"边上将会出现索引的标记〔XE"Zhejiang"〕，同样"江苏"边上也会出现〔XE"JiangSu"〕等域代码，表示索引项已经被定位了。

步骤 3：创建索引：将光标定位在第四页第二行位置，再次单击"引用"→"索引"→"插入索引"，在"索引"对话框中，直接单击"确定"按钮，即可完成索引的创建，如图 2 - 19 所示。

索引
Jiangsu, 2　　　　　　　　　　　　　　　Zhejiang, 1, 3

图 2 - 19　创建索引

2.3　文档的域

域是文档中可能发生变化的数据，鼠标点到文档中某处变成灰色时，说明此处是插入域的结果。域结果根据文档的变动或相应因素的变化而自动更新。文档的域主要有：自动编页码、图表的题注、脚注、尾注的号码；按不同格式插入日期和时间；通过链接与引用在活动文档中插入其他文档的部分或整体；实现无须重新键入即可使文字保持最新状态；自动创建目录、关键词索引、图表目录；插入文档属性信息；实现邮件的自动合并与打印等。

2.3.1　学习准备

1. 域的概念

域就像是一段程序代码，文档中显示的内容就是域代码运行的结构。Word 域的有关概念有以下几个。

（1）域

引导 Word 在文档中自动插入文字、图形、页码和其他信息资料的一组代码（相当于 Excel 中的函数式）。

（2）域开关

在使用域时，完成某些特定操作的命令开关，将这些命令开关添加到域中，通常可以让同一个域出现不同的输出结果。

（3）域名称

顾名思义就是"域"的名称，如 PAGE 域、TIME 域等。

（4）域记号

域记号为一对花括号"{}"。需要注意的是，这个域记号是不能直接用键盘输入的，应该用后面介绍的方法来输入。

（5）域代码

一组由域名称、域开关和域参数组成的编码，类似于公式，如"{DATE * MERGE-FORMAT}"。

（6）域结果

域结果就是域代码的显示结果，类似于公式计算得到的值。例如：上述域代码在Word文档中显示出系统日期。

2. 怎样插入域

在Word 2010文档中输入域通常有两种方法：一种是通过"文档部件"插入法，另一种是域代码直接输入法。以插入一个日期（DATE）域的操作过程为例，介绍这两种方法。

（1）"文档部件"插入法

将光标定在要插入该域的位置处，单击"插入"选项卡"文本"组的"文档部件"下拉列表，单击"域"，打开如图2-20所示的"域"对话框。

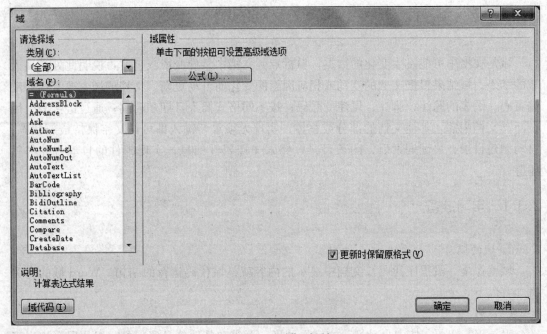

图2-20 "域"对话框

"类别"选择"日期和时间"；"域名"选择"DATA"；"域属性"的日期格式选择"2014-02-20"；"域选项"里不勾选任何项目，如图2-21所示。

（2）域代码直接输入法

如要通过域代码输入域，可以按Ctrl+F9快捷键，先输入域特征符"{ }"，然后在花括号内开始输入域代码。

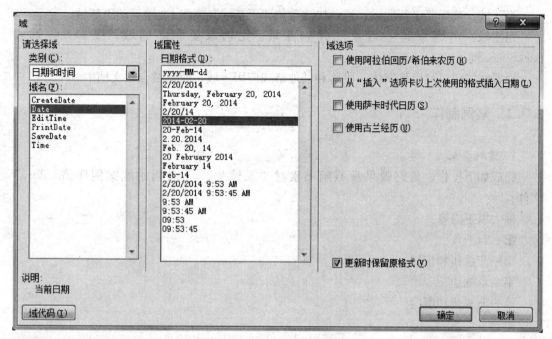

图 2-21 Data 域的设置

域代码一般由域名、域参数和域开关组成。域代码包含在一对花括号"｛｝"中，"｛｝"称为域特征字符。

域代码的通用格式为：｛域名［域参数］［域开关］｝，其中在方括号中的部分是可选的。域代码部不区分英文大小写。

域名是域代码的关键字，必选项。域名表示了域代码的运行内容。例如域代码：｛AUTHOR｝，AUTHOR 是域名，域结果是文档作者的姓名。

域参数：域参数是对域名作进一步的说明。

域开关：域开关是特殊的指令，在域中可引发特定的操作。例如：｛AUTHOR〔Upper｝，〔Upper 是域开关，表示将域结果以大写字母格式显示。

例如要创建前面讲到的日期域，可以将光标定在需要插入域的文本处；按下 Ctrl＋F9 组合键，插入域记号"｛｝"。此时，光标位于域记号中，输入域代码"｛DATE ＼@" YYYY '年' M '月' d '日'"｝"，选中输入的域代码，按下 Shift＋F9 组合键，域即以"域结果"形式显示在光标处，即 2015 年 7 月 1 日。其中 DATE 是域名、＼@是域开关、"yyyy '年' M '月' d '日'"是域开关选项，表示显示日期的格式。

域代码直接输入法涉及较多代码语法，本书将不进行详细介绍，读者可参考浙江大学出版社吴卿主编的《办公自动化高级应用 office2010》。本书主要推荐"文档部件"插入法。

3. 编辑域

在文档中插入域后，可以进一步修改或编辑域，也可以对域格式进行设置。

显示域代码：选择域，右击并选择快捷菜单"切换域代码"或按快捷键 Shift＋F9。

修改域：显示域代码后直接修改或者选择域后右击选择快捷菜单"编辑域"。

更新域：选择要更新的域，通过快捷菜单"更新域"或按 F9 键手动更新域。

删除域：与删除其他对象一样删除域。先选取要删除的域，按 Delete 键或 BackSpace 键。

设置域格式：可以将字体、段落和其他格式应用于域，使它融合在文档中。

2.3.2　案例制作

1. 案例要求

完成如下操作，最终效果参照随书素材"素材 \ 2. 3 文档的域案例样稿. docx"文件。

输入以下内容：

第一章浙江

第一节杭州和宁波

第二章福建

第一节福州和厦门

第三章广东

第一节广州和深圳

其中章和节的序号为自动编号（多级）符号，分别使用"标题 1"和"标题 2"，并设置每章从奇数页开始。

在第一章第一节下的第一行写入文字"当前日期：X 年 X 月 X 日"，其中"X 年 X 月 X 日"为使用插入域自动生成，并以中文数字形式显示。

将文档作者设置为"张三"，并在在第二章第一节下的第一行写入文字"作者：X"，其中"X"为使用插入域自动生成。

在第三章第一节下的第一行写入文字"总字数：X"，其中"X"为使用插入域自动生成。

设置打开文件的密码为：123 ，设置修改文件的密码为：456

2. 案例制作

（1）输入以下字符，完成多级自动编号：

浙江

杭州和宁波

福建

福州和厦门

广东

广州和深圳

将光标定于"浙江"前方，选择样式列表中的"标题 1"样式，单击"段落"→"多级列表"按钮，在列表库中选择右下角最后一个名为"第一章"的列表，再打开"定义新多级列表"对话框，如图 2 - 22 所示，将"将级别链接到样式"下拉列表框选为"标题1"。将光标定于"杭州和宁波"前方，选择"标题 2"样式，打开"定义新多级列表"对话框，如图 2 - 23 所示，将"输入编号的格式"下面文本框中的原有编号删除，输入

"第"字，然后将"此级别的编号样式"改为"一、二、三（简）……"，在其后输入"节"字，将"将级别链接到样式"改为"标题 2"。此时标题 1 和标题 2 样式设置完毕，将对应样式应用于对应字符即可。

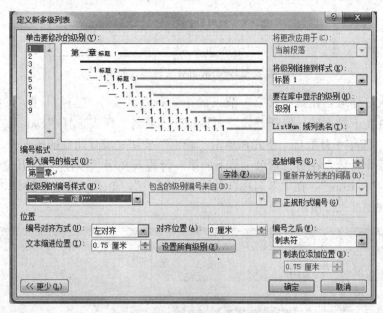

图 2-22　标题 1 的编号

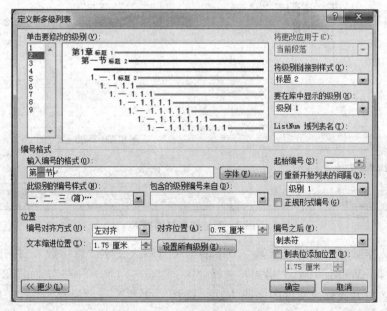

图 2-23　标题 2 的编号

（2）利用奇数页分节符设置每章从奇数页开始：将光标定于"第二章"处，单击"页面布局"→"分割符"下拉按钮，打开分隔符列表，单击"分节符"组的"奇数页"按钮，此时在"第一节杭州和宁波"所在行的回车符后插入了一个"分节符（奇数页）"的标记，如图 2-24 所示，此时第一页单独一节，采用同样方法将光标定于"第三章"处再插入"分节符（奇数页）"，即将整篇文档分为三节，并每章从奇数页开始。

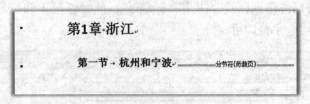

图 2-24 奇数页分节符插入效果

（3）插入日期域：在第一章第一节下的第一行写入文字"当前日期"，单击"插入"→"文档部件"下拉框域，打开"域"对话框，"域名"列表选择"Date"，"日期格式"选择"二〇一四年一月七日"格式，单击"确定"按钮完成日期域的插入。

（4）插入作者域：在第二章第一节下的第一行写入文字"作者"，打开"域"对话框，"域名"选为"Author"，在"新名称"处输入"张三"，单击"确定"按钮，完成了作者域的插入，如图 2-25 所示。

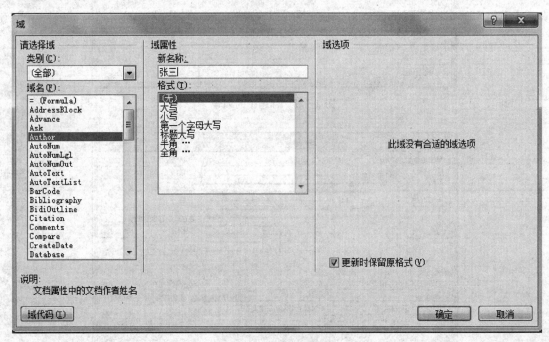

图 2-25 作者域的插入

（5）插入字数域：在第三章第一节下的第一行写入文字"总字数"，打开"域"对话框，选择"NomWords"域，"格式"选择"一、二、三（简）……"，如图 2-26 所示。

（6）设置打开或修改文件的密码方法：选择"文件"→"另存为"，打开"另存为"对话框。单击对话框下面的"工具"按钮中的"常规选项"，此时打开"常规选项"对话框如图 2-27 所示，在"打开文件时的密码"输入"123"，在"修改文件时的密码"输入"456"，单击"确定"后重新输入打开文件时的密码和修改文件时的密码，即完成了操作。

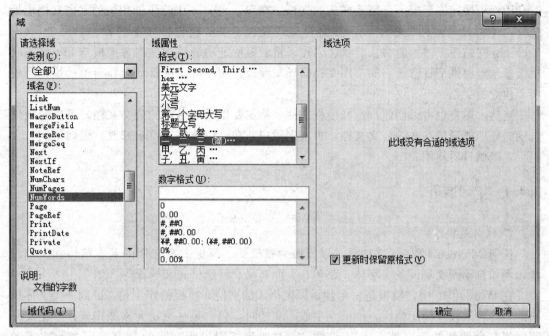

图 2－26　字数域的插入

图 2－27　文件打开/修改密码设置

2.4　模板文件的制作

Word 模板在办公中对我们有着非常大的作用和帮助。在制作 Word 文档时，我们可以利用模板快速嵌套出一个精美样式的文档。在 Word 2010 中除了通用型的空白文档模板之外，还内置了多种文档模板，如博客文章模板、书法模板、样本模板等。另外，Office.com 网站还提供了证书、奖状、名片、贺卡等特定功能模板。内置模板与 Office.com 模板基本上提供了日常所需的应用文档向导与模板，用户可通过自动向导与模板快速形成所要建立的文档。

当然，用户也可以创建自定义模板文件。例如要生成某单位的公文文档，可以先使用自动向导功能形成基本的公文文档，再根据用户所在单位的格式要求修改，最后形成公文模板，以供日后使用。

2.4.1 学习准备

1. 什么是模板

任何 Microsoft Word 文档都是以模板为基础的。模板决定文档的基本结构和文档设置，例如自动图文集词条、字体、菜单、页面布局、特殊格式和样式等。

在 Word 2010 中，模板是一个预设固定格式的文档，模板的作用是保证同一类文体风格的整体一致性。使用模板，能够在生成新文档时，包含某些特定元素或格式，根据实际需要建立个性化的新文档，可以省时、省力地建立用户所需要的具有一定专业水平的文档。

模板的两种基本类型为共用模板和文档模板。共用模板主要包括 Normal 模板，所含的设置适用于所有文档。用户新建空白文档，就是依据 Normal 模板生成的，也继承了共用的 Normal 模板默认的页面设置、格式和内置样式设置等。文档模板所含设置仅适用于以该模板为基础的文档。例如，如果用备忘录模板创建备忘录，备忘录能同时使用备忘录模板和共用模板的设置。Word 提供了许多文档模板，你也可以创建自己的文档模板。

2. 模板文件的应用场合

当某种格式的文档经常被重复使用时，最有效的方法就是使用模板。例如，可以通过 Word 2010 自带的简历模板创建简历，可以通过贺卡模板创建一份贺卡等，也可以将已制作完成的某个文档另存为模板，今后有需要编辑类似的文档时重新打开模板进行修改即可。

3. 如何制作模板文件

模板文件的制作方法有两种：一种是利用 Word 已有的模板创建一个模板文件，然后进行修改；另一种是将编辑好的 Word 文档另存为模板文件，今后需要编辑类似的文档时只要重新打开模板进行编辑就可以了。

如果利用 Word 内置模板制作模板文件，一般可以按照如下步骤进行：

第 1 步，打开 Word 2010 文档窗口，依次单击"文件"→"新建"按钮。

第 2 步，在打开的"新建"面板中，用户可以单击"博客文章"、"书法字帖"等 Word 2010 自带的模板创建文档，还可以单击 Office 网站提供的"名片"、"贺卡"、"日历"等在线模板。例如单击"样表模板"选项。

第 3 步，打开样本模板列表页，单击合适的模板后，在"新建"面板右侧选中"文档"，创建的为文档（默认格式 docx），如果选中"模板"，则创建的为模板（默认格式

dotx）。

　　第 4 步，打开使用选中的模板创建的文档，用户可以在该文档中进行编辑。

　　当然，用户也可以将已有文档创建自定义模板，然后按照模板进行编写内容。

2.4.2　利用 Word 内置模板制作简历

　　简历，就是对个人学历、经历、特长、爱好及其他有关情况所做的简明扼要的书面介绍。简历是个人形象，包括资历与能力的书面表述，对于求职者而言，是必不可少的一种应用文。

　　如要利用 Word 2010 中内置模板文件创建一张现代型实用简历，如图 2‑28 所示。其主要操作步骤如下。

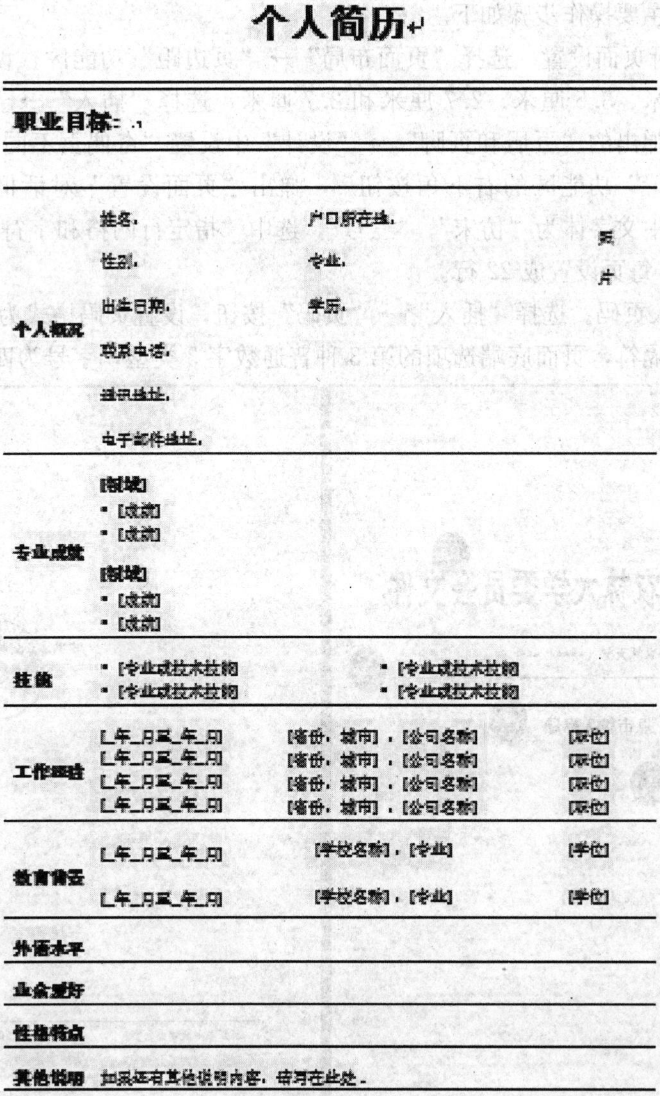

图 2‑28　个人简历

步骤1：选择"文件"→"新建"命令，在 Office. com 模板中选择"简历"选项。

步骤2：选择"基本"→"实用简历（现代型）"命令，单击"下载"按钮。

步骤3：在姓名信息处填入考生自己的真实姓名，保存。

2.4.3 创建自定义模板文件

我们通过红头文件的制作来讲解如何创建自定义模板文件。

红头文件多指党政领导机关（单位）下发的文件，因版头文件名称多印成红色，故称红头文件。常见的红头文件格式如图 2-29 所示。

红头文件制作中一般要注意文件头、文件内容和文件尾。制作过程中所需的要素见表 2-2。

红头文件的主要操作步骤如下。

步骤1：进行页面设置。选择"页面布局"→"页边距"功能区，设置上下左右页边距分别为 3.7 厘米、3.5 厘米、2.7 厘米和 2.7 厘米。选择"插入"→"页眉"→"编辑页眉"按钮，在弹出的"页眉和页脚"→"设计"中设置"奇偶页不同"。单击"页面布局"→"页面设置"功能区的右下角按钮⌐，弹出"页面设置"对话框，选择"文档网格"附签，设置中文字体为"仿宋"、"三号"，选中"指定行网格和字符网格"；将每行设置成 28 个字符；每页设置成 22 行。

步骤2：插入页码。选择"插入"→"页码"按钮，设置页码格式为全角的显示格式，使用"—"的分隔符，页面底端选项的第 3 种普通数字 3 类型，字号为四号。

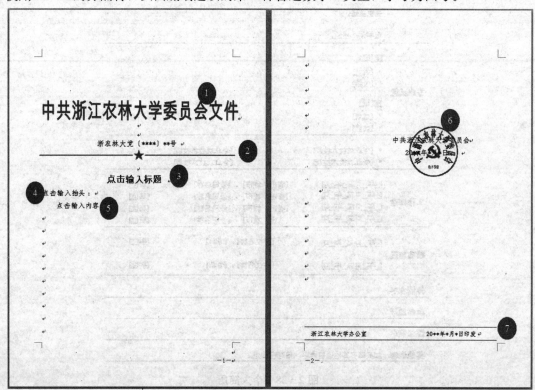

图 2-29　红头文件

表 2 - 2 制作红头文件要素及要求

编号	对象	操　作
①	艺术字	插入艺术字
②	形状	插入两条红色直线和一个红色五角星
③	标题	通过域命添加，**二号，方正小标宋简**
④	抬头	通过域命添加，三号仿宋
⑤	正文内容	通过域命添加，三号仿宋
⑥	图片	插入印章图片
⑦	表格	插入只有一行的表格

步骤 3：表头制作。插入艺术字"中共浙江农林大学委员会文件"，并设置艺术字的填充颜色为红色，艺术字形状为纯文本形式。输入"浙农林大党〔＊＊＊＊〕＊＊号"的文字，字体为仿宋，字号为三号。

步骤 4：如要对"中共浙江农林大学委员会文件"文字进行分散对齐，可以单击"开始"→"段落"，选择"分散对齐"按钮 。

步骤 5：红线制作。单击"插入"→"形状"功能区的直线工具，然后光标会变成"＋"字形。拖动鼠标从左到右划一条水平线，绘制出左半边的红线，如图 2 - 30 所示，然后选中直线后右击，在弹出的快捷菜单中选择"设置形状格式"，设置线条颜色为红色、实线、粗线设置为 2.25 磅。同理绘制出右半边的红线，并在两条线中间插入一个红色五角星。

图 2 - 30 绘制红线

步骤 6，输入标题。将光标定位在红线下方，标题处需要插入带提示信息的文字，单击"插入"→"文档部件"→"域"按钮，选择"MacroButton"命令，在右侧的"宏名"列表处选择"DoFieldClick"列表，并设置显示文字为"点击输入标题"，如图 2 - 31 所示。同时设置标题为二号，方正小标宋简体格式，居中。下次需编辑标题时，直接输入标题内容即可。

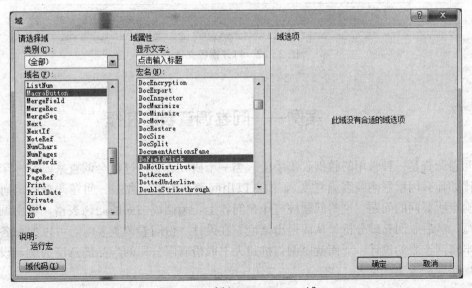

图 2 - 31 插入 MacroButton 域

步骤 7，正文排版。在标题下方需要编辑正文内容，正文抬头和内容参考步骤 6 插入，并设置正文格式为三号仿宋。正文下方的落款和时间自行输入。

步骤 8：插入公章。在公文下方的"中共浙江农林大学委员会"上插入公章图片，并设置图片格式为浮于文字上方。

步骤 9：插入表格。插入只有一行的表格，并右击打开"表格属性"对话框。在该对话框中单击"边框和底纹"按钮，在"边框和底纹"对话框中设置只保留上下两行的边框线，同时输入文字内容"浙江农林大学办公室　20＊＊年＊月＊＊日印发"。

步骤 10：保存模板。将该文档另存为 Word 模板（＊. dotx）文件。Word 模板可以保存在用户指定的位置，也可以保存在 Word 模板的默认保存目录（C：\ 用户 \ 你的用户名 \ AppData \ Roaming \ Microsoft \ Templates）下。在需要编辑新的公文文档时，可以单击"文件"→"新建"→"我的模板"，在打开的"个人模板"中选择相应的模板文件即可，如图 2-32 所示。修改模板中相关文字，即可创建一个新的公文文档。最终的公文文档详见"2-4　红头文件通知. docx"文件。

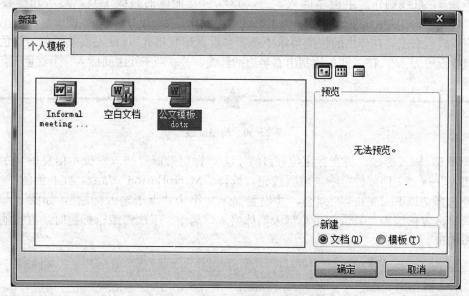

图 2-32　打开模板文件

2.5　案例——问卷调查表的制作

问卷调查是一种常用的数据收集手段。当一个研究者想通过社会调查来研究一个现象时（比如什么因素影响顾客满意度），他可以用问卷调查收集数据。问卷调查假定研究者已经确定所要问的问题。这些问题被打印在问卷上，编制成书面的问题表格，交由调查对象填写，然后收回整理分析，从而得出结论。在设计一份问卷调查表时，可以使用各类控件来丰富调查表的设计。下面就以调查杭州天丰股份有限公司的产品满意度为例，设计一份市场问卷调查表，见表 2-3。

表 2 - 3 市场问卷调查表

市场问卷调查					
受访者姓名		性别	☑男 □女	电话	
单位地址				邮编	
电子信箱					

1. 有没有听说/接触杭州天丰股份有限公司的产品或服务？

□有 □无

2. 首次听说/接触杭州天丰股份有限公司源于何处？

□企业广告 □网络宣传 □企业广告 □丰成客户

3. 杭州天丰股份有限公司的支柱产业是：

□舞台机械 □影视舞台灯光 □公共座椅 □网络宣传 □可伸缩活动看台

4. 您单位/朋友单位是否使用、接受过我们公司的产品、服务？

□有 □无

5. 您对我们的产品和服务是否满意？

□满意 □有待提高 □不满意

6. 您认为我公司当务之急应在哪些方面需加倍努力？

□企业形象 □企业品牌 □产品质量服务态度 □企业广告宣传

提交

【案例要求】

在设计一份问卷调查表时，可以使用控件工具箱中的各类控件来丰富调查表的设计。在 Word 2010 中，用户可以选择"文件"→"选项"→"自定义"功能区右边的"开发工具"，之后标签菜单中会出现一个开发工具面板，我们所需要的控件都在里面，如图 2 - 33 所示。

图 2 - 33 "开发工具"选项卡

单击其中的"旧式窗体"按钮，可以打开"旧式窗体"工具箱，如图 2-34 所示。

如需要添加选项按钮，可以先将光标移至要插入控件的位置，然后单击"开发工具"→"控件"功能区中的"旧式窗体"按钮，然后单击"旧式窗体"工具箱中的"选项按钮"控件◎，即可在文档中插入一个选项按钮 ○ OptionButton1 ，类似地，可以插入"控件"功能区中的其他控件。

图 2-34 "旧式窗体"工具箱

选中刚才添加的选项按钮，单击"控件"功能区中的"属性"按钮，弹出如图 2-35 所示的属性框。修改"Caption"属性值，即修改选项按钮右侧显示的内容。若要修改选项按钮的背景填充色，则选中"BackColor"属性，并在右侧的下拉菜单中选择相应的颜色，类似的，还可以修改其他如前景色、字体等属性值，如果还添加了其他控件，只要选中该控件后，再在属性框中修改相应的属性值。

除了选项按钮控件外，调查问卷中常用的控件还有文本框控件、复选框控件✔、下拉列表控件、命令按钮等。

文本框控件主要用于显示文本或接收用户输入的文本。复选框控件由一个矩形框和右边的文字组成，单击矩形框使其内出现"√"，表示该复选框被选择，再次单击使矩形框内无"√"，可以取消对该复选框的选择。各个复选框单独工作，通常用于有多个选项可以同时选择的情况。选项按钮控件由一个圆圈和右边的文字组成，通常多个选项按钮组合成一组，对于同组的选项按钮只能选择其中的一个。下拉列表控件主要提供一组互斥值的列表项，用户只能选择列表中列出的选项，不能修改列表项。命令按钮通常通过单击鼠标操作来实现某一个命令或指令。

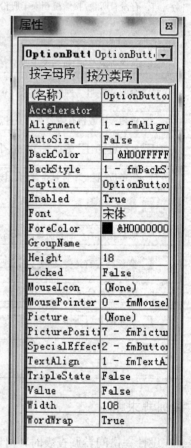

图 2-35 属性框

【案例制作】

制作一份市场问卷调查表，详细的制作过程如下。

步骤 1：插入表格，录入文字。根据市场问卷调查表中问题的多少插入一个 17 行 6 列的表格，进行适当的合并或拆分单元格，在合适位置录入相应的文字信息，并设置字体、字号，见表 2-4。当然，这一步骤也可以在后面操作过程中进行或调整。

表 2-4　市场问卷调查表格

市场问卷调查					
受访者姓名		性别		电话	
单位地址				邮编	
电子信箱					
1. 有没有听说/接触杭州天丰股份有限公司的产品或服务？					
2. 首次听说/接触杭州天丰股份有限公司源于何处？					
3. 杭州天丰股份有限公司的支柱产业是：					
4. 您单位/朋友单位是否使用，接受过我们公司的产品、服务？					
5. 您对我们的产品和服务是否满意？					
6. 您认为我公司当务之急应在哪些方面需加倍努力？					

步骤 2：插入文本框控件并设置。选择"文件"→"选项"→"自定义"功能区右边的"开发工具"，待出现"开发工具"后，在"受访者姓名"右侧的单元格内，插入一个文本框控件，并选中文本框设置其背景色（BackColor 属性）为浅蓝色。同理，添加电话、右边、单位地址、电子邮箱所对应的文本框，并设置好背景色。

步骤 3：插入选项按钮并设置。在"性别"右侧单元格内，插入一个选项按钮，单击该控件，将 Caption 属性设置为"男"，Font 属性设置为楷体、小五号字，Backcolor 属性设置为橙色。同理，添加其他地方的选项按钮。

步骤 4：插入复选框并设置。在第二个问题下方的单元格内，插入复选框控件，选中该控件，将 Caption 属性设置为"企业广告"，并设置背景色和字体字号等属性，用同样方法添加其他复选框。

步骤 5：插入命令按钮并设置。在最后一个单元格内插入命令按钮控件，并修改其 Caption 属性为"提交"，同时修改 Font 属性。

步骤 6：退出开发工具模式。"市场问卷调查表"最终的效果如表 2-3 所示。

◇◆◇　习题　◇◆◇

1. 要求利用邮件合并功能同时给多人发送会议邀请函。邀请函的模板详见图 2-36 所示，数据源表格详见表 2-5。

会议邀请函

××先生/女士：

您好！

本公司定于 2013 年 10 月 16 日，在杭州朝晖大酒店举行大型产品展示会，特邀您参加。

会议具体安排如下：

时间	具体安排
9：00—10：00	开幕式
10：00—11：00	学术报告
11：00—12：00	参观公司图片展
12：00—13：00	中餐
12：00—13：00	自由活动
14：00—16：00	产品展示/演示

此致！

杭州项发公司

2013 年 9 月 19 日

图 2-36　会议邀请函主义档

表 2-5　数据源表格

姓名	工作单位	职位	电话	E_mail 地址
刘长清	上华	技术科长	57489612	lchq@123.com
方华	大发	市场部经理	54545615	fanghua@235.net
李红红	银德	技术科长	54525465	lihh@123.com
张晶	天成	市场部经理	39466859	zhangj@123.com
王婷	红发	市场部经理	21544962	wangt@356.net
李小平	惊现	技术科长	12316546	lixp@123.net
方琴	成百	市场部经理	98946466	fangq@123.net
张翼	平海	市场部经理	12315646	zhangy@235.net
李银霞	百鸣	技术科长	16346659	liyx@123.com
刘萍	丽华	市场部经理	56468656	liup@123.com
苏青青	京发	市场部经理	35484856	suqq@235.net

2. 在桌面上新建一个文档，名为 py.docx，设计一个会议邀请函，具体要求如下。

在一张 A4 纸上，正反面书籍折页打印，横向对折，要求页面 1 和页面 4 打印在 A4 纸的同一面，页面 2 和页面 3 打印在 A4 纸的另一面。4 个页面按要求依次显示如下内容。

页面 1：显示"邀请函"三个字，上下左右均居中对齐显示，竖排，字体为隶书，72 磅。

页面 2：显示"汇报演出定于 2014 年 4 月 21 日，在学生活动中心举行，敬请光临！"，文字横排。

页面 3：显示"演出安排"，文字横排，居中，应用样式"标题 1"。

页面 4：显示两行文字，行一为"时间：2014 年 4 月 21 日"，行二为"地点：学生活动中心"，竖排，左右居中显示。

3. 编制合同模板，合同模板的最终效果图如图 2-37 所示。

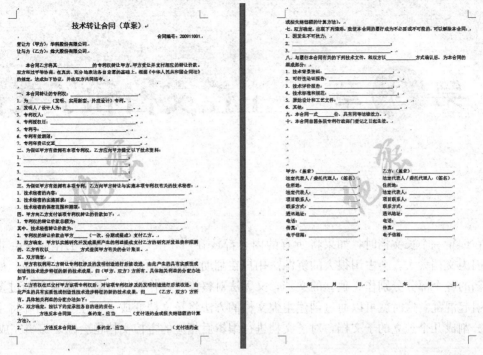

图 2-37 合同模板

4. 修改并运用"基本信函"模板。选择打开"基本信函"模板，在 D 盘下保存为"我的简历"模板文件；根据"我的简历"模板，新建"简历.docx"文档，在"作者"信息处输入自己的姓名。

5. 创建自定义模板文件：试卷头模板。详见素材 \ 试卷头模板.dotx 文件。

第 **3** 章　主控文档和子文档

在编辑一个长文档时，如果将所有的内容都放在一个文档中，那么工作起来会非常慢，因为文档太大，会占用很大的资源。用户在翻动文档时，速度就会变得非常慢。如果将文档的各个部分分别作为独立的文档，又无法对整篇文章作统一处理，而且文档过多也容易引起混乱。这时就可以通过创建主控文档的方法将长文档变成一个主控文档并将主控文档分割成几个独立的子文档，对子文档进行编辑后相应的主控文档也会随之编辑完成。

3.1　学习准备

1. 什么是主控文档

使用 Word 的主控文档，是制作长文档最合适的方法。主控文档包含几个独立的子文档，可以用主控文档控制整篇文章或整本书，而把书的各个章节作为主控文档的子文档。这样，在主控文档中，所有的子文档可以当作一个整体，对其进行查看、重新组织、设置格式、校对、打印和创建目录等操作。对于每一个子文档，我们又可以对其进行独立的操作。此外，还可以在网络地址上建立主控文档，与别人同时在各自的子文档上进行工作。创建主控文档主要是在大纲视图中进行的。

大纲视图是以大纲形式提供文档内容的独特显示，是层次化组织文档结构的一种方式。它提供大纲特定的工具，这些工具罗列在"大纲"视图中，如图 3-1 所示。其中比较典型的应用就是"主控文档"。如要切换到"大纲"视图，可以单击"视图"→"大纲视图"选择。

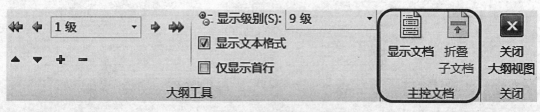

图 3-1　"大纲"视图

2. 主控文档和子文档的关系

主控文档是子文档的一个"容器"。每一个子文档都是独立存在于磁盘中的文档，它们可以在主控文档中打开并受主控文档控制，也可以单独打开。子文档编辑完成后相应的主控文档的内容也会随之自动修改。

3. 如何创建主控文档

创建主控文档的方法主要有两种：一种是创建新的主控文档，另一种是将原有文档转换为主控文档。

（1）创建新的主控文档。

①单击"文件"→"新建"→"空白文档"按钮，创建一个空文档。

②选择"视图"菜单中的"大纲视图"选项，切换到"大纲"视图下。此时"大纲"菜单自动激活，单击"显示文档"按钮后，"大纲"菜单及各功能区如图 3-2 所示。

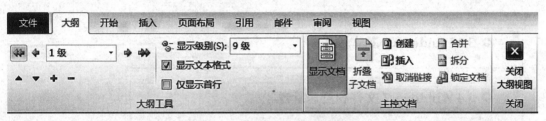

图 3-2　"大纲"菜单及各功能区

③输入文档和子文档的各级标题，并用内置的标题样式对各级标题进行格式化。例如，将主文档标题格式设置为内置标题"标题 1"，将子文档标题格式设为内置标题样式"标题 2"。

④选定要拆分为子文档的标题。注意选定内容的第一个标题必须是每个子文档开头要使用的标题级别。例如，所选内容中的第一个标题样式是"标题 2"，那么在选定的内容中所有具有"标题 2"样式的段落都将创建一个新的子文档。

⑤单击"大纲"→"主控文档"功能区中的"创建"按钮，原文档将变为主控文档，并根据选定的内容创建子文档，如图 3-3 所示。可以看到，Word 把每个子文档放在一个虚线框中，并且在虚线框的左上角显示一个子文档图标，子文档之间用分节符隔开。

⑥保存。Word 在保存主控文档的同时，会自动保存创建的子文档，并且以子文档的第一行文本作为文件名。

（2）将原有文档转换为主控文档。在 Word 中，不但可以新建一个主控文档，而且可以将已有文档转换为主控文档。这样，用户就可以在以前工作的基础上，用主控文档来组织和管理长文档了。将已有文档转换为主控文档与创建空的主控文档基本类似，步骤如下：

①打开要转换为主控文档的已有文档。

②选择"视图"→"大纲视图"，切换到大纲视图。

③通过使用内置标题样式或大纲级别建立主控文档的大纲，操作方法与创建主控文档时建立大纲的方法相同，可通过"开始"→"样式"功能区所带的选项列表来定义文本是标题样式或是正文样式。

图 3-3　创建子文档

④选定要划分为子文档中的标题和文本，如果某些文本包含在一个标题下，那么在单击这个标题前的分级显示符号选定这个标题时，这些文本也会被同时选定，创建子文档后，这些文本也将包含在这个子文档中。

⑤单击"大纲"→"主控文档"功能区中的"创建"按钮，创建子文档。

⑥把文件另存为别的文件名。

⑦不管主控文档的文件名如何，每个子文档指定的文件名不会影响，因为它只是根据第一行的文本自动命名的。如果文件名相同，会自动在后面加上"1，2，…"来区别。

4. 展开和折叠子文档

在打开主控文档时，默认情况下会折叠所有子文档，也就是每个子文档都将如图 3-4 所示的超级链接方式出现。单击链接点，就可以单独打开该子文档。

要在主控文档中展开所有的子文档，可以单击"大纲"→"主控文档"功能区中的"展开子文档"按钮，文档将展开，如图 3-5 所示。文档展开后，原来的按钮将变为"折叠子文档"按钮。再次单击"折叠子文档"按钮，子文档又将成为如图 3-4 所示的折叠状态。

当主文档处于展开状态时，如果要打开并进入该子文档，可以双击该子文档前面的图片，Word 会单独为该子文档打开一个窗口。

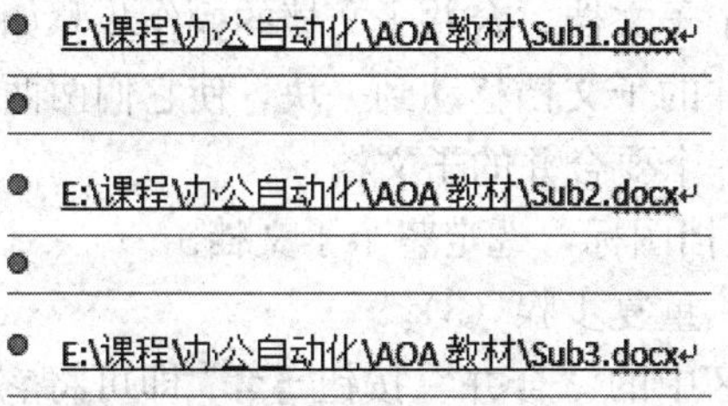

E:\课程\办公自动化\AOA 教材\Sub1.docx↵

E:\课程\办公自动化\AOA 教材\Sub2.docx↵

E:\课程\办公自动化\AOA 教材\Sub3.docx↵

子文档一↵

子文档二↵

子文档三↵

图 3-4 折叠子文档 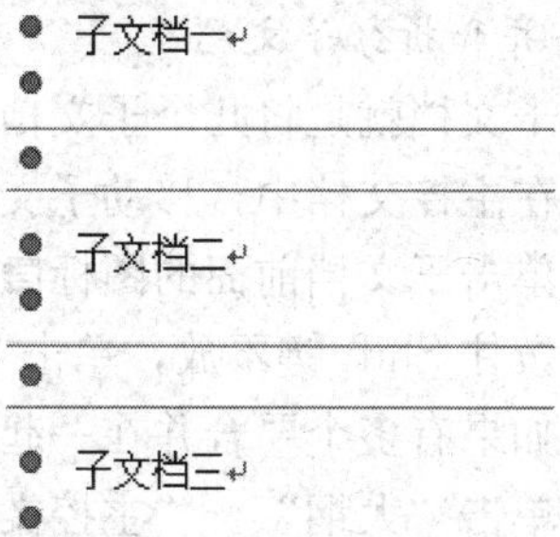　　　　　　　图 3-5 展开子文档

5．插入子文档

在主控文档中，可以插入一个已有文档作为主控文档的子文档，这样，就可以用主控文档将以前已经编辑好的文档组织起来，而且还可以随时创建新的子文档，或将已存在的文档当作子文档添加进来。例如，作者交来的书稿是以一章作为一个文件来交稿的，编辑可以为全书创建一个主控文档，然后将各章的文件作为子文档分别插进去。操作方法如下：

（1）打开主控文档，并切换到大纲视图。

（2）如果主控文档处于折叠状态，先单击"大纲"→"主控文档"功能区中的"展开子文档"按钮，以激活"插入"按钮。

（3）将光标定位在要添加子文档的地方。如果将光标定位在某一子文档内，那么插入的文档也会位于这个子文档内。

（4）单击"大纲"→"主控文档"功能区中的"插入"按钮，将弹出"插入子文档"对话框。

（5）在"插入子文档"对话框的文件列表中找到所要添加的文件，然后单击"打开"按钮。

（6）经过上述操作后，选定的文档就作为子文档插入到主控文档中，用户可以像处理其他子文档一样处理该文档。

6．重命名子文档

在创建子文档时，Word 2010 会自动为子文档命名。此外当把已有的文档作为子文档插入到主控文档中时，该子文档用的名字就是文档原来的名字。如果用户为了便于记忆管理，可以为该子文档重命名。

可以按如下步骤对子文档进行重命名：

（1）打开主控文档，并切换到主控文档显示状态。

（2）单击"折叠子文档"按钮折叠子文档。

（3）单击要重新命名的子文档的超链接，打开该子文档。

（4）选择"文件"→"另存为"，打开"另存为"对话框。

（5）选择保存的目录，输入子文档的新文件名，单击"保存"按钮。

关闭该子文档并返回主控文档，此时会发现在主控文档中原子文档的文件名已经发生改变，而且主控文档也可以保持对子文档的控制。注意：保存该主控文档即可完成对子文档的重命名。

7. 合并和拆分子文档

合并子文档就是将几个子文档合并为一个子文档。合并子文档的操作步骤如下：

（1）在主控文档中，移动子文档将要合并的子文档移动到一块，使它们两两相邻。

（2）单击子文档前面的图标▤，选定第一个要合并的子文档。

（3）按住 Shift 键不放，单击下一个子文档图标，选定整个子文档。

（4）如果有多个要合并在一起的子文档，重复步骤（3）。

（5）单击"大纲"→"主控文档"功能区中的"合并"按钮 🔒合并 即可将它们合并为一个子文档。在保存主文档时，合并后的子文档将以第一个子文档的文件名保存。

如果要把一个子文档拆分为两个子文档，具体步骤如下：

（1）在主控文档中展开子文档。

（2）如果文档处于折叠状态，首先将它展开；如果处于锁定状态，首先将它解除锁定状态。

（3）在要拆分的子文档中选定要拆分出去的文档，也可以为其创建一个标题后再选定。

（4）单击"大纲"→"主控文档"功能区中的"拆分子文档"按钮 🔒拆分。被选定的部分将作为一个新的子文档从原来的子文档中分离出来。

该子文档将被拆分为两个子文档，子文档的文件名由 Word 自动生成。用户如果没有为拆分的子文档设置标题，可以在拆分后再设定新标题。

8. 在主控文档中删除子文档

如果要在主控文档中删除某个子文档，则可以先选定要删除的子文档，即单击该子文档前面的图标，然后按 Delete 键即可。

从主控文档删除的子文档，并没有真的在硬盘上删除，只是从主控文档中删除了这种主从关系。该子文档仍保存在原来的磁盘位置上。

9. 锁定主控文档和子文档

在多用户协调工作时，主控文档可以建立在本机硬盘上，也可以建立在网络盘上；可以共用一台计算机，也可以通过网络连接起来。如果某个用户正在某个子文档上进行工作，那么该文档应该对其他用户锁定，防止引起管理上的混乱，避免出现意外损失。这时其他用户可以也只能以只读方式打开该子文档，其他用户只可以对其进行查看，修改后不能以原来的文件名保存，直到解除锁定后才可以。

锁定或解除主控文档的步骤如下：

（1）打开主控文档。

（2）将光标移到主控文档中（注意不要移到子文档中）。

（3）单击"大纲"→"主控文档"功能区中的"锁定文档"按钮 🔒锁定文档。

此时主控文档自动设为只读，用户将不能对主控文档进行编辑。但可以对没有锁定的子文档进行编辑并可以保存。如果要解除主控文档的锁定，只需再将光标移到主控文档中，再次单击"锁定文档"按钮即可。

要锁定子文档，同样要把光标移到该子文档中，然后单击"大纲"功能区中的"锁定文档"按钮即可锁定该子文档。锁定的子文档同样不可编辑，即对键盘和鼠标的操作不反应，锁定后的子文档在标题栏中有"只读"两个字来标识。解除子文档的锁定与解除主控文档的锁定方法相同。

3.2　案例——制作一份年度工作总结报告

本节将通过各部门共同制作一份年度工作总结报告来详细了解主控文档、子文档以及子文档的相关操作等。

【案例要求】

企业的年终报告通常要涉及多个方面而且篇幅也比较长，因此往往需要由几个人共同编写才能完成。协同工作是一个相当复杂的工作，我们需要有一个可以轻松搞定重复拆分以及合并主文档的技巧。

Word 2010 "大纲"视图下的主控文档功能可以解决这个难题。下面就来讲解这个案例的具体操作步骤。这个总结报告包含开头总述、财务情况、公司业绩、2013 年工作安排、食堂卫生和消防安全 6 个方面的内容。

【案例制作】

步骤 1：快速拆分。先用 Word 2010 编辑总结报告的提纲，包括总标题"2012 年度企业总结报告"以及开头总述、财务情况、公司业绩、2013 年工作安排、食堂卫生和消防安全 6 方面内容的标题。为总标题设置内置的标题 1 样式，同时为 6 方面内容的标题设置内置的标题 2 样式。

单击 Word 窗口中的"视图"→"大纲视图"，在"主控文档"功能区中单击"显示文档"展开"主控文档"区域。选中开头总述、财务情况、公司业绩、2013 年工作安排、食堂卫生和消防安全 6 个标题，单击"创建"按钮，即可把文档拆分成 6 个子文档，系统会将拆分开的 6 个子文档内容分别用框线围起来，如图 3-6 所示。

将文档命名为"2013 年度总结报告 .docx"保存到一个单独的文件夹中，系统会同时在这个文件夹中创建开头总述 .docx、财务情况 .docx、公司业绩 .docx、2013 年工作安排 .docx、食堂卫生 .docx 和消防安全 .docx 共 6 个子文档分别保存拆分的六部分内容。

步骤 2：汇总修订。把该文件夹中的 6 个子文档按分工分别发给 6 个人进行编辑，记住交代他们不能改文件名。等大家编辑好各自的文档发回后，我们再把这些文档复制粘贴到刚才的文件夹下覆盖原文件，即可完成汇总。

现在打开主控文档 2012 年度总结报告 .docx，会看到文档中只有几行子文档的地址链接。我们切换到"大纲"视图，在"主控文档"功能区中单击"展开子文档"才能显示各新子文档的内容。现在的主文档已经是编辑汇总好的总结报告了，可以直接在文档中进行修改、批注，修改、批注的内容会保存到对应的子文档中。

主文档修改完成后再保存一下，生成的子文档可以重新发回对应的人，大家就可以按修订、批注内容进行修改了。重复上面步骤知道总结报告最后完成。

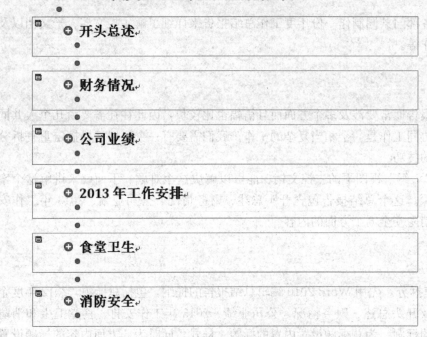

图 3 - 6 创建年度总结报告的六个子文档

步骤 3：转换成普通文档。如果要将编辑完的主控文档转换成一个普通文档，可以打开"大纲"视图，再单击"展开子文档"功能区以显示所有子文档内容。再选中所有显示的子文档的内容，单击"显示文档"→"主控文档"功能区中的"取消链接"按钮。最后单击文件中的"另存为"按钮将合并后的一般文档另存为到文件夹中。在此最好不要直接单击"保存"按钮，毕竟原来的主文档以后可能还要再编辑。

◇◆◇ 习题 ◇◆◇

1. 在 D 盘下建立主控文档 Main. doc，按序创建子文档"Sub1. docx"、"Sub2. docx"和"Sub3. docx"。其中，Sub1 中第一行内容为 Sub1，第二行内容为文档创建的日期（使用域：格式不限），样式均为正文；Sub2 中第一行内容为 Sub2，第二行内容为"→"，样式均为正文；Sub3 中第一行内容为高级语言程序设计，样式为正文，将该文字设置为书签（名为 Mark），第二行为空白行，第三行插入书签 Mark 标记的文本。

2. 在 D 盘下新建文档 Sub1. docx、Sub2. docx、Sub3. docx，要求：Sub1 文档中第一行内容为"子文档一"，样式为"正文"；Sub2 文档中第一行内容为"子文档二"，样式为"正文"；Sub4 文档中第一行内容为"子文档三"，样式为"正文"；在 D 盘下再新建主控文档，按序插入 Sub1. docx、Sub2. docx、Sub3. docx，作为子文档。

第 4 章　Word 2010 长文档的排版

在使用 Word 进行日常办公过程中，长文档的制作是人们常常要面临的任务，比如制作书籍，营销报告，毕业论文，项目策划书等。由于长文档的结构比较复杂，内容也较多，如果不注意使用正确的方法，整个工作过程可能费时费力，且质量不能令人满意。

本章以本科学位论文规范排版为例，学会长文档制作方法。在制作过程中认识及理解页面的初始规划，分节符的重要作用。学会利用样式建立标题及自动编号，利用导航窗格快速定位各级标题级别文字位置，利用交叉引用自动生成目录、图目录及表目录。学习域的使用，不同节页眉页脚的设置，利用批注与修订功能可以保留原文稿的基础上所见即所得地提出意见和修改原文档。

4.1　学 习 准 备

4.1.1　长文档纲目结构

经实践证明，一个不错的做法是先建立好纲目结构，然后再进行具体内容填充，不能想到哪里就写到哪里。设计长文档的纲目结构需要进入 Word 的"大纲"视图。

【例 4-1】　下面通过制作一份名为《大学生挑战杯创业计划书》的长文档纲目结构，打开素材"素材\word\4-1-1（1）\4-1-1（1）源.docx"（可到华信教育资源网下载，下同）文件制作纲目结构，最终排版结果如图 4-1 所示，学习在"大纲"视图中建立长文档纲目结构的基本方法。

具体操作步骤如下。

步骤 1：进入大纲视图。启动 Word 2010，新建一个空白文档，然后单击"视图"→"大纲视图"，打开"大纲工具"选项组。该选项组是专门为建立和调整文档纲目结构设计的，如图 4-2 所示。

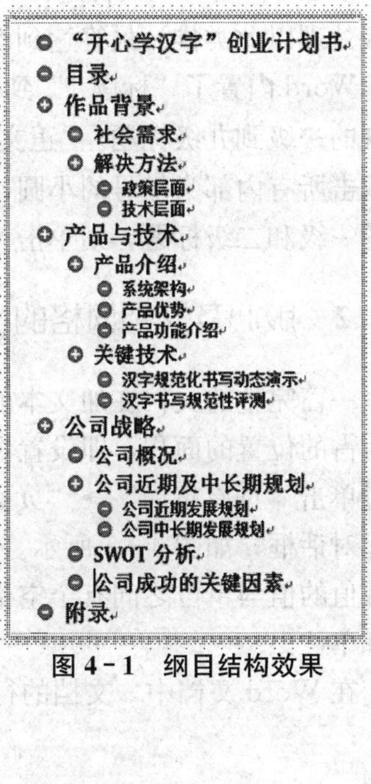

图 4-1　纲目结构效果

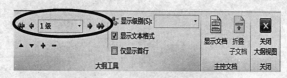

图4-2 "大纲视图"选项组

步骤2：输入一级标题。接下来先输入一级标题，Word自动赋予"标题1"样式，如图4-3所示。

步骤3：输入二级标题。将插入点定位于"作品背景"段落的末尾，按下Enter键后得到新的一段，按下Tab键或单击工具栏的"降低" ➡ 按钮，此时二级标题前出现小圆（段落控制符）里变成了减号 ⊖ ，同时它的上一级标题，即一级标题的段落控制符中自动变成了加号 ⊕ 。接着输入"产品介绍"，按下Enter键后默认到新的一段二级标题段落，可直接输入"关键技术"。用同样方法输入其他几个二级标题，Word会自动为二级标题赋予"标题2"的样式，如图4-4所示。

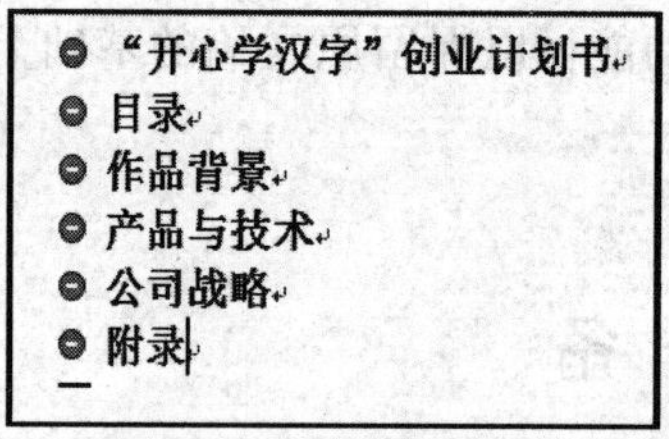

图4-3 一级标题效果

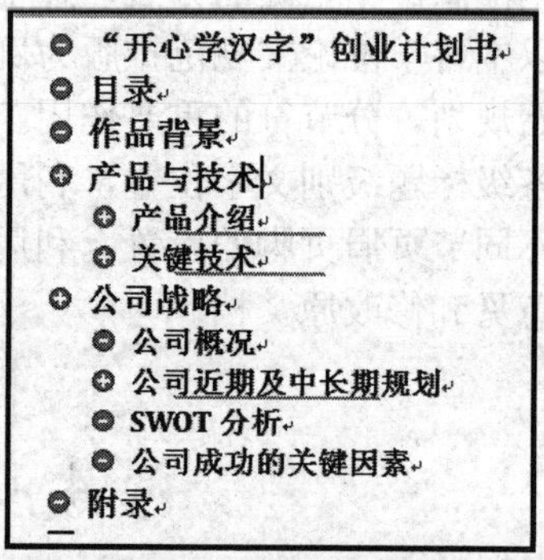

图4-4 二级标题效果

步骤4：输入三级标题。可参考如上方法输入二级标题的下属三级标题，后面的标题等级处理以此类推。最终达到图4-1所示结果。

Word内置了"标题1"到"标题9"和"正文文本"共10个样式，可以处理大纲中出现的一级到九级标题。"正文文本"内容前段落控制符为内部是不带符号的小圆 ● 。其中双击所有内部为加号的小圆，可隐藏或显示其所在标题的下属标题。如果用户只想看文档的一级和二级标题，则单击"大纲工具"组的"显示级别："下拉选项"二级"。

4.1.2 版心及文档网格的设置

一篇完整的文档在加文本前，在"页面"视图下需要对版心进行设置，版心相当于文字所占的位置的面积，即设置页面大小，上下左右页边距，装订线位置，纸张方向。可以通过单击"页眉布局"→"页面设置"功能区右下角的对话框启动器 ，打开"页面设置"对话框，如图4-5所示。调整"页边距"选项卡及"纸张"选项卡的参数值，这些参数值的值与单位之间有个空格。部分值，读者可以单击上下箭头调整，也可以直接输入值和单位。

在Word文档中，文档的行与字符叫做"网格"，所以设置页面的行数及每行的字数实际上就是设置文档网格。对于页面设置来说，在设定了纸张大小和页面边距后，页面的基本版式就已经被确定了，但如果要精确指定文档的每页所占的字数，可通过"页眉设置"对话框的"文档网格"选项卡设置，如图 4-6 所示。

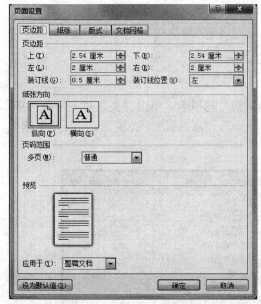

图 4-5　"页边距"选项卡

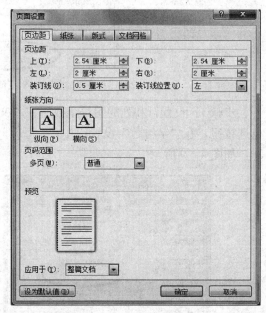

图 4-6　"文档网格"选项卡

【例 4-2】　打开素材"素材 \ word \ 4-1-2（1）\ 4-1-2（1）源 . docx"文件，实现如下排版：设置纸张大小 16 开，上下右边距 2 厘米，左边距 3 厘米，左装订线 1 厘米，页眉和页脚分别距边距 1.5 厘米，设置网格文字对齐字符网格，每行 30 个字符，每页 30 行，并显示每个字符的网格线。效果见"素材 \ word \ 4-1-2（1）\ 4-1-2（1）样稿 . docx"文件。

具体操作步骤如下：

步骤 1：打开"页面设置"对话框。单击"页眉布局"→"页面设置"功能区右下角的对话框启动器▣，打开"页面设置"对话框，选中"页边距"选项卡并完成如图 4-7 所示设置。

图 4-7　"页边距"选项卡

步骤 2：纸张大小的设置。在"纸张"选项卡的"纸张大小"下面的列表框选择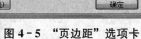。

步骤 3：设置页眉页脚位置：在"版式"选项卡找到"页眉和页脚"设置组，在"距边界"设置"页眉"为 1.5 厘米，"页脚"为 1.5 厘米，如图 4-8 所示。

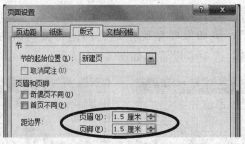

图 4-8 "版式"选项卡

步骤 4：设置行和列的字符个数。在"文档网格"选项卡，单击"文字对齐字符网格"单选按钮，在"字符数"设置组中，"每行"输入 30。在"行数"设置组，"每页"输入 30，如图 4-9 所示。

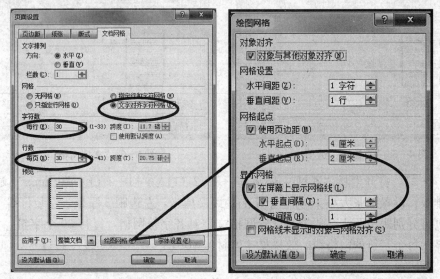

(a)"文档网格"选项卡　　　　　　　　(b)"绘图网格"对话框

图 4-9 "文档网格"选项卡和"绘图网格"对话框

步骤 5：绘制网格线。单击下面的"绘图网格"按钮，打开"绘图网格"对话框，如图 4-9 所示。在"网格设置"设置组中"水平间距"改为 1 字符，"垂直间距"改为 1 行。"显示网格"设置组中勾选"在屏幕上显示网格线"，勾选"垂直间隔"并将其值设置为 1，"水平间隔"改为 1，如图 4-9 所示。此时可看到文档每个字符的网格线，最终达到如图 4-10 所示效果。

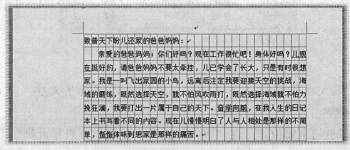

图 4-10 水平和垂直网格线效果

4.1.3　导航窗格

图 4-11　导航窗格

　　用 Word 编辑文档，有时会遇到长达几十页，甚至上百页的超长文档，浏览这种超长的文档很麻烦，要查看特定的内容，必须双眼盯住屏幕，然后不断滚动鼠标滚轮，或者拖动编辑窗口上的垂直滚动条查阅，用关键字定位或用键盘上的翻页键查找，既不方便，也不精确，有时为了查找文档中的特定内容，会浪费很多时间。解决以上问题可以利用导航窗格，当打开一份超长文档时，在"视图"→"显示"功能区勾选"导航窗格"，即可在编辑窗口的左侧打开"导航窗格"，如图 4-11 所示。

　　导航栏上方有"标题导航"、"页面导航"、"搜索导航"。

　　● 标题导航：将所有的文档标题在"导航窗格"中按层级列出，只要单击标题，就会自动定位到相关段落。

　　● 页眉导航：以缩略图形式列出文档分页，只要单击分页缩略图，就可以定位到相关页面查阅。

　　● 搜索导航：在文本框中输入搜索关键词，就会列出包含关键词的导航块，鼠标摆上去还会显示对应的页数和标题，单击这些搜索结果导航块就可以快速定位到文档的相关位置。

4.1.4　样式的创建与应用

图 4-12　"样式"列表窗格

　　字符和段落是一篇文档的主体，而样式是指一组已经命名的字符和段落格式。它规定了文档中标题、题注以及正文等各个文本元素的格式。用户可以将一种样式应用于某个段落，或者段落中选定的字符上。所选定的段落或字符便具有这种样式定义的格式。

　　在"开始"→"样式"功能区中，单击右下角的"样式"对话框启动器，打开"样式"列表窗格如图 4-12 所示。

　　(1) 应用软件自带样式和修改样式。

　　图 4-12 所示列表是 Word 2010 版默认的推荐样式，用户可直接选择文本中的段或字符后，根据需要直接单击推荐的某一样式，该样式对应的格式即可应用所选内容。其中 **a** 代表应用于字符的样式；↵ 应用于段落的样式；↵a 应用于字符和链接段落样式，即将光标位于段落中时，链接段落和字符样式对整个段落有效，此时等同于段落样式，选定段落中的部分文字时，其只对选定的文字有效，此时等同于字符样式。系统中的所有自带样式可以通过如下操作调出：

　　单击"样式"列表窗格右下角的"选项"，打开"样式窗格选项"对话框,在"选择要显示的样式"下拉列表中选中"所有样式",如图 4-13 所示。

在"样式列表窗格"中,光标移到某个样式时,在右侧都会出现下拉箭头,单击"修改"会出现如图 4-14 所示的"修改样式"对话框,用户可根据需要微调样式格式。

(2) 新建自定义样式。用户可以新建自定义样式,再应用样式。单击"样式"列表窗格左下角的"新建样式"按钮 ,打开"根据格式设置创建新样式"对话框,如图 4-15 所示。可在"名称"处输入样式名,如果已有同名样式,系统会有提示,需重新命名;可选择"样式类型";其中的"样式基准"表示该样式是从哪个样式派生出来的,默认的是新建样式前光标所定段落或字符的样式,此处可根据需要重新选择;"后续段落样式"是指样式应用完毕后,下一段的样式名称;对话框中有常用格式的设置,格式的所有设置可单击"格式"按钮下拉箭头寻找。样式格式设置好后,新建样式前光标所定段落或字符会自动应用该用户自定义样式。

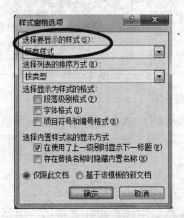

图 4-13 "样式窗格选项"对话框

图 4-14 "修改样式"对话框

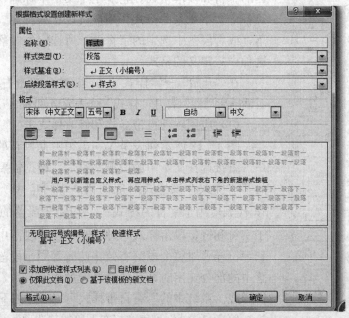

图 4-15 "根据格式设置创建新样式"对话框

（3）删除自定义样式。在"样式"列表窗格中，光标移到某个样式时，在右侧都会出现下拉箭头，如果是用户自定义样式，可以单击选择"删除"对应的样式名，即可删除样式，而软件自带样式无法通过此操作删除。

（4）选择所有的样式实例。在"样式"列表窗格中，光标移到某个样式时，在右侧都会出现下拉箭头，单击选择"所有＊个实例"可选择整篇文档中应用到这个样式的段落或字符，"清除＊个实例格式"可以将应用的段落和字符格式清除。

（5）快速样式库。为了简化用户应用样式的操作步骤，Word 2010 在"开始"→"样式"选项组中提供了快速样式库，如图 4-16 所示。用户可以从"快速样式"库中选择常用的样式。

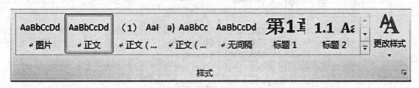

图 4-16　快速样式库

【例 4-4】　在"大纲"视图中建立好文档的纲目框架后（参见 4.1.1 节内容），由于 Word 自动把标题样式套用于相应的标题段落中，所以可以直接为文档的标题进行编号了，假设多级标题编号如图 4-17 所示。

下面介绍具体操作方法。可直接打开素材"素材＼word＼4-1-5（1）＼4-1-5（1）源.docx"文件进行操作。

步骤 1：设置标题 1 的自动编号（第 X 章）。光标定位于"作品背景"前方，单击"开始"→"段落"功能区中的"多级列表" 下拉箭头，打开"多级列表"选项组，如图 4-18 所示，单击最下方的"定义新的多级列表"，打开"定义新多级列表"对话框。单击其左下角的"更多"按钮，将对话框全部展开，如图 4-19 所示。在

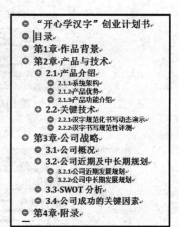

图 4-17　标题样式多级编号效果

"输入编号的格式"文本框灰色的"1"前输入汉字"第"，在后面输入"章"，在"将级别链接到样式"列表框中选择"标题 1"，其他部分默认。再单击"确定"按钮，完成标题 1 的自动编号。

步骤 2：设置标题 2 的自动编号（X.Y）光标定位于"产品介绍"前方。用步骤 1 中介绍的方法打开"定义新多级列表"对话框，此时"单击要修改的级别"自动变为"2"，"输入编号的格式"自动变为灰色背景的"1.1"，"将级别链接到样式"下拉框选为"标题 2"，如图 4-20 所示。完成标题 2 的自动编号。

步骤 3：设置标题 3 的自动编号（X.Y.Z）。光标定位于"系统架构"前方，用步骤 1 中介绍的方法打开"定义新多级列表"对话框。此时"单击要修改的级别"自动为"3"，"输入编号的格式"自动变为"1.1.1"，将"将级别链接到样式"下拉框选为"标题 3"，如图 4-21 所示。完成标题 3 的自动编号。

步骤 4：去掉大标题和目录前方的自动编号。此时效果如图 4-22 所示，由于主题词

"'开心学汉字'创业计划书"和"目录"不需要章节号，只需要将字符前的"第X章"删除即可。最终效果图 4-17 所示。

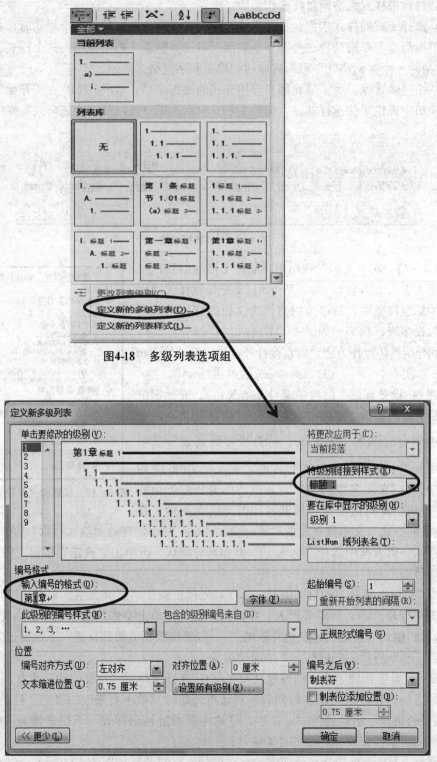

图4-18　多级列表选项组

图 4-19　"定义新多级列表"对话框

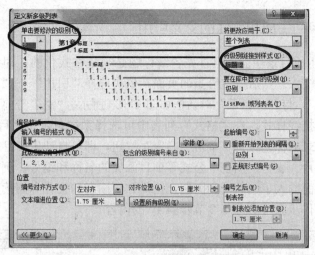

图 4 - 20　标题 2 多级列表对话框

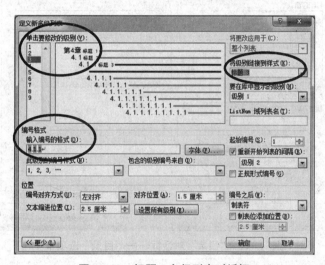

图 4 - 21　标题 3 多级列表对话框

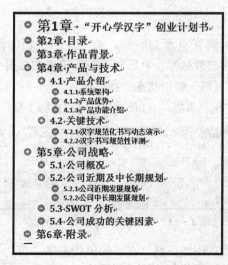

图 4 - 22　标题样式多级列表效果

4.1.5　目录的自动生成和题注的交叉引用

　　Word有自动生成目录功能，但首先各级标题必须是格式化的，即设置了标准的分级标题，而不是手工输入。然后就在恰当的页面，依次选择"引用"→"目录"功能区下拉箭头的"插入目录"，打开"目录"对话框如图4-23所示。"制表符前导符"列表中选择标题和页码之间连接线样式，在"格式"列表中可选择系统自带多种目录样式，"显示级别"可输入生成目录的标题级别，单击"确定"按钮，即可自动生成目录。

　　题注就是给图片、表格、图表、公式等项目添加的名称和编号。例如，在一本书的图片中，就在图片下面输入了图编号和图题，这样方便读者的查找和阅读。添加题注和生成题注目录的详细操作步骤可参考4.2节步骤10的内容。

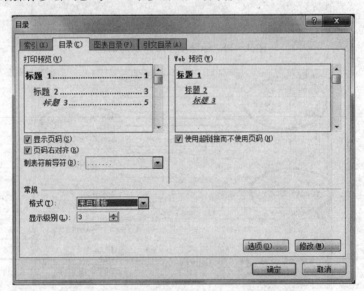

图4-23　"目录"对话框——"目录"选项卡

4.1.6　页眉和页脚

　　页眉在页面的顶部，页脚在页面的底部。通常显示文档的附加信息，常用来插入时间、日期、页码、单位名称、徽标等。页眉和页脚的设置主要分为以下几个方面：

　　（1）进入"页眉"和"页脚"编辑状态。在"插入"→"页眉和页脚"功能区中，单击"页眉"下拉箭头，再选择"编辑页眉"，打开了"页眉和页脚工具"功能区，如图4-24所示。

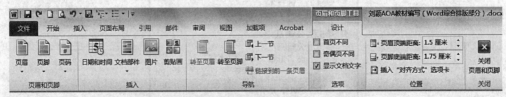

图4-24　"页眉和页脚工具"功能区

　　此时光标定在页眉可插入附加信息，在该编辑状态下，可将光标定在页脚处，进行页脚的编辑。此时文档正文部分为灰色，无法编辑，只需要单击图 4-24 右侧的"关闭页眉和页脚"按钮，即可退出页眉页脚编辑状态，回到正常"页面"视图。

（2）设置页眉页脚和页面边界距离。单击"页面布局"→"页眉设置"功能区右下角的对话框启动器，打开"页面设置"对话框。在"距边界"处，分别输入页眉距离页上边的距离，及页脚距离页下边的距离。

（3）添加/删除页眉横线。当页眉下方有横线时，可选择页眉的段落，即页眉最后一段（注意包括段落符号），如图 4-25 所示。在"开始"→"段落"功能区，单击"框线"功能按钮 的下拉箭头，在列表中选择"无框线" 无框线(N) 。采用同样方式，如果想在页眉处添加横线，可选择"下框线" 下框线(B) 。

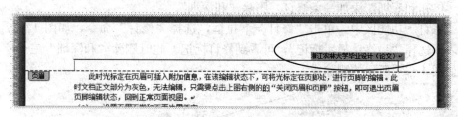

图 4-25　页眉横线添加效果

（4）同一篇 Word 文档设置多个不同的页眉页脚。一般情况下，文档首页都不需要显示页眉和页脚，尤其是页眉。较长的文稿，各个部分可能需要设置不同的页眉或页脚。一些书稿可能需要设置奇偶页不同的页眉。有的文稿，对页眉、页脚的格式和内容有着特殊的要求。在文章中插入不同的分节符来分隔，案例可参照 4.2 节步骤 11 的内容。

4.1.7　批注与修订

批注是作者和审阅者为文档的一部分内容所做的注释，并不对文档本身进行修改，批注不是文档的一部分。批注用于表达审阅者的意见或对文本提出质疑时非常有用。

（1）建立批注。先在文档选择要进行注释的内容，在"审阅"→"批注"功能区中，单击"新建批注"，此时在页面右侧会显示一个批注框。直接在批注框输入注释，单击批注框外任何区域，完成批注建立。

（2）查看批注。自动逐条定位批注只需要在"审阅"→"批注"功能区，单击"上一条"或"下一条"。如果要将批注的内容直接用于文档，通过复制粘贴方法进行操作。

（3）删除批注。选中需要删除的批注框，再单击"批注"功能区的"删除"按钮的下拉箭头，再选择"删除"命令。

如果选择"删除文档中的所有批注"即可删除所有批注。

修订用来标记对文档中所做的更改操作。启动修订功能后，作者或审阅者的每次插入、删除、修改或更改格式，都会被自动标记出来。用户可根据需要接受或拒绝每处修订。

（4）打开/关闭修订功能。在"审阅"→"修订"功能区中，单击"修订"按钮，使其高亮突出显示。

（5）查看修订。在"审阅"→"修订"功能区中，单击"上一条"或"下一条"。

（6）接受或拒绝审阅者的修订。通过查看修订，定位修订处，单击"更改"功能区的"接受"或"拒绝"下拉箭头的选项。

【例4-5】 打开素材"素材\word\4-1-9（1）\4-1-9（1）样稿.docx"文件，为"宁波"添加一条批注，内容为"海港城市"。

选择"宁波"字符，选择"审阅"→"批注"功能区中的"新建批注"按钮，此时出现如图4-26所示的批注框，输入"海港城市"。

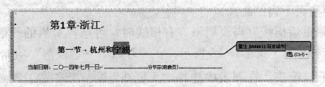

图4-26 批注效果

对"广州和深圳"添加一条修订，删除"和深圳"。

在"修订"功能区中，单击"修订"下拉框，选择"修订"命令，如图4-27所示，右侧列表框选择"最终：显示标记"，可看到修订标记。此时删除"和深圳"三个字符时，会出现如图4-27所示的删除线。

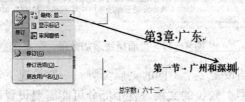

图4-27 修订效果

4.1.8 书签

书签用于标识和命名指定的位置或选中的文本，可以在当前光标所在位置设置一个书签，也可以为一段选中的文本添加书签。插入书签后，可以直接定位到书签所在的位置，而无须使用滚动条在文档中进行查找，在Word 2010中处理长篇文档时，使用书签尤显重要。除可以快速定位文档外，书签还可以用于创建交叉引用。每个书签都有一个独一无二的名称。

在"插入"→"链接"功能区中单击"书签"，即可弹出"书签"对话框，如图4-28所示。

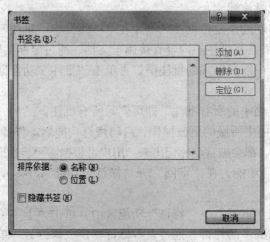

图4-28 "书签"对话框

以下操作，均可在书签对话框中进行。

（1）创建书签。选择要为其指定书签的项目，或单击要插入书签的位置，然后按上面的方法打开"书签"对话框。在"书签名"文本框中输入自定义的书签名字，然后单击右侧的"添加"按钮。

（2）删除书签。打开"书签"对话框，在左侧的书签列表中选择要删除的书签，然后单击右侧的"删除"按钮，即可删除书签。

（3）定位到特定书签。

打开"书签"对话框，在左侧的书签列表中选择要定位的书签，然后单击右侧的"定位"按钮（或者双击该书签），则文档将自动转到要定位的书签的位置。

【例 4 - 6】　打开素材"素材 \ word \ 4 - 1 - 10（1）\ 4 - 1 - 10（1）样稿 . docx"文件，将"作者"三个字符设置为书签，名为 Mark，在文档最后一行插入书签 Mark 标记的文本。

具体操作方法如下：

步骤 1：书签命名。选择"作者："三个字符，在"插入"→"链接"功能区中单击"书签"，即可弹出"书签"对话框，如图 4 - 28 所示。"书签名文"本框中输入"Mark"，单击"添加"按钮，此时"书签名"列表多出"Mark"，如图 4 - 29 所示。

步骤 2：利用交叉引用对话框做书签链接。光标定于文档最后一行，在"引用"→"题注"功能区中单击"交叉引用"，打开"交叉引用"对话框，如图 4 - 30 所示。"引用类型"列表选择"书签"，"引用内容"选择"书签文字"，"引用哪一个书签"列表选择"Mark"。单击"插入"按钮，效果如图 4 - 31 所示，增加了一个带下划线的"作者："。

图 4 - 29　添加书签设置

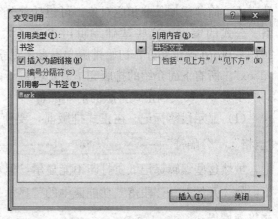

图 4 - 30　"交叉引用"对话框

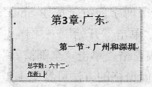

图 4 - 31　书签链接效果

4.2 综合案例——毕业论文排版

各高校为使本科生毕业设计（论文）更规范化、标准化，会给出编写规定。根据 4.1 节学习的相关知识点，以一篇本科学位论文为例，介绍其正规排版。具体操作方法及步骤如下。

步骤 1：规划长文档的分块内容。

在学生撰写毕业论文前，学校会给出论文编写材料内容。

- 封面，其中包括题目、学院名称、专业班级、学生姓名、指导教师；
- 诚信承诺书；
- 中文题目、中文摘要、中文关键词；英文题目、英文摘要、英文关键词；
- 目录；
- 图索引；
- 表索引；
- 正文文本主体；
- 参考文献；
- 致谢；
- 附录。

可根据以上 10 个提纲列表撰写基本文本，这部分不需要写得很详细，可根据思路大致完成，简单添加一些相应对象，可包括部分字体及段落格式的初始排版、文档图片、表格、公式的编辑，这些基础编辑可参考《大学计算机基础案例教程——Win7＋Office 2010》Word 操作部分，初始排版文本参考见素材“素材 \ word \ 4－2（1）\ 4－2（1）源 . docx”。所有下面介绍的排版完毕后，再进行内容的填充和完善。

步骤 2：长文档正式排版的前期准备。

（1）显示段落标记。在正式排版前，要使系统显示“编辑标记”，即可看到文档中的“空格”、“分隔符” ………分节符(下一页)……… 、“标题标记” ● 、“制表位”→等编辑标记，虽然这些编辑标记纸质打印不能显示，但可为排版者提供重要参照信息。具体操作如下：使“开始”→“段落”功能区中的“显示/隐藏编辑标记” ↵ 选项为选中状态，即填充色为橘色。

（2）清除全文所有格式。清除从目录开始到附录部分的所有格式，以防原有格式与新排版格式混排。光标定在“目录”两字前方，按住 Shift 键，再将光标定在最后一页最后一个回车符后面，松开 Shift 键，单击“开始”→“样式”功能区中的“对话框启动器”，打开图 4－5 所示的“样式”列表窗格，单击“全部清除”样式。

（3）打开导航窗格。打开导航窗格的方法可参见 1.4 节内容。

步骤 3：利用分节符，将全文分块。

打开素材“Word1－10－1（1）源 . docx”文件，利用分节符将这 10 块内容分开，为每块内容对应页面单独排版做前期准备，具体操作如下：光标定在要分节内容的下一页第

1 行 最 前 方，单击"页面布局"→"分隔符"→"分节符"→"下一页"

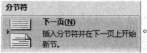。删除分节符的方法只需要光标定在分节符前方，按下 Delete 键

即可。

步骤 4：设置第（7）块内容正文文本主体标题样式及应用标题样式。

论文的正文文本主体需要根据内容进行标题的设置，参考素材中的样式有如下要求：

要求 1——章节使用样式"标题 1"，并居中；编号格式为第 X 章，其中 X 为自动排序。

要求 2——1 级小节名使用样式"标题 2"，左对齐；编号格式为多级符号，X.Y。X 为章节序号，Y 为节数字序号（例：1.1）。

要求 3——2 级小节名使用样式"标题 3"，左对齐；编号格式为多级符号，X.Y.Z。X 为章节序号，Y 为节数字序号（例：1.1.1）。

此部分的操作非常重要，操作正确了才能使后续的其他部分设置顺利进行，"样式"列表窗格需要三个标题样式全部显示，先根据以上要求分别设置 3 个标题样式格式，再统一设置三个标题的多级编号。具体操作如下。

（1）应用标题 1、标题 2、标题 3 样式，更改三种样式格式为左对齐：单击"样式"列表窗格左下角的"选项"→"选择要显示的样式"→下拉列表中"所有样式"。

单击"确定"按钮在所有样式列表中找到 3 个标题样式列表

，这些样式都是应用于段落的样式类型。使用时光标可定位于段落的任何位置。光标定位于正文文本主体的最前面"第一章绪论"段落符号前方，选中"样式列表窗格"的"标题 1"样式，此时"标题 1"默认样式已应用于"第一章绪论"段落，

再单击"标题 1"样式右侧的下拉箭头，选择修改 ，打开"修改

样式"对话框，根据要求 1，直接设置居中 。光标定位于正文文本主体第二行"1.1 研究的目的和意义"段落符号前方，参照应用"标题 2"样式，根据要求 2，直接设置左对齐 。光标定位于正文文本主体第三行"1.1.1 研究目的"，段落符号前方，参照应用"标题 3"样式，根据要求 3，直接设置左对齐 。

（2）设置"标题 1"、"标题 2"、"标题 3"的多级符号。设置方法可参考 4.1.5 节的例子操作。

（3）设置完毕标题 1、标题 2、标题 3 样式的自动编号后，可根据素材提示编号，选择对应的段落位置，再根据文章结构直接应用 3 个标题样式效果如图 4-32（a）所示。将标题级别应用的段落多余的编号及空格删除后，最终效果如图 4-32（b）所示的导航栏。

(a)   (b)

图 4-32　多级符号导航窗格效果

步骤5：新建及应用正文样式。

论文的正文文本主体部分，除各标题级别的正文文本，参考素材中的正文样式有如下要求：

新建样式，样式名为"正文0000"，其中，宋体五号；西文字体为"Times New Roman"，段落首行缩进行2字符，行距为固定值20磅，段前、段后均为0磅。将样式"正文0000"应用到正文中无编号的文字。注意：不包括章名、小节名、表文字、表和图的题注。

具体操作步骤如下：

（1）打开正文"样式"对话框。将光标定于正文文本处，可定位于正文文本非标题第一段。单击"样式"列表框左下角的"新建样式"按钮 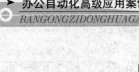，打开"根据格式设置创建新样式"对话框如图4-33（a）所示。将"名称"改为"样式0000"，宋体五号，西文字体，"Times New Roman"。段落格式的设置可以单击左下角的"格式"按钮，在列表中选择"段落"，打开"段落"对话框如图4-33（b）所示，设置"特殊格式"为"首行缩进"，"磅值"为"2字符"，"行距"为"固定值"，"设置值"为"20磅"，单击"段落"对话框"确定"按钮。再单击"根据格式设置创建新样式"对话框"确定"按钮，完成"样式0000"的创建。

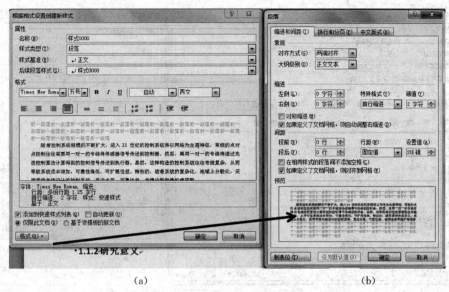

图 4-33　样式 0000 的格式更改

（2）确定样式基准为正文。此时"样式"列表框多出"样式 0000"。读者需要注意的是新建"样式 0000"时一定要将光标定位于原文的"正文"样式段落中，"样式 0000"的"样式基准"即为"正文" 。如果光标定位于标题类样式段落中，样式"样式 0000"的"样式基准"即为"标题 3"时，文章正文就变成"标题"样式了。 如果读者在尝试应用样式时，正文每段前都有一个标题样式标记小黑点，说明操作是错误的。

（3）应用"样式 0000"。只需将光标定位于需要应用的段落中，单击"样式"列表中的"样式 0000"即可。

步骤 6：正文小编号段落的设置。

当涉及内容列表说明时，论文中常常出现小编号段落，读者应单独建立可自动编号段落样式，应用后小编号段落更加方便和统一。以素材出现的小编号为例，来介绍小编号的设置。具体要求如下：

基于"样式 0000"，建立"正文（小编号）"样式，楷体小四号，对出现"（1）、（2）…"处，进行自动编号，编号格式不变。

基于"样式 0000"，建立"正文（字母小编号）"样式，宋体五号，对出现"a)、b)…"处，进行自动编号，编号格式不变。

具体操作如下：

（1）建立"正文（小编号）"样式。将光标定位于已应用"样式 0000"，并需要加"（1）、（2）…"小编号段落，直接单击"样式"列表左下角的"新建样式"，打开"根据格式设置创建新样式"对话框，根据样式要求设置，如图 4-34（a）所示。"名称"设为"正文（小编号）"，"格式"为"楷体"，"小四"。再单击"格式"→"编号"，打开"编号和项目符号"对话框，选择第 2 个（1）、（2）（3），如图 4-34（b）所示。

新建"正文（小编号）"样式完毕。读者可将该样式应用于正文中需要小编号的段落。

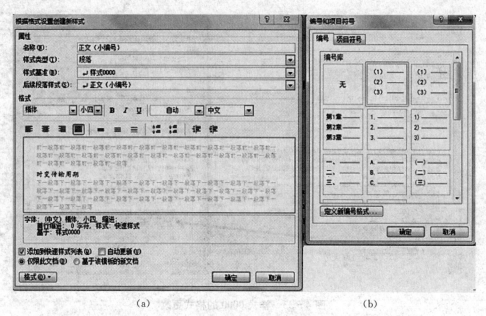

(a)   (b)

图 4-34 正文（小编号）的设置

当遇到重新编号的情况时，只需右击，在打开的快捷菜单中单击"重新开始于 1"即可。

（2）建立"正文（字母小编号）"样式。参照"正文（小编号）"样式，建立"正文（字母小编号）"，并应用于论文中需要加"a）、b）…"小编号处，如图 4-35 所示，由于编号列中无"a）、b…"编号样式，因此需单击"编号和项目符号"对话框下方的"定义新编号格式"按钮，打开"定义新编号格式"对话框。在"编号样式"列表选择"a，b，c，…"，在"编号格式"中将最前面的半个"（"去掉，如图 4-35 所示。在应用时如遇到重新编号的情况时，只需右击，在打开的快捷菜单中单击"重新开始于 a"即可。

图 4-35 正文（字母小编号）

步骤 7：设置图片和表的题注及交叉引用。

论文中出现图片或表格时，要给图片的下方和表的上方添加编号及说明文字。具体要求如下：

对正文中的图添加题注"图"，位于图下方，居中。

要求 1——编号为"章节号"，图在章节中的序号（例如：第 1 章第 2 幅图，题注编号为 1-2）。

要求 2——图的说明使用图下一行文字，格式同标号。

要求 3——图居中。

要求 4——对正文中出现的"如下图所示"的"下图"，使用交叉引用，改成 X-Z。

具体操作步骤如下：

（1）图居中。选中正文中第 1 张图，使用快捷键"Ctrl＋E"使其居中。

（2）打开题注对话框。选中第 1 张图，单击"引用"→"题注"功能区中的"题注"，打开"题注"对话框，如图 4-36 所示。

（3）新建"图"标签。单击"新建标签"按钮，在打开的"新建标签"对话框中，"标签"文本框中输入"图"字，单击"确定"按钮，返回到"题注"对话框。"位置"列表框中选择"所选项目下方"，如图 4-37 所示。

图 4-36 "题注"对话框   图 4-37 题注的设置

（4）图题注自动编号。单击"编号"按钮，在打开的"题注编号"对话框中，选中"包含章节号"，"章起始样式"设为"标题 1"，"使用分隔符"设为"-（连字符）"，单击"确定"按钮，如图 4-38 所示。

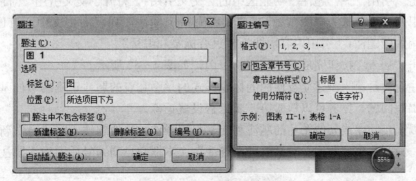

图 4-38 图题注编号的设置

（5）插入图说明文字。在"题注"对话框中，"题注"文本框中出现图在某章编号，在编号内输入图的说明文字，素材中出现的第一张图的说明为"网络控制系统结构图"，如图4-39所示。单击"确定"按钮，关闭"题注"对话框，就完成了一张图的题注。效果图如图4-40所示。

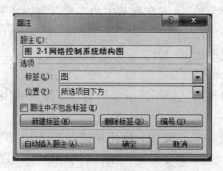

图4-39　图题注设置

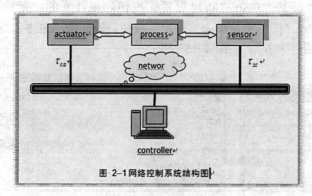

图4-40　题注插入效果

图有了按章自动编号的题注后，就可以利用题注的交叉引用，完成如正文中"如图X-Z所示"字样。具体操作方法如下：

①光标定位在正文中需要引用图片题注编号位置，先输入"如所示"三个字，再将光标定在"如"和"所示"中间。

②单击"引用"→"题注"功能区中的"交叉引用"，打开"交叉引用"对话框。

③"引用类型"选为"图"，此时"引用哪一个题注"列表为正文中所有图的题注，选择要引用的图题注，"引用内容"选为"只有标签和编号"。

④单击"插入"按钮完成了正文图的引用，如图4-41所示。

需要注意的是第4步建立及使用的标题样式的是图和表的题注正确编号的基础，如果此处编号出现问题，读者可以检验第4步是否设置正确。

参照以上步骤完成其他图片的题注和交叉引用操作，其他题注不需要再次新建标签及编号操作，只需要在"题注"对话框的"题注"文本框中自动编号后面输入题注说明文字即可。

正文中表的题注为"表"，和图不同的是，表的题注在表的上方并居中，而表中的文字不一定居中。

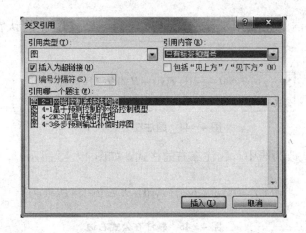

图 4-41　"交叉引用"对话框

与图题注操作不同之处如下：

选择正文中的表，即单击表左上角的"上下左右"图标 ⊞，"题注"对话框中新建"标签"设为"表"，"位置"设为"所选项目下方"，编号操作参照图题注，将表题注说明文字输入即可完成表的题注，如图 4-42 所示。需要说明的是表的题注，默认在表的左上角，可将其作为单独一段居中，如图 4-43 所示，素材表的题注默认为国际标准格式的左上角。

图 4-42　插入表题注对话框

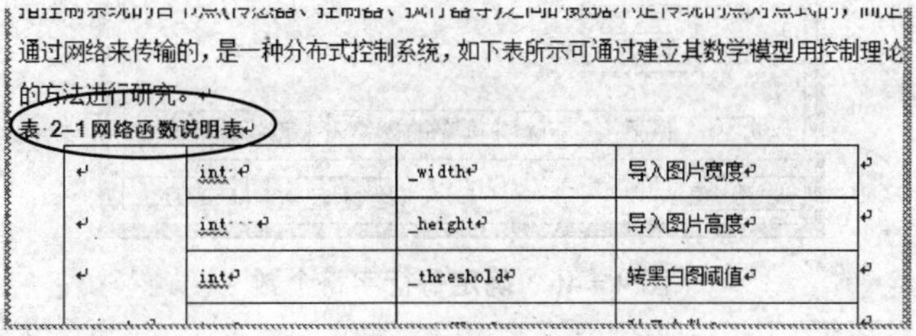

通过网络来传输的，是一种分布式控制系统，如下表所示可通过建立其数学模型用控制理论的方法进行研究。

表 2-1 网络函数说明表

	int	_width	导入图片宽度	
	int	_height	导入图片高度	
	int	_threshold	转黑白图阈值	

图 4-43　表题注插入效果

读者可参考图的交叉引用完成表的交叉引用。

步骤 8：论文数学公式的排版。

论文中经常会插入很多公式，并在公式末尾为公式编号。公式要求的格式是居中，编号靠右。平时我们常采用文档靠右或者加空格的方式制作，这样一来会出现很多空格字符，为论文整洁带来很大不便。下面介绍的是利用制表位定位方式完成公式的排版，该方法简洁。完成第 7 步公式的题注后，公式题注默认在公式下方，如图 4-44 所示。

$$y(t+j)=G_j\Delta u(t+j-1)+F_jy(t)+H_j\Delta u(t-1)+E_j\omega(t+j)$$
公式·3-4

图 4-44　题注在公式下方

现需要将其格式改为居中，题注靠右的格式，如图 4-45 所示。

$$y(t+j)=G_j\Delta u(t+j-1)+F_jy(t)+H_j\Delta u(t-1)+E_j\omega(t+j) \qquad 公式·3-4$$

图 4-45　题注在公式右边

其具体操作方法如下：

（1）根据文档网格记住每行字符个数。在"页面设置"对话框中选中"文档网格"选项卡，选中"指定行和字符网格"选项，并设置"字符数""每行"为 39，如图 4-46 所示。

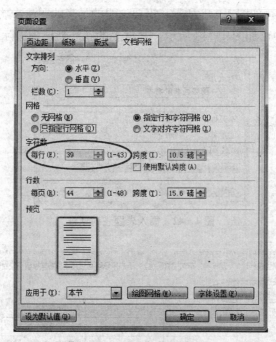

图 4-46　确定每行字符个数

（2）通过制表位实现公式及编号的定位。输入一个数学公式，选择该公式，在"修改样式"对话框中新建"名称"为"公式"样式。单击"左对齐"按钮，再单击"格式"按钮，在打开的对话框中单击"制表位"按钮，打开"制表位"对话框。"制表位位置"文本框中输入 19.5 字符，"对齐方式"设为"居中"，单击"设置"按钮。"制表位位置"文本框中输入 39 字符，"对齐方式"设为"右对齐"，单击"设置"按钮，完成"公式"样式的创建，如图 4-47 所示。

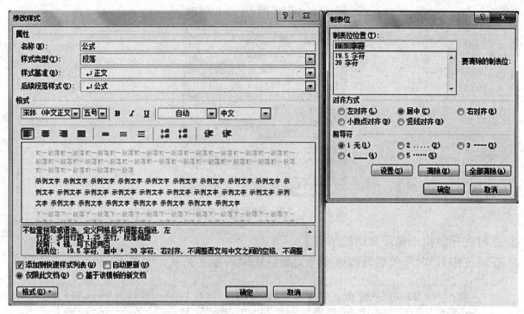

图 4-47 制表位设置

（3）将"公式"样式应用于数学公式后，结果为

$$y = Gu + Fy(t) + H\Delta u(t-1) + E$$

（4）将光标定于数学公式前方，按下 Tab 键，此时数学公式居中，结果为

$$y = Gu + Fy(t) + H\Delta u(t-1) + E$$

（5）再按下 Tab 键，此时光标靠右，结果为

$$y = Gu + Fy(t) + H\Delta u(t-1) + E$$

（6）回车换行后插入题注，结果为

$$y = Gu + Fy(t) + H\Delta u(t-1) + E$$

公式 3-5

（7）将光标定在公式行的回车符前，按下 Ctrl+Alt+Enter 键后，如下所示

$$y = Gu + Fy(t) + H\Delta u(t-1) + E \qquad 公式\ 3-5$$

虽然题注和公式在同一行，但属于两个段落，为后续的交叉引用做准备。

（8）其他公式依此类推，由读者完成论文公式的排版。每个公式排好版后，可直接在文章中利用交叉引用，指定对应的公式编号，此部分参考题注及交叉引用内容。

步骤 9：利用尾注自动生成参考文献。

正文文本主体作为单独一节在编辑过程中要引用参考文献，下面介绍在正文文本主体节后通过插入尾注的方式让参考文献自动编号。具体操作方法如下：

（1）在需要插入参考文献处插入尾注。光标定在需插入参考文献编号处，例如，以素材 1.2 节第 2 段"Ho—Jun Yoo 等"的后面。单击"引用"→"脚注"功能区中的"脚注和尾注"，打开"脚注和尾注"对话框，"尾注"列表中选择"文档结尾"，"编号格式"设为"1，2，3，…"，如图 4-48 所示，单击"插入"按钮。

图 4-48 "脚注和尾注"对话框

此时光标定位于整篇文档的结尾。

在尾注编号"1"的后面按照参考文献格式输入参考文献，如图 4-49 所示。

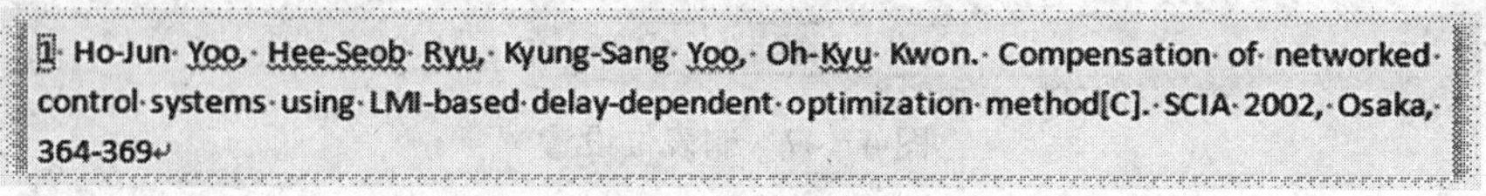

1. Ho-Jun Yoo, Hee-Seob Ryu, Kyung-Sang Yoo, Oh-Kyu Kwon. Compensation of networked control systems using LMI-based delay-dependent optimization method[C]. SCIA 2002, Osaka, 364-369

图 4-49 参考文献

双击尾注编号"1"，光标可定位到正文中插入尾注编号的位置，如图 4-50 所示。

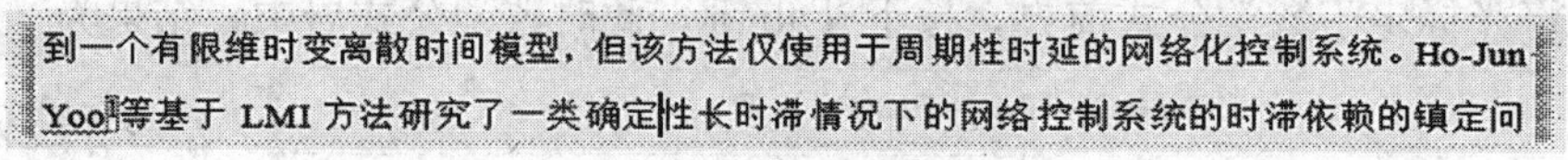

到一个有限维时变离散时间模型，但该方法仅使用于周期性时延的网络化控制系统。Ho-Jun Yoo 等基于 LMI 方法研究了一类确定性长时滞情况下的网络控制系统的时滞依赖的镇定问

图 4-50 正文中尾注编号

（2）重复第（1）步，按照顺序做好正文文本主体所有单独编号的参考文献，如图 4-51 所示。

1. Ho-Jun Yoo, Hee-Seob Ryu, Kyung-Sang Yoo, Oh-Kyu Kwon. Compensation of networked control systems using LMI-based delay-dependent optimization method[C]. SCIA 2002, Osaka, 364-369

娄培刚，姜偕富，李春文，徐文立. 基于 LMI 方法的网络化控制系统的 H∞鲁棒控制[J]. 控制与决策, 2004, 19(1): 17-21

Li Shanbin, Wang Zhi and Sun Youxian. Delay-dependent controller design for networked control systems with long time delays: an iterative LMI method[C]. WCICA 2004, Hangzhou, China, 1338-1342

甘之训，陈辉堂，王月娟. 时延网络控制系统均方指数稳定的研究[J]. 控制与决策, 2000, 15(3): 278-281

Nilsson J. Real-Time Control Systems with Delays [J]. Lund :Lund Institute of Technology, 1998

Zhen Wei, Li Changhong, Xie Jianying. Improved Control Scheme with Online Delay Evaluation for Networked Control Systems[C]. Proceedings of the 4th World Congress on Intelligent Control and Automation. Shanghai, P1-R1 China, 2002(2): 1319-1323

甘之训，陈辉堂，王月娟. 基 Markov 延迟特性的闭环网络控制系统研究[J]. 控制理论与应用, 2002, 19(2): 263-267

Lian Fengli, Moyne J, Tilbury D. Analysis and Modeling of Networked Control Systems: MIMO

图 4-51 完成的参考文献

为正文参考文献引文编号和尾注参考文献列表编号加"["，"]"符号，可用查找替换功能，具体做法如下：分别选中正文文本主体部分和尾注参考文献列表，然后单击"开始"→"编辑"功能区中的"替换"打开"查找和替换"对话框。"查找内容"文本框中输入"∧e"，"替换为"文本框中输入"［∧&］"，然后单击"全部替换"按钮，出现"提示"对话框，选择"否"，如图 4-52 所示。此时正文参考文献引文编号和尾注参考文献列表编号自动加上了"["和"]"符号，如图 4-53 所示。

图 4-52　查找和替换设置

Yoo等基于

Ho-Jun Yoo, Hee-Seob Ryu, Kyung-Sang Yoo, Oh-Kyu Kwon. Compensation of networked control systems using LMI-based delay-dependent optimization method[C]. SCIA 2002, Osaka, 364-369.

图 4-53　加上编号符号后的参考文献

（3）重复引用参考文献的处理。当正文中重复引用统一参考文献时，可通过"引用"→"交叉引用"实现。具体方法如下：单击"引用"→"题注"功能区中的"交叉引用"，打开对话框。"引用类型"选为"尾注"，"引用内容"选为"尾注编号（带格式）"，在"引用哪一个尾注"列表中选中要引用的参考文献，再单击"插入"按钮，此时重复插入的引用编号没有"["和"]"，可在编号前方和后方分别插入"["和"]"，设置"["和"]"字体格式为"上标"。

（4）连续参考文献的处理。引用文献常常把几篇引文列在一起，如［1-7］，先通过交叉引入插入"1234567"尾注题注，选中中间"23456"，设置字体"格式"为"隐藏"后效果为[1234567]，再选中"23456"改为"-"，最终效果为[1-7]。

以上的操作步骤使得参考文献列表作为尾注插入到了文档结尾，为了与文档前方分开，在文档第 9 部分，"附录"两个字后面插入一个分节符（下一页）。此时参考文献列表单独 1 页。但学位论文的参考文献一般在文档内部，在这个案例中，参考文献按照顺序在

第 8 部分，而目前的参考文件列表在文档结尾，因此可以利用书签功能，将尾注复制到文档中。具体操作方法如下：

（1）将参考文献列表做成书签。选中尾注（参考文献列表），单击"插入"→"链接"功能区中的"书签"，打开"书签"对话框。"书签名"文本框中输入"参考文献"，再单击"添加"按钮，如图 4 - 54 所示，此时已将参考文献列表做成了名称为"参考文献"的书签，关闭"书签"对话框。

（2）交叉引用参考文献书签。将光标定位于文档第 8 部分，"参考文献" 4 个字下一段分节符前方的回车符前，如图 4 - 55 所示。

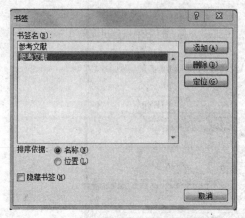

图 4 - 54　制作参考文献书签

图 4 - 55　设置参考文献页

单击"引用"→"题注"功能区中的"交叉引用"，打开"交叉引用"对话框。"引用类型"设为"书签"，"引用哪一个书签"设为"参考文献"，"引用内容"设为"书签文字"，最后单击"插入"按钮，如图 4 - 56 所示。

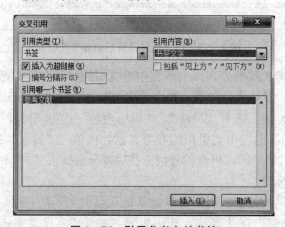

图 4 - 56　引用参考文献书签

（3）文档第 8 部分插入了参考文献列表，如图 4 - 57 所示，可以看到每个参考文献编号都变成了 [1]。只需将这些无用的编号删掉，重新建立以"正文 0000"样式为基础的带 [＊] 的自动编号"参考文献"样式，并应用该样式即可，结果如图 4 - 58 所示。

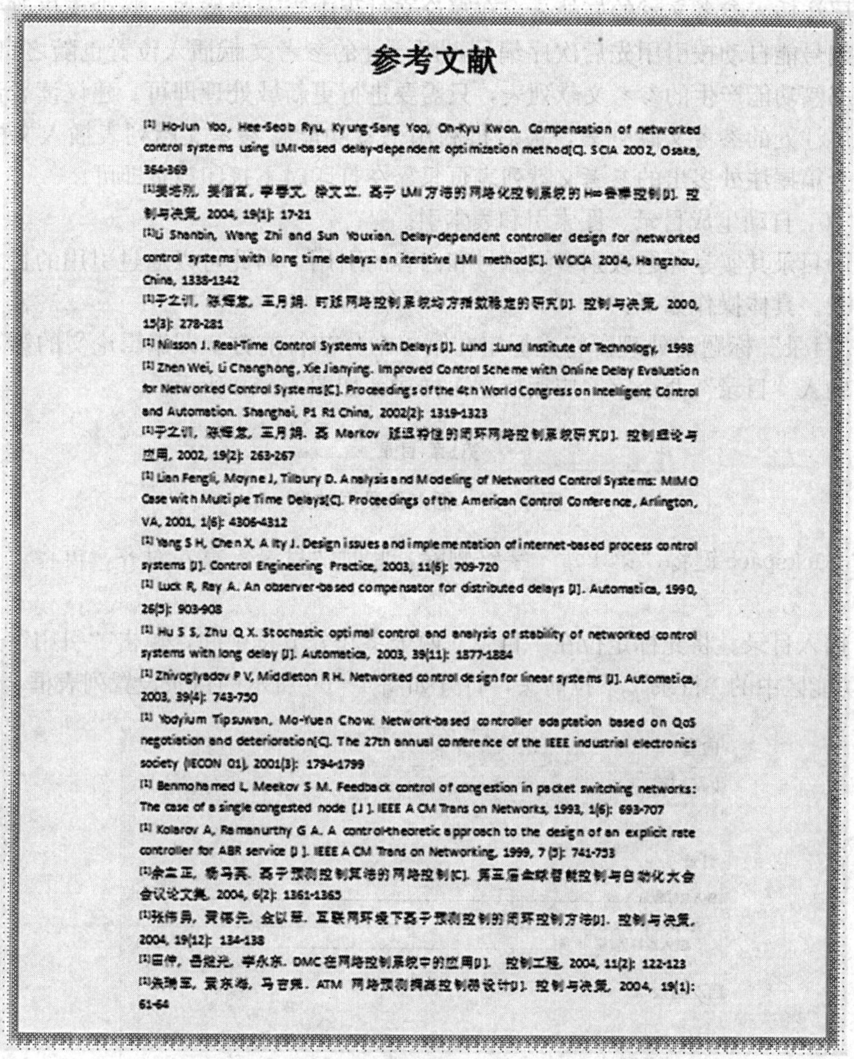

参考文献

[1] Ho-Jun Yoo, Hee-Seob Ryu, Kyung-Sang Yoo, Oh-Kyu Kwon. Compensation of networked control systems using LMI-based delay-dependent optimization method[C]. SCIA 2002, Osaka, 364-369

[1]姜培刚, 姜偕富, 李春文, 徐文立. 基于 LMI 方法的网络化控制系统的 H∞鲁棒控制[J]. 控制与决策, 2004, 19(1): 17-21

[1]Li Shanbin, Wang Zhi and Sun Youxian. Delay-dependent controller design for networked control systems with long time delays: an iterative LMI method[C]. WCICA 2004, Hangzhou, China, 1338-1342

[1]于之训, 陈辉堂, 王月娟. 时延网络控制系统均方指数稳定的研究[J]. 控制与决策, 2000, 15(3): 278-281

[1] Nilsson J. Real-Time Control Systems with Delays [J]. Lund :Lund Institute of Technology, 1998

[1] Zhen Wei, Li Changhong, Xie Jianying. Improved Control Scheme with Online Delay Evaluation for Networked Control Systems[C]. Proceedings of the 4th World Congress on Intelligent Control and Automation. Shanghai, P1 R1 China, 2002(2): 1319-1323

[1]于之训, 陈辉堂, 王月娟. 基 Markov 延迟特性的闭环网络控制系统研究[J]. 控制理论与应用, 2002, 19(2): 263-267

[1] Lian Fengli, Moyne J, Tilbury D. Analysis and Modeling of Networked Control Systems: MIMO Case with Multiple Time Delays[C]. Proceedings of the American Control Conference, Arlington, VA, 2001, 1(6): 4306-4312

[1] Yang S H, Chen X, A lty J. Design issues and implementation of internet-based process control systems [J]. Control Engineering Practice, 2003, 11(6): 709-720

[1] Luck R, Ray A. An observer-based compensator for distributed delays [J]. Automatica, 1990, 26(5): 903-908

[1] Hu S S, Zhu Q X. Stochastic optimal control and analysis of stability of networked control systems with long delay [J]. Automatica, 2003, 39(11): 1877-1884

[1] Zhivoglyadov P V, Middleton R H. Networked control design for linear systems [J]. Automatica, 2003, 39(4): 743-750

[1] Yodyium Tipsuwan, Mo-Yuen Chow. Network-based controller adaptation based on QoS negotiation and deterioration[C]. The 27th annual conference of the IEEE industrial electronics society (IECON 01), 2001(3): 1794-1799

[1] Benmohamed L, Meekov S M. Feedback control of congestion in packet switching networks: The case of a single congested node [J]. IEEE A CM Trans on Networks, 1993, 1(6): 693-707

[1] Kolarov A, Ramanurthy G A. A control-theoretic approach to the design of an explicit rate controller for ABR service [J]. IEEE A CM Trans on Networking, 1999, 7(5): 741-753

[1]余立正, 杨马英. 基于预测控制算法的网络控制[C]. 第五届全球智能控制与自动化大会会议论文集. 2004, 6(2): 1361-1365

[1]张伟勇, 贾锡先, 金以慧. 互联网环境下基于预测控制的闭环控制方法[J]. 控制与决策, 2004, 19(12): 134-138

[1]田伟, 吕楚元, 李永东. DMC 在网络控制系统中的应用[J]. 控制工程, 2004, 11(2): 122-123

[1]朱瑞军, 景东海, 马世昊. ATM 网络预测拥塞控制器设计[J]. 控制与决策, 2004, 19(1): 61-64

图 4－57　参考文献（未按顺序编号）页效果

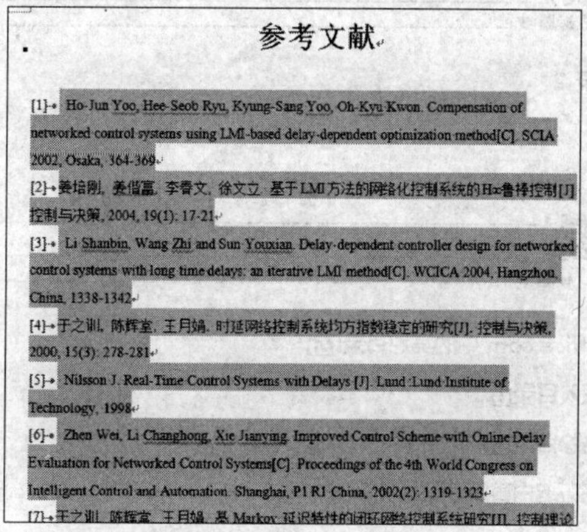

参考文献

[1] Ho-Jun Yoo, Hee-Seob Ryu, Kyung-Sang Yoo, Oh-Kyu Kwon. Compensation of networked control systems using LMI-based delay-dependent optimization method[C]. SCIA 2002, Osaka, 364-369

[2] 姜培刚, 姜偕富, 李春文, 徐文立. 基于 LMI 方法的网络化控制系统的 H∞鲁棒控制[J]. 控制与决策, 2004, 19(1): 17-21

[3] Li Shanbin, Wang Zhi and Sun Youxian. Delay-dependent controller design for networked control systems with long time delays: an iterative LMI method[C]. WCICA 2004, Hangzhou, China, 1338-1342

[4] 于之训, 陈辉堂, 王月娟. 时延网络控制系统均方指数稳定的研究[J]. 控制与决策, 2000, 15(3): 278-281

[5] Nilsson J. Real-Time Control Systems with Delays [J]. Lund :Lund Institute of Technology, 1998

[6] Zhen Wei, Li Changhong, Xie Jianying. Improved Control Scheme with Online Delay Evaluation for Networked Control Systems[C]. Proceedings of the 4th World Congress on Intelligent Control and Automation. Shanghai, P1 R1 China, 2002(2): 1319-1323

[7] 于之训, 陈辉堂, 王月娟. 基 Markov 延迟特性的闭环网络控制系统研究[J]. 控制理论

图 4－58　参考文献页最终效果

利用尾注插入参考文献的好处是，在写论文过程中当需要增加、减少或更改引用参考文献时，编号能自动按引用先后次序编号，尾注处的参考文献插入位置也随之自动定位。至于利用书签功能产生的参考文献列表，只需要进行更新域处理即可。建议读者论文定稿前要做好尾注处的参考文献列表，最后再利用书签功能将参考文献列表插入文档第 8 部分。至于全篇尾注处多出的参考文献列表页只需在打印时不打印该页即可。

步骤 10：自动生成目录、图索引和表索引。

论文的目录其实是标题级别多级编号和内容的引用，因此可以通过引用的目录功能自动生成目录。具体操作如下：

（1）"目录"标题的处理。将光标定在第 4 个分节符前方，即编辑论文的第 4 部分目录内容。输入"目录"两个字，应用标题 1 样式，如图 4-59 所示。

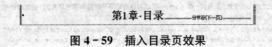

图 4-59　插入目录页效果

通过 Backspace 键将"第 1 章"字符删除，此时"目录"靠左对齐，再将"目录"两个字居中。

（2）插入目录。将光标定位在"目录"两个字和分节符中间，单击"引用"选项卡→"目录"功能区中的"目录"下拉箭头，打开如图 4-60 所示的目录设置列表框。

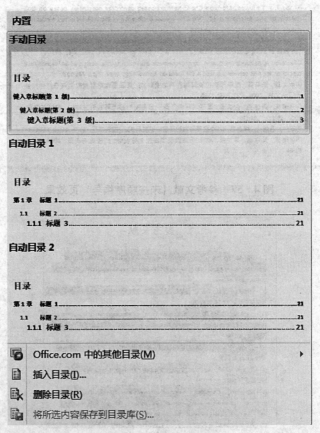

图 4-60　目录设置列表框

　　单击"插入目录"，打开"目录"对话框，如图 4 - 61 所示。"制表符前导符"列表中
选择标题和页码之间连接线样式，本案例选"……"。在"格式"列表中可选择系统自带
多种目录样式，本案例的"格式"选择"正式"。"显示级别"可输入生成目录的标题级
别，本案例选择"3"。单击"确定"按钮，即可自动生成目录，如图 4 - 62 所示。

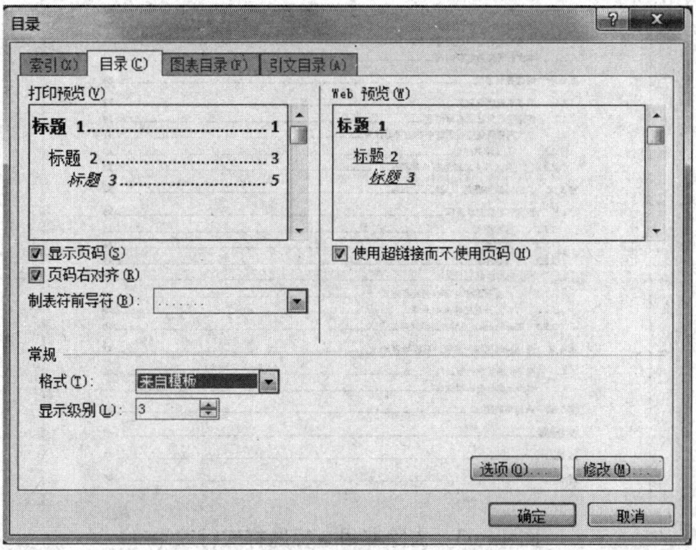

图 4 - 61　"目录"对话框

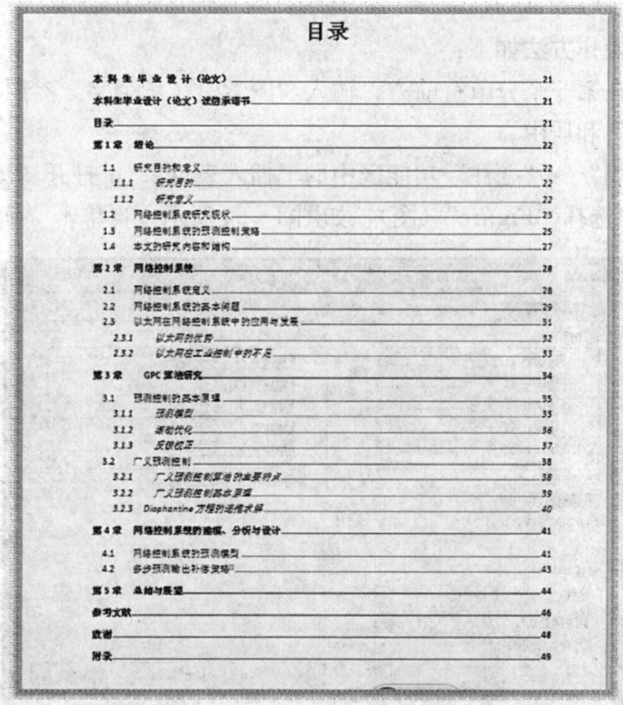

图 4 - 62　目录自动生成后效果

　　(3) 删除目录多余内容。将目录中多出的 1、2、3 行删除，其方法非常简单，只需要

将光标定在行末尾处，单击两次 Backspace 键即可删除，删除后的效果如图 4-63 所示。

图 4-63　去除非目录标题样式行效果

（4）在对文档进行剩余步骤操作后，有些页码可能已经变化，所以后续需要进行更新页码的操作。

索引图目录的操作方法如下：

（1）光标定位在第 5 个分节符前方，输入"图索引"三个字。参照"目录"两个字的做法去掉"第 1 章"和居中。

（2）单击"引用"→"题注"功能区中的"插入表目录"，打开"图表目录"对话框。"题注标签"列表框选择"Figure"（图），如图 4-64 所示。再单击"确定"按钮即可。

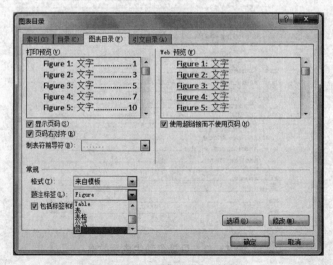

图 4-64　"图表目录"对话框

插入图目录效果如图 4-65 所示。

表目录的插入也是通过"图表目录"对话框来设置的，只是在"题注标签"处选择"表"即可，其他操作方法参照图目录的插入，其效果如图 4-66 所示。

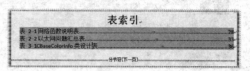

图 4-65　图目录自动生成效果　　　　图 4-66　表目录自动生成效果

步骤 11：不同节页脚（页码）和页眉的设置。

论文的 10 个部分通过分节符分开，因此每个部分所在的页面可单独设置，操作时注意从前往后操作，不同节页面的设置需光标定位在该节处。

论文不同部分页脚及页眉元素的要求见表 4-1。

表 4-1　论文不同部分页脚及页眉元素的要求

节编号	内容说明	页脚设置	页眉设置
1	封面，其中包括题目、学院名称、专业班级、学生姓名、指导教师	无	无
2	诚信承诺书	无	无
3	中文题目、中文摘要、中文关键词；英文题目、英文摘要、英文关键词	无	浙江农林大学毕业设计（论文）；右对齐，字体宋体小四
4	目录	页码采用"i，ii，iii，…"格式；页码连续	无
5	图索引	页码续"目录"格式；页码连续	无
6	表索引	页码续"目录"格式，页码连续	无
7	正文文本主体	页码采用"1，2，3，…"格式，每章从奇数页开始；页码连续	对于奇数页，页眉中的文字为"章序号"＋"章名"（本小题 1 分）；对于偶数页，页眉中的文字为"节序号"＋"节名"
8	参考文献	页码续"正文文本主体"格式；奇数页开始；页码连续	参考文献
9	致谢	页码续"正文文本主体"格式；奇数页开始；页码连续	致谢
10	附录	页码续"正文文本主体"格式；奇数页开始；页码连续	附录

下面先介绍论文不同部分页脚的设置。光标不需要定位在前三节,光标定位在第4节即"目录"内部,先设置页码格式,再插入 Page 域的方法插入页码,具体操作方法如下:

(1)单击"插入"→"页眉和页脚"功能区中的"页脚"下拉箭头,选择"编辑页脚",打开"页眉和页脚设计"工具栏,如图4-67所示。

图4-67 "页眉和页脚"工具栏

注意:一定要单击"链接到前一条页眉",将其取消。

(2)单击"页眉和页脚工具"→"设计"→"页眉和页脚"功能区中的"页码"下拉箭头,选择"设置页码格式",打开"页码格式"对话框。"编号格式"选为"i, ii, iii, …","起始页码"调节至"i",单击"确定"按钮完成页码格式的设置,如图4-68所示。

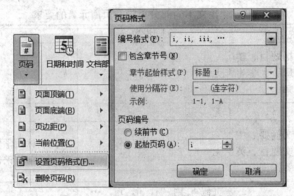

图4-68 插入古罗马页码格式设置

(3)单击"页眉和页脚工具"→"设计"→"插入"功能区中的"文档部件"下拉箭头→"域",打开"域"对话框,如图4-69所示,"域名"选择"page","域属性"选择"i, ii, iii, …",单击"确定"按钮完成第4节目录页码的设置。

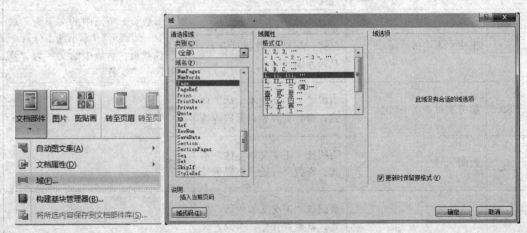

图4-69 利用域插入页码

（4）第 5 节图索引和第 6 节表索引的页码和目录属于同一种格式，并且要求连续，因此 Word 默认第 5 节和第 6 节的页码分别是"ii"和"iii"，如果页码不连续，可采用如下操作更改：光标定位在不连续的页码处，在"页眉和页脚"功能区中单击"页码"下拉箭头→"设置页码格式"，打开"页码格式"对话框，如图 4 - 70 所示。"编号格式"选为"i，ii，iii，…"，"页码编号"选为"续前节"，单击"确定"按钮完成页码格式的设置。

（5）从第 7 节正文文本主体开始到第 10 节附录，页码采用"1，2，3，…"格式，页码连续。光标定位在正文文本主体第 1 页页脚处，一定要单击"链接到前一条页眉"，将其取消，即和前几节分离。选中正文第 1 页页码，删除不符合要求的页码，重新设置页码格式。如图 4 - 71 所示，"编号格式"选为"1，2，3，…"，"起始页码"选为"1"。此时从第 7 节正文文本主体到文档最后页码是连续的。

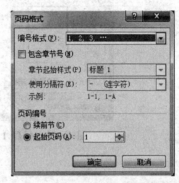

图 4 - 70　"页码格式"对话框　　　　图 4 - 71　正文阿拉伯数字页码格式设置

在打印过程中，为了使第 7 节到第 10 节的标题 1 都在装订册的左侧，需要设置每章从奇数页开始，因此需要先将第 7 节每章单独分节，然后从第 7 节开始到最后的节从奇数页开始。做法如下：第 1 章前已有分节符，将第 6 节表索引和正文分开，因此需要从第 2 章开始，每章单独一节，只需将光标定位于"第 2 章"标题编号和后面标题文字"网络控制系统研究现状"中间，插入分隔符的"分节符（下一页）"。采用同样方法，为正文文本主体每章前插入分隔符的"分节符（下一页）"。此时每章单独一节，并从新的一页开始。再将光标定位于"第 1 章"标题编号和后面标题文字"绪论"中间，单击"页面布局"→"页面设置"功能区中的对话框启动器 ，打开"页面设置"对话框。选中"版式"选项卡，"节的起始位置"选为"奇数页"，"应用于"选为"插入点之后"，如图 4 - 72 所示。单击"确定"按钮。此时从第 1 章开始每章包括"参考文献"、"致谢"、"目录"部分都从奇数页开始。

此时读者会发现，部分偶数页丢失的情况，偶数页的缺失使得页码不连续。解决的方法是在缺失的偶数页的前一个页面结尾处插入一个"分页符"，插入"分页符"后会多出一张空白页，这张空白页的页码就是原来缺失的偶数页页码。具体操作方法如下：

（1）光标定位在缺失的偶数页的前一页分节符（下一页）前面回车符的前方，如图 4 - 73 所示。

（2）单击"页面布局"→"页面设置"功能区中的"分隔符"下拉列表，选择"分页符"组的"分页符"，如图 4 - 74 所示。单击"确定"按钮，此时会多出一张偶数空白页，根据图 4 - 73 所示，是一张页码为"8"的空白页。

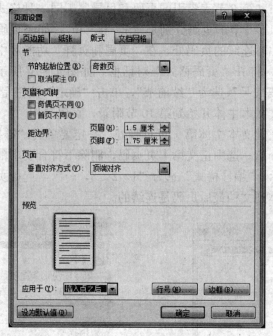

图 4 - 72   标题 1 样式从奇数页开始设置

图 4 - 73   插入奇数页分节符效果

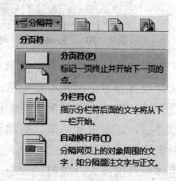

图 4 - 74   丢失页插入分页符

读者可以向下查找丢失的偶数页，用上面插入分页符的方法添加空白偶数页。

根据表 4 - 1 的要求，论文不同部分页眉的设置方法如下：

（1）将光标定位在第 3 节论文摘要内部，单击"插入"→"页眉和页脚"功能区中的"页眉"下拉箭头，打开"页眉和页脚"设计工具栏，此时光标定位于第 3 节论文摘要页眉处。

（2）单击"链接到前一条页眉"，将其取消。输入"浙江农林大学毕业设计（论文）"，此时后续节的页眉都自动为该页眉，因此后续节页眉的单独操作都注意要取消"链接到前一条页眉"。

（3）第 7 部分正文文本主体的页眉设置比较特殊，根据表 4 - 1 的要求，对于奇数页，页眉中的文字为"章序号"＋"章名"；对于偶数页，页眉中的文字为"节序号"＋"节名"。

具体操作方法如下：

①由于从正文第 1 章标题开始奇数页和偶数页页眉就已经不同了，因此将光标定位于正文文本主体标题编号"第 1 章"和标题内容"绪论"的中间，然后单击"页面布局"→"页面设置"功能区中的对话框启动器 ，打开"页面设置"对话框。选中"页眉和页脚"下方的"奇偶页不同"，"应用于"选为"插入点之后"，如图 4 - 75 所示。

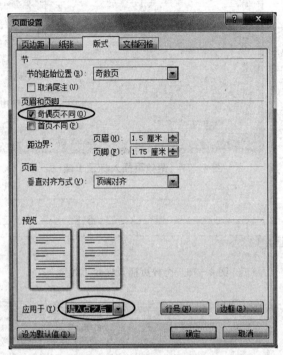

图 4 - 75　设置页眉和页脚奇偶页不同

此时文档页眉有两种： 奇数页页眉 - 第 7 节 - 和 偶数页页眉 - 第 7 节 - 。

②利用样式中段落的文本"StyleRef"，在正文奇数页插入标题 1（章）的编号和标题 1（章）文本，在正文偶数页插入标题 2（节）的编号和标题 2（节）文本。先将光标定位于第 8 部分正文主体内部，单击"插入"→"页眉和页脚"功能区中的"页眉"下拉箭头→"编辑页眉"，打开"页眉和页脚"设计工具栏。此时光标自动定位于第 1 页所在的奇数页页眉，如图 4 - 76 所示。

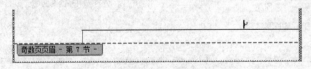

图 4 - 76　奇数页页眉插入效果图

先取消"链接到前一条页眉"，然后单击"页眉和页脚"设计工具栏→"插入"功能区中"文档部件"下拉箭头→"域"，打开"域"对话框，如图 4 - 77 所示。"域名"选为"StyleRef"，"域属性"中"样式名"选为"标题 1"，"域选项"中选中"插入段落编号"，单击"确定"按钮，此时页眉插入标题 1 的编号"第 1 章"，如图 4 - 78 所示。再重新插入"StyleRef"，和插入标题 1 编号不同的是"域选项"中任何选项都不勾选，即插入了标题 1 文本"绪论"，如图 4 - 79 所示。自此，正文文本主体奇数页页眉设置完毕。

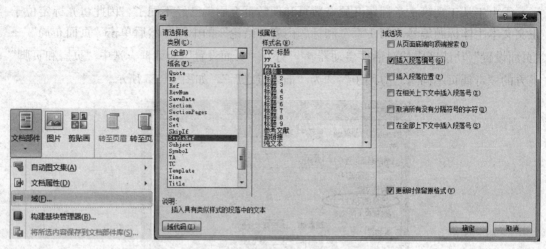

图 4-77　奇数页插入标题 1 域

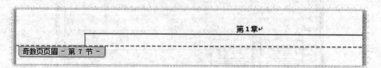

图 4-78　奇数页插入标题 1 效果

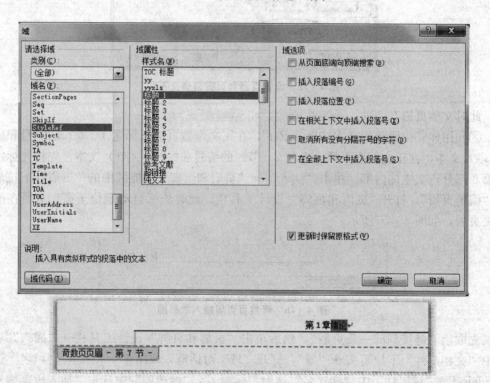

图 4-79　奇数页插入标题 1 内容及效果

　　对于正文文本主体的偶数页设置，光标定位于正文文本主体第 2 页所在的"偶数页页眉"处，注意先取消"链接到前一条页眉"，然后通过插入"StyleRef"域的方法插入样式名为"标题 2"的编号和"标题 2"文本，其结果如图 4-80 所示。自此正文文本主体的偶数页页眉设置完毕。

图 4-80　偶数页插入标题 2 编号及内容效果

为了设置不同的奇数页页眉和偶数页页眉，文档从第 4 部分目录开始到最后，页脚处页码的偶数页页码消失，具体操作只需将光标定位在偶数页页脚处，不需要设置页码格式，直接插入页码即可。插入时注意"链接到前一条"页眉状态。其中，第 8 部分参考文献、第 9 部分致谢和第 10 部分附录由于标题级别为"标题 1"，分节符都从奇数页开始，因此在处理这 3 部分的页眉时，只需从第 8 部分"参考文献"页眉开始插入"StyleRef"时，只插入一次不勾选"插入段落编号"的域选项即可，即只插入一次"标题 1"样式的文本内容。

不同节页眉页脚的设置，和奇偶页页眉的不同设置难度比较大，请读者认真领会其操作顺序，其中某些细节，例如"链接到前一个"取消的时机要把握好。

步骤 12：更新目录。

在以上步骤中，系统自动生成了目录、图索引和表索引，在后续的操作中页码发生了变化，因此在论文定稿前需要更新目录。具体操作如下：

光标定位在第 3 部分标题"目录"两字下方的灰色部分，右击，在打开的快捷菜单（见图 4-81）中选择，"更新域"，打开"更新目录"提示框，如果正文文本主体内容做过更改，则选择"更新整个目录"。如果只是调整过页码，可选择"只更新页码"，本案例选"更新整个目录"。单击"确定"按钮后效果如图 4-82 所示，从图 4-82 中可以发现，内容多了使用过"标题 1"样式的第 1 部分和第 2 部分的行，只需要将光标定位在行末尾处，单击两次 Backspace 键即可删除，删除后的效果如图 4-83 所示。

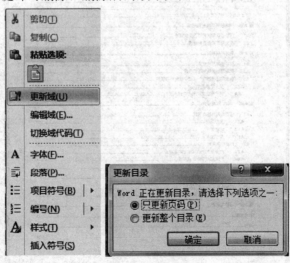

图 4-81　更新目录页码

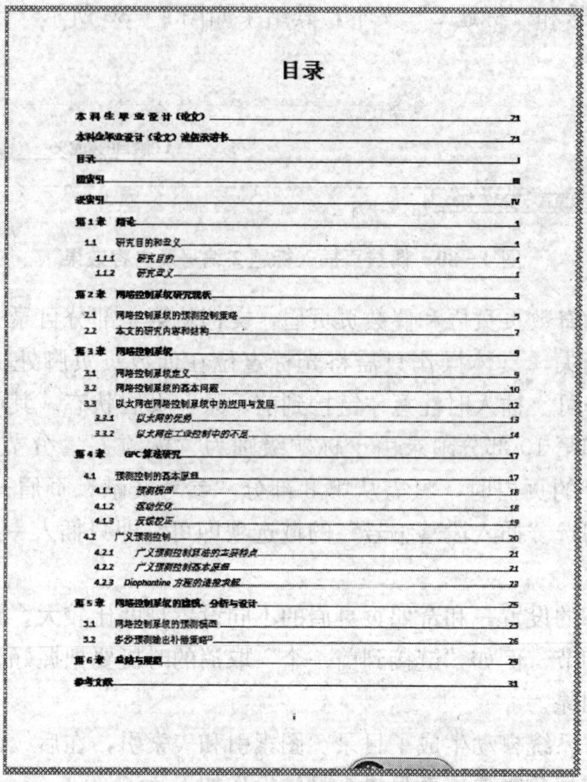

图4-82　目录页码更新后效果

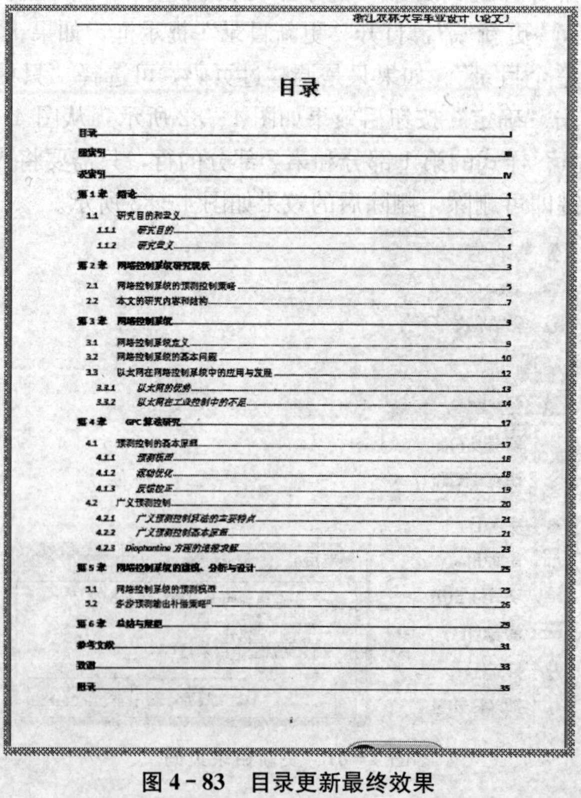

图4-83　目录更新最终效果

参考更新"目录"的操作步骤，可更新第 4 部分"图索引"和第 5 部分"表索引"的页码。更新完毕如图 4-84 所示。

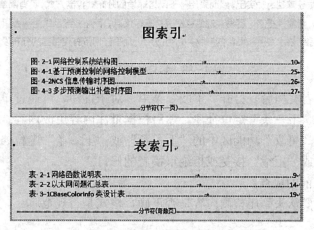

图 4-84　图目录和表目录更新最终效果

步骤 13：审阅功能的使用。

自此论文的书写及排版基本完毕。如果读者将论文的原稿发给审稿者，例如读者论文的指导教师或杂志社编辑等，他们会把意见返还给读者，一般不会直接更改原稿，而是在"审阅"视图下进行更改。"审阅"菜单如图 4-85 所示。

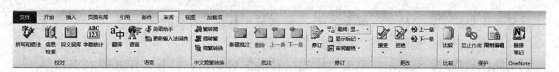

图 4-85　"审阅"菜单

审稿者对某部分内容有建议时，选中需要更改的文本，在"批注"功能区中单击"新建批注"。系统会用红色的大括号和高亮粉色标记批注所在位置，并用虚线连接批注文本框，审稿者在该文本框内输入具体建议即可，如图 4-86 所示。

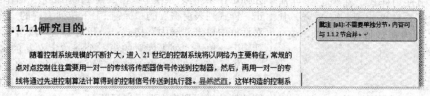

图 4-86　审阅效果

当然审稿者也可以直接更改原稿，更改前单击"审阅"→"修订"功能区中的"修订"下拉箭头，使文档进入修订状态。当审阅者更改内容时，原内容有删除线，输入的新内容下有下划线，如图 4-87 所示。

随着控制系统规模的不断扩大，进入 21 世纪的控制系统将以网络为主要特征，常规的点对点控制往往需要用一对一的专线将传感器信号传送到控制器，然后，再用一对一的专线将通过先进控制算法计算得到的控制信号传送到执行器。显然然而，这样构造的控制系

图 4-87　修订的修改效果

审稿者删除原稿内容时，原内容有删除线，如图 4 - 88 所示。

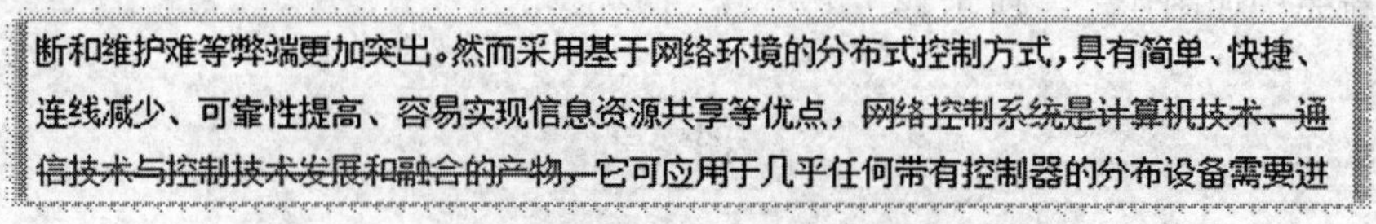

断和维护难等弊端更加突出。然而采用基于网络环境的分布式控制方式，具有简单、快捷、连线减少、可靠性提高、容易实现信息资源共享等优点，网络控制系统是计算机技术、通信技术与控制技术发展和融合的产物，它可应用于几乎任何带有控制器的分布设备需要进

图 4 - 88　修订的删除效果

读者收到审稿者文档后，打开"审阅"菜单。对于批注，可通过单击"批注"功能区中的"上一条"或"下一条"定位批注，然后根据批注内容更改内容。被审稿者修订的部分，可以通过单击"更改"功能区中的"上一条"或"下一条"定位修订，通过单击该功能区中的"接受"或"拒绝"接受或拒绝审稿者的修订。

步骤 14：打印前的检查。

在打印前，需要从头到尾检测内容是否正确，格式是否规范。

◇◆◇　习题　◇◆◇

打开素材"素材 \ word \ 4 - 3（1）习题 \ 4 - 3（1）习题源 . docx"文件，实现长文档的排版，最终效果参见"素材 \ word \ 4 - 3（1）习题 \ 4 - 3（1）习题样稿 . pdf"文件。

操作步骤如下：

1. 前期准备

显示编辑标记：开始——单击"显示/隐藏编辑标记"使其选中。

打开导航窗格：视图——"导航窗格"打钩。

清除原始格式：开始——单击"样式"对话框启动器，打开"样式列表窗格"——Ctrl＋A 选中整篇文档——单击"样式列表窗格"的"全部清除"。

2. 具体步骤对照如下

题目编号	题目要求	操作提示
1	章节使用样式"标题 1"，并居中；编号格式为：第 X 章，其中 X 为自动排序，（例：第 1 章）。	光标定在第 1 段"第一章什么是 Photoshop"回车符前；单击"样式列表窗格"的"标题 1"下拉列表中的"修改"，在对话框中单击"居中"格式；"开始"→"段落"→"多级列表"→单击"列表库"的第三个→"定义新的多级列表"→"输入编号格式"内去掉最后的点，在灰色编号前方输入"第"，灰色编号后方输入"章"。单击"更多"按钮，将级别链接到样式列表中选择"标题 1"。
	小节名使用样式"标题 2"，左对齐；编号格式为：多级符号，X. Y. X 为章节序号，Y 为节数字序号，（例：1. 1）。	光标定在第 2 段"1. 1 什么是 Photoshop"回车符前；单击"样式列表窗格"的"标题 2"下拉列表中的"修改"，在对话框中单击"左对齐"格式；"开始"→"段落"→"多级列表"→单击"当前文档中的列表"中带"第 1 章"的多级列表→再单击"定义新多级列表"→"输入编号格式"内去掉最后的点，单击"更多"按钮，将级别链接到样式列表中选择"标题 2"。
		将做好的标题 1 和标题 2 样式应用到相应段落，应用时去掉原来的提示编号内容。去掉过程中将提示编号内容后面的空格也去掉。

题目编号	题目要求	操作提示
2	新建样式，样式名为"样式＋正文"其中 ● 字体 中文字体为楷体 西文字体为 Times New Roman 字号为小四 ● 段落 首行缩进 2 字符 段前 0.5 行，段后 0.5 行，行距 1.5 倍 将 2 的样式应用到正文，将（2）中的样式应用到正文中无编号的文字。 注意：不包括章名、小节名、表文字、表和图的题注。	光标定在正文的第 1 段回车符前（细节提示：不可定在标题样式文本处），单击"样式列表窗格"的"新建样式"按钮→"名称"改为"样式＋正文"，"中文"格式改为"楷体"和"小四"，"西文"改为"Times New Roman"→单击"格式"按钮→段落→"特殊格式"首行缩进 2 字符，"段前" 0.5 行，"段后" 0.5 行，"行距" 1.5 倍。 样式＋正文样式做好后，应用到正文段落，注意不要应用到表内的文字、表和图的说明文字及带小编号的段落。
3	对出现"1."、"2."… 处，进行自动编号，编号格式不变； 对出现"1)"、"2)"… 处，进行自动编号，编号格式不变。	在正文处找到带"1."的小编号段落，光标定在所在段落符号前方，新建样式"正文＋1."在对应的"新建样式"对话框中→单击"格式"按钮→"编号"选第六个。将"正文＋1."样式应用在"1."、"2."… 处段落，当需要编号要从 1 开始时，可在该段落处右击，打开快捷菜单列表，选中"重新开始于 1"。全部应用完毕后去掉自动编号后面的提示编号。 新建样式"正文＋1)"，操作方法参考上面。
4	对正文中的图添加题注"图"，位于图下方，居中。 ● 编号为"章节号"，图在章节中的序号（例如：第 1 章第 2 幅图，题注编号为 1－2 ● 图的说明使用图下一行文字，格式同标号 ● 图居中	剪切图下的说明文字；再选中第 1 张图→使用快捷键 Ctrl＋E 使图居中→选择"引用"选项卡→"插入题注"→"新建标签"里输入"图"→单击"编号"，在"包含章节号"处打钩，此时题注对话框中显示"图 1.1"，使用快捷键 Ctrl＋V，将说明文字粘贴到后面，第 1 张图的题注添加完毕。
5	对正文中出现的"如下图所示"的"下图"，使用交叉引用，改成 X－Z。 参照图题注，做下"表"题注，表题注一般放在表的上方。	选中正文中的"下图"两字符→选择"引用"选项卡→"交叉引用"→"引用类型"选"图"→在"引用哪一个图"列表中选中相应的图题注→"引用内容列表"选择"只有标签和编号"。其他图的交叉引用按此法做即可。 剪切表上的说明文字；再选中第 1 张表（细节提示：选中整张表的做法是选择表左上角的十字图标，而不是表中所用的文字）→使用快捷键"Ctrl＋E"使表位置居中→选择"引用"选项卡→"插入题注"→"新建标签"里输入"表"→在"位置"处选"所选项目上方"→单击"编号"，在"包含章节号"处打钩，此时题注对话框中显示"表 1.1"，使用快捷键 Ctrl＋V，将说明文字粘贴到后面，第 1 张表的题注添加完毕。选中正文中的"下表"两字符→选择"引用"选项卡→"交叉引用"→"引用类型"选"表"→在"引用哪一个表"列表中选中相应的表题注→"引用内容列表"选择→"只有标签和编号"。其他表的交叉引用按此法做即可。

题目编号	题目要求	操作提示
6	为正文文字（不包括标题）中首次出现 Photoshop 的位置加入脚注："最新版本为 photoshop Max"	光标定在正文第一个 Photoshop 后面→选择"引用"选项卡→"插入脚注"→此时光标定在当前页的底端，再输入"最新版本为 photoshop Max"。
	为正文文字（不包括标题）中第二次出现 Photoshop 的位置加入尾注："由美国微软公司开发"	光标定在正文第一个 Photoshop 后面→选择"引用"选项卡→"插入尾注"，此时光标定在整篇文档的末尾，再输入"由美国微软公司开发"。
7	在正文前按序插入节，用来分开目录，图索引，表索引和正文。 第 1 节：目录，其中： A． "目录"使用样式"标题1"，并居中 B．"目录"下为目录项 第 2 节：图索引，其中： A．"图索引"使用样式"标题1"，并居中 B．"图索引"下为图索引项 第 3 节：表索引，其中： A．"表索引"使用样式"标题1"，并居中 B．"表索引"下为表索引项	光标定在"第 1 章"和章文字"什么是 Photoshop"中间一→选择"页面布局"选项卡→"分隔符"→"分节符"组的下一页，此时前面会出现一张带"分节符（下一页）"的空白页，在该分节符前方输入"目录"两个字，会自动按照标题1样式自带"第 1 章"编号，此时将"第 1 章"3 个字去掉，仅留"目录"两字即可。 按照以上方法产生标题1级别的"图索引"和"表索引"，后面都会紧随"1 根分节符（下一页）"，使得3部分各占1页。 按照上面方法使得3部分各占1页后，再通过引用自动生成项目。 目录项自动生成操作如下： 将光标定于"目录"和"分节符（下一页）"中间，选择"引用"选项卡→"目录"→"插入目录"→确定。 图索引项自动生成操作如下： 将光标定于"图索引"和"分节符（下一页）"中间，选择"引用"选项卡→"插入表目录"→"题注标签"选择"图"→确定。 表索引项自动生成操作如下： 将光标定于"表索引"和"分节符（下一页）"中间，选择"引用"选项卡→"插入表目录"→"题注标签"选择"表"→确定。
8	对正文做分节处理，每章为单独一节，分节符类型为"下一页"。	从第 2 章开始将光标定于各正文标题1编号和标题1文字中间，选择"页面布局"选项卡→"分隔符"→"分节符"组的"下一页"，此时每章末尾处都会产生 1 根"分节符（下一页）"，即可每章单独 1 节。
9	添加页脚。使用域，在页脚中插入页码，居中显示。其中： （1）正文前的节，页码采用"i，ii，iii,…"格式，页码连续；	将光标定于目录页内，"插入"→"页脚"→"编辑页脚"，此时光标已定于页脚处→Ctrl＋E 居中"文档部件"→"域"，在"域"对话框中"域名"列表选"Page"，"域属性"的"格式"列表选"i，ii，iii,…"→确定。"页码"→"设置页码格式"→"编号格式"列表选"i，ii，iii,…"。

题目编号	题目要求	操作提示
9	（2）正文中的节，页码采用"1，2，3，…"格式，页码连续，并且每节总是从奇数页开始；	将光标定于正文第 1 页页脚处，单击取消"链接到前一条页眉"→删除原来的页码"文档部件"→"域"，在"域"对话框中"域名"列表选"Page"，"域属性"的"格式"列表选"1，2，3，…"→确定。"页码"→"设置页码格式"→"编号格式"列表选"1，2，3，…"。"页码编号"的"起始页码"输入"1"。 正文中的每节从奇数页开始的操作步骤如下： 光标定于正文第 1 页内部，"页面布局"→通过单击右下角的"对话框启动器"打开"页面设置"对话框，"版式"→"节的起始位置"选"奇数页"，"应用于"选"插入点之后"。此时会造成正文中分好节的每章第 1 页的页码全部从 1 开始，只需将光标定在从第 2 章开始的每一页页码"页码"→"设置页码格式"选"续前节"即可。 前面设置好正文每章的节从奇数页开始后，会造成部分偶数页丢失，使得页码不连续，正确的做法是：把光标定在丢失的偶数页的前一页"分节符（下一页）"前方（细节提示：具体定位应是紧挨这根分节符回车符的前方）"页面布局"→"分页符"类组的"分页符"。通过插入分页符的方式产生一张空白页面，补全所有丢失的偶数页。
10	更新目录、图索引和表索引。	光标定在分别定在之前自动生成的目录项，图索引项，表索引项处，右击选择"更新域"→选择"全部"
11	添加正文的页眉。使用域，按以下要求添加内容，居中显示。其中	将光标定于正文第 1 章第 1 页内部"页面布局"→通过单击右下角的"对话框启动器"打开"页面设置"对话框→"版式"→页眉和页脚勾选奇偶页不同，"应用于"选"插入点之后"→确定。
	对于奇数页，页眉中的文字为"章序号"＋"章名"；	将光标定于正文第 1 章第 1 页内部"插入"→"编辑页眉"，此时光标自动定位正文第 1 页页眉处→单击取消"链接到前一条页眉"→Ctrl＋E 先格式居中"文档部件"→"域"→"域名 StyleRef"域属性的"样式名："为"标题 1"→"域选项"勾选"插入段落编号"，此选项代表章序号→确定。再次"文档部件"→"域"→"域名 StyleRef"域属性的"样式名："为"标题 1"，"域选项"不勾选任何项目，即代表章名。此时正文中所有奇数页页眉设置完毕。
	对于偶数页，页眉中的文字为"节序号"＋"节名"。	将光标定于正文第 1 章第 2 页内部，下面设置偶数页的页眉"插入"→"编辑页眉"，此时光标自动定位正文第 1 页页眉处→单击取消"链接到前一条页眉"→Ctrl＋E 先格式居中"文档部件"→"域"→"域名 StyleRef"域属性的"样式名"为"标题 2"→"域选项"勾选"插入段落编号"，此选项代表节序号→确定。再次"文档部件"→"域"→"域名 StyleRef"域属性的"样式名"为"标题 2"→"域选项"不勾选任何项目，即代表节名。此时正文中所有偶数页页眉设置完毕。
12	正文所有页面中页眉横线必须添加	如果正文的页眉设置正确，系统会自带一根页眉横线，所以该操作可忽略

第 2 篇

Excel 高级应用

Excel 2010 是一种电子表格处理软件，是 Microsoft Office 套装办公软件的一个重要组件。它集数据统计、报表分析及图形分析三大功能于一身。由于具有强大的数据运算功能和丰富而实用的图形功能，所以被广泛应用于财务、金融、经济、审计和统计等众多领域。

本篇共分为 4 章：

第 5 章以"停车情况记录表"的完成介绍数据的输入、单元格数据有效性设置、数组公式的使用、条件格式和常用函数等。

第 6 章通过 2 个教学案例来介绍函数的运用。案例 1 通过对"员工资料信息表"的完成，介绍日期时间函数、查找函数、文本处理函数、财务函数和数据库函数等函数的使用；案例 2 以"万年历"的制作进一步巩固常用函数的使用。

第 7 章和第 8 章分别介绍数据的管理、双层饼图、双坐标轴图表、数据透视表和数据透视表虚拟字段的添加与字段计算等。

第 5 章　Excel 数据的输入

Excel 主要用于对数据的处理、统计分析与计算，但对数据进行处理前，要先将其输入至 Excel 表格，本章节通过停车情况记录表的案例主要探讨 Excel 的文本数据中数字的输入，不相邻单元格相同数据的快速输入，数据有效性的定义及作用，自定义下拉列表的创建，数组公式的定义、输入、编辑及使用，条件格式的应用等操作。

5.1　学习准备

5.1.1　文本数据的输入

文本数据包括数字的任何字符，所以文本和数值容易被混淆，如手机号码、银行账号，它们虽然是一串数字，但并不是用来计算用的数值，而是文本。但默认情况下，若输入的对象为纯数字，如电话号码"057163694905"中，Excel 默认会将其作为数值数据处理，因此会自动删除其首部的"0"。此时解决办法如：

（1）在目标内容前先输入一个英文状态的单引号"'"。

（2）先设置单元格格式为文本，再输入目标内容即可。

5.1.2　快速输入相同的数据

很多情况下，Excel 单元格中可能需要填充大量的相同内容，此时，若逐个输入会大大降低效率，可以使用如下方法：

（1）连续单元格区域。使用填充柄实现单元格的复制操作。若重复填充单元格内容为日期或时间类型，则需要拖动填充柄的同时按住 Ctrl 键，否则会以升序方式填充数据序列。

（2）非连续单元格区域。选中需要填充相同数据的单元格，输入目标内容，按 Ctrl＋Enter 组合键确认输入即可。

5.1.3　数据有效性

数据有效性对单元格或单元格区域输入的数据从内容到数量上进行限制。

数据有效性作用有：①对于符合条件的数据，允许输入；对于不符合条件的数据，则禁止输入。②通过直接（或对单元格区域创建名称）设置数据有效性，使得用户可以经单元格的下拉列表选择输入数据。例如，在填充停车情况记录表的"所属单位"时，若让用户手工输入，效率低下，且一不小心就会出错，若创建一个包含数据的下拉列表框供选择，这样既提高了工作效率，而且输入准确无误。

5.1.4　数组公式

数组公式对一组或多组数值执行多项运算，并返回单个或多个运算结果。

数组公式必须按 Ctrl＋Shift＋Enter 组合键结束公式编辑，公式将自动包含于一对大括号中。

当编辑数组公式时，大括号会自动消失，必须再次按 Ctrl＋Shift＋Enter 组合键才能将更改应用于数组公式。使用组合键 Ctrl＋Shift＋Enter 的意义在于下达多项运算指令。

以下两种情况必须使用数组公式才能得到正确结果。

（1）公式的计算过程中存在多项运算，且函数自身不支持常量数组的多项运算。

（2）公式计算结果为数组，需要使用多个单元格存储计算产生的多个结果。

在条件（1）中，是否使用组合键在于公式最后计算的步骤是否存在多项运算，如果最后计算的步骤存在多项运算且函数自身不支持常量数组的多项计算，则需使用数组。

5.1.5　条件格式

使用条件格式可以直观地查看和分析数据、发现关键问题以及识别模式和趋势。Excel 2010 的条件格式可包含多种规则类型及条件，还可通过条件格式为单元格设置数据条、色阶、图标集等多种条件格式效果。

5.1.6　案例中函数介绍

1. REPLACE 函数

主要功能：使用其他文本字符串并根据所指定的字符数替换某文本字符串中的部分文本。

使用格式：REPLACE（Old_text，Start_num，Num_chars，New_text）

参数说明：Old_text 为原文本。Start_num 为想要替换原文本的起始位置。Num_chars 为想要替换原文本的字符个数。New_text 为想要替换原文本的新文本。

例如：公式"＝REPLACE（"abcdefg"，2，5,"123"）"值为"a123g"，其含义是指将文本"abcdefg"从第 2 个开始的连续 5 个字符替换为"123"。

2. IF 函数的复杂形式

主要功能：执行真假值判断后，根据逻辑测试的真假值返回不同的结果，因此 IF 函数也称之为条件函数。

使用格式：IF（Logical_test，[Value_if_true]，[Value_if_false]）

参数说明：Logical_test 表示计算结果为 TRUE 或 FALSE 的任意值或表达式；Value＿if＿true 为可选参数，显示在 Logical＿test 为 TRUE 时返回的值，也可以嵌套公式；Value＿if＿false 为可选参数，是 Logical＿test 为 FALSE 时的返回值，也可以嵌套公式。

注意：

IF 函数的参数最多可以使用 64 层，IF 函数作为 Value＿if＿true 及 Value＿if＿false 参数进行嵌套。若 IF 的某一参数为数组，则在执行 IF 语句时，将计算数组的每一个元素。

例如：公式"＝IF（J2＞60,"及格","不及格"）"用来判断 J2 单元格的值是否大于 60，若是，值为"及格"，否则值为"不及格"。

例如：执行公式"＝IF（HOUR（J3）＝0，1，IF（MINUTE（J3）＜15，HOUR（J3），HOUR（J3）＋1））"，则其执行过程可用如图 5-1 所示的流程图表示。

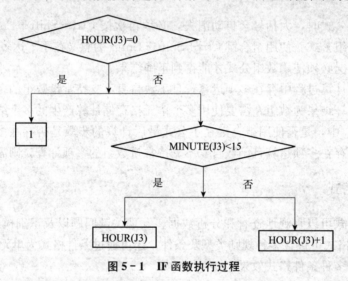

图 5-1　IF 函数执行过程

5.2　案例——制作停车情况记录表

【案例要求】

打开"＼素材＼Excel＼第 5 章＼案例 1＼案例 1．xlsx"，进行如下操作：

（1）对"停车情况记录表"第 A 列的 A3：A20 单元格中分别填充值"001"～"018"。

（2）在 B3：B20 单元格中的所有"车牌号"前加"浙"字符。

（3）在 C3：C20 单元格中"汽车所有人电话号码"前添加区号"0571-"。

（4）对停车情况记录表中的"升级后电话号码"进行升级，升级要求为：在第一位电话号码"6"后面添加"3"（忽略区号）。

（5）在 E3：E20 单元格中，将车型填入相应单元格中，其中"E3，E6，E9，E11，E14，E17，E19"单元格中填入"小汽车"；"E5，E7，E10，E13，E16，E18，E20"中

填入"中客车";"E4,E8,E12,E15"中填入"大客车"。

（6）为 G2 单元格插入批注，内容为"提示：请参照 Sheet2 中'车牌对应单位'在下拉列表中选择一个单位输入"。

（7）为 Sheet2 中的 D2:D6 单元格区域创建名称为"_school"。

（8）使用"_school"名称，在"所属单位"列中创建自定义下拉列表，对 G3:G20 单元格的各车辆所属单位进行填充。

（9）根据入库时间和出库时间，对 J3:J20 单元格使用数组公式计算停放时间。计算公式为：停放时间＝出库时间－入库时间，格式为："小时：分钟：秒"，将结果保存在"停放时间"列，如：一小时十分五秒在停放时间中的表示为"1：10：5"。

（10）使用函数公式，对"停车情况记录表"的停车费用进行计算。要求根据停放时间长短计算停车费用，将计算结果填入 K3:K20 的"应付金额"中，停车按小时收费（对不满 1 个小时的按照 1 个小时收费，对超过整点小时数 15 分钟，包含 15 分钟的多累计一个小时，如 1 小时 15 分；将按 2 小时计费，1 小时 12 分将按照 1 小时收费）。

（11）在"停放时间"列中，将条件格式设置为蓝色数据条。

（12）在"应付金额"列中，使用条件格式标出应付金额高于 30 元的单元格（包含 30 元），将其单元格填充色设置为红色。

【案例制作】

步骤 1：选中 A3 单元格，输入"001"，确定。鼠标右键拖拽 A3 单元格填充柄至 A20，如图 5-2 所示。选择"填充序列"命令后，结果如图 5-3 所示。

图 5-2　右键拖拽填充柄

步骤 2：选择 B3:B20 单元格，单击"开始"→"格式"→"设置单元格格式"打开"设置单元格格式"对话框。在"数字"选项卡的"分类"下拉列表框选择"自定义"，"类型"文本框中输入""浙"@"，如图 5-4 所示。单击"确定"按钮，效果如图 5-5 所

A3　　fx　'001

	A	B	C	D	E	F	G	H	I	J	K
1	停车情况记录表										
2	编号	车牌号	汽车所有人电话号码	升级后电话号码	车型	单价	所属单位	入库时间	出库时间	停放时间	应付金额
3	001	A12345	6728920			5		8:12:25	11:15:35		
4	002	A32581	6782983			10		8:34:12	9:32:45		
5	003	A21584	6793873			8		9:00:36	15:06:14		
6	004	A66871	6938397			5		9:30:49	15:13:48		
7	005	A51271	6238211			8		9:49:23	10:16:25		
8	006	A54844	6873282			10		10:32:58	12:45:23		
9	007	A56894	6282737			5		10:56:23	11:15:11		
10	008	A33221	6293283			8		11:03:00	13:25:45		
11	009	A68721	6383728			5		11:37:26	14:19:20		
12	010	A33547	6283721			10		12:25:39	14:54:33		
13	011	A87412	6098383			8		13:15:06	17:03:00		
14	012	A52485	6384384			5		13:48:35	15:29:37		
15	013	A45742	6938382			10		14:54:33	17:58:48		
16	014	A55711	6928374			8		14:59:25	16:25:25		
17	015	A78546	6272832			5		15:05:03	16:24:41		
18	016	A33551	6839281			8		15:13:48	20:54:28		
19	017	A56587	6383749			5		15:35:42	21:36:14		
20	018	A93355	6847473			8		16:30:58	19:05:45		

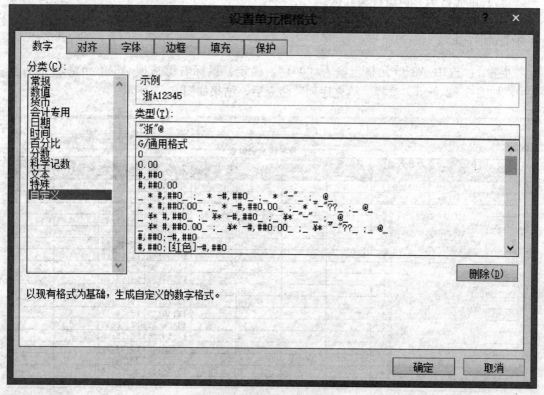

图 5-3　填充序列

图 5-4　添加文本固定前缀

示。

步骤 3：选择 C3：C20 单元格，单击“开始”→“格式”→“设置单元格格式”，打开“设置单元格格式”对话框。在“数字”选项卡的“分类”下拉列表中选中“自定义”，

	B3		▼	ⓧ	ƒx	A12345				
◢	A	B	C	D	E	F	G	H	I	J	K

编号	车牌号	汽车所有人电话号码	升级后电话号码	车型	单价	所属单位	入库时间	出库时间	停放时间	应付金额

停车情况记录表

编号	车牌号	汽车所有人电话号码	升级后电话号码	车型	单价	所属单位	入库时间	出库时间	停放时间	应付金额
001	浙A12345	6728920			5		8:12:25	11:15:35		
002	浙A32581	6782983			10		8:34:12	9:32:45		
003	浙A21584	6793873			8		9:00:36	15:06:14		
004	浙A66871	6938397			5		9:30:49	15:13:48		
005	浙A51271	6238211			8		9:49:23	10:16:25		
006	浙A54844	6873282			10		10:32:58	12:45:23		
007	浙A56894	6282737			5		10:56:23	11:15:11		
008	浙A33221	6293283			8		11:03:00	13:25:45		
009	浙A68721	6383728			5		11:37:26	14:19:20		
010	浙A33547	6283721			10		12:25:39	14:54:33		
011	浙A87412	6098383			8		13:15:06	17:03:00		
012	浙A52485	6384384			5		13:48:35	15:29:37		
013	浙A45742	6938382			10		14:54:33	17:58:48		
014	浙A55711	6928374			5		14:59:25	16:25:25		
015	浙A78546	6272832			5		15:05:03	16:24:41		
016	浙A33551	6839281			5		15:13:48	20:54:28		
017	浙A56587	6383749			5		15:35:42	21:36:14		
018	浙A93355	6847473			8		16:30:58	19:05:45		

图 5-5　车牌号前添加"浙"

在"类型"文本框中输入""0571-" #",如图 5-6 所示。单击"确定"按钮，效果如图 5-7 所示。

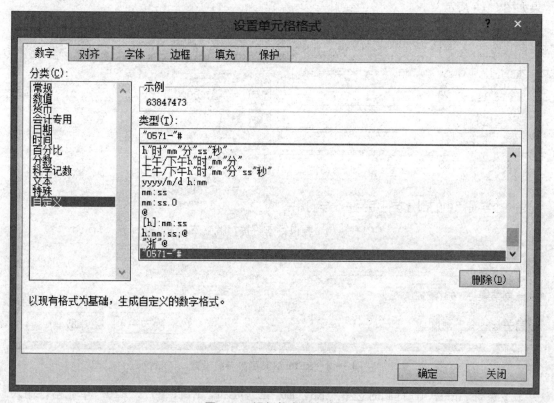

图 5-6　添加数字固定前缀

步骤 4：选中 D3 单元格，单击编辑栏上的"插入函数"按钮 ƒx，弹出函数向导，搜

	C3		▼	*fx*	6728920					
	A	B	C	D	E	F	G	H	I	J	K
1					停车情况记录表						
2	编号	车牌号	汽车所有人电话号码	升级后电话号码	车型	单价	所属单位	入库时间	出库时间	停放时间	应付金额
3	001	浙A12345	0571-6728920			5		8:12:25	11:15:35		
4	002	浙A32581	0571-6782983			10		8:34:12	9:32:45		
5	003	浙A21584	0571-6793873			8		9:00:36	15:06:14		
6	004	浙A66871	0571-6938397			5		9:30:49	15:13:48		
7	005	浙A51271	0571-6238211			8		9:49:23	10:16:25		
8	006	浙A54844	0571-6873282			10		10:32:58	12:45:23		
9	007	浙A56894	0571-6282737			5		10:56:23	11:15:11		
10	008	浙A33221	0571-6293283			8		11:03:00	13:25:45		
11	009	浙A68721	0571-6383728			5		11:37:26	14:19:20		
12	010	浙A33547	0571-6283721			10		12:25:39	14:54:33		
13	011	浙A87412	0571-6098383			8		13:15:06	17:03:00		
14	012	浙A52485	0571-6384384			5		13:48:35	15:29:37		
15	013	浙A45742	0571-6938382			10		14:54:33	17:58:48		
16	014	浙A55711	0571-6928374			8		14:59:25	16:25:25		
17	015	浙A78546	0571-6272832			5		15:05:03	16:24:41		
18	016	浙A33551	0571-6839281			8		15:13:48	20:54:28		
19	017	浙A56587	0571-6383749			5		15:35:42	21:36:14		
20	018	浙A93355	0571-6847473			8		16:30:58	19:05:45		

图 5-7 电话号码前加区号

索并找到 "REPLACE" 函数，单击打开 "函数参数" 对话框。在 "函数参数" 对话框中输入如图 5-8 所示参数，单击 "确定" 按钮。之后鼠标拖拽 D3 单元格填充柄至 D20，结果如图 5-9 所示。

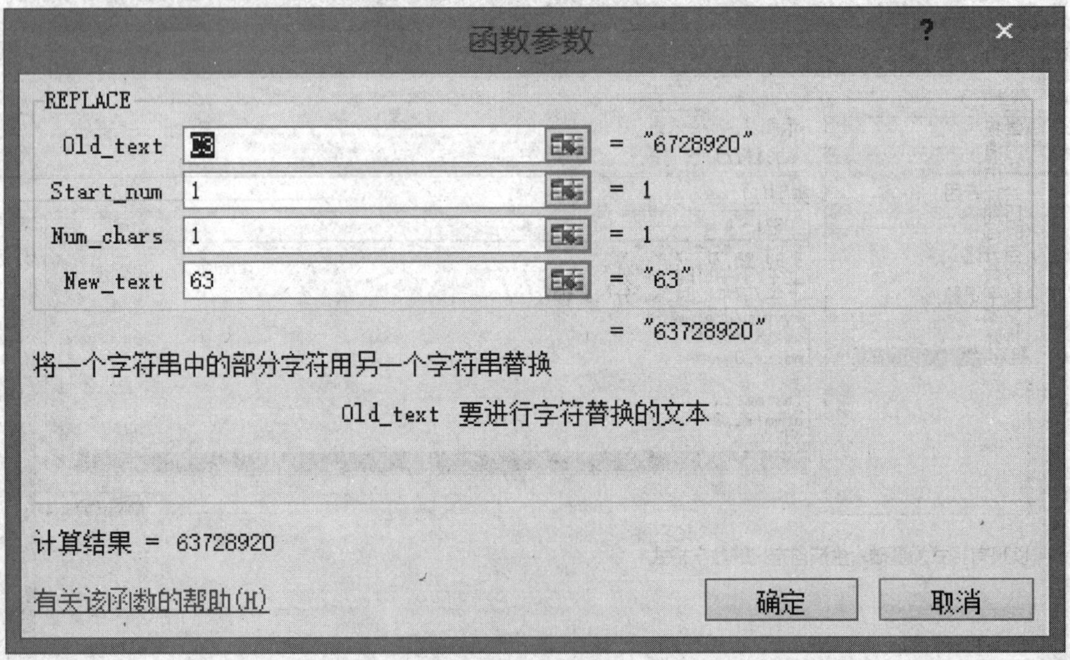

图 5-8 REPLACE 函数参数设置

步骤 5：按住 Ctrl 键同时选中 "E3，E6，E9，E11，E14，E17，E19" 单元格，输入 "小汽车"，按 Ctrl+Enter 键确认输入，结果如图 5-10 所示。采用同样的方法在其他单元格中填充相应值，结果如图 5-11 所示。

| D3 | | ▼ | fx | =REPLACE(C3,1,1,63) | | | | | | |

	A	B	C	D	E	F	G	H	I	J	K
1	停车情况记录表										
2	编号	车牌号	汽车所有人电话号码	升级后电话号码	车型	单价	所属单位	入库时间	出库时间	停放时间	应付金额
3	001	浙A12345	6728920	63728920		5		8:12:25	11:15:35		
4	002	浙A32581	6782983	63782983		10		8:34:12	9:32:45		
5	003	浙A21584	6793873	63793873		8		9:00:36	15:06:14		
6	004	浙A66871	6938397	63938397		5		9:30:49	15:13:48		
7	005	浙A51271	6238211	63238211		8		9:49:23	10:16:25		
8	006	浙A54844	6873282	63873282		10		10:32:58	12:45:23		
9	007	浙A56894	6282737	63282737		5		10:56:23	11:15:11		
10	008	浙A33221	6293283	63293283		8		11:03:00	13:25:45		
11	009	浙A68721	6383728	63383728		5		11:37:26	14:19:20		
12	010	浙A33547	6283721	63283721		10		12:25:39	14:54:33		
13	011	浙A87412	6098383	63098383		8		13:15:06	17:03:00		
14	012	浙A52485	6384384	63384384		5		13:48:35	15:29:37		
15	013	浙A45742	6938382	63938382		10		14:54:33	17:58:48		
16	014	浙A55711	6928374	63928374		8		14:59:25	16:25:25		
17	015	浙A78546	6272832	63272832		5		15:05:03	16:24:41		
18	016	浙A33551	6839281	63839281		8		15:13:48	20:54:28		
19	017	浙A56587	6383749	63383749		5		15:35:42	21:36:14		
20	018	浙A93355	6847473	63847473		8		16:30:58	19:05:45		

图 5-9　电话号码升级

| E19 | | ▼ | fx | 小汽车 | | | | | | |

	A	B	C	D	E	F	G	H	I	J	K
1	停车情况记录表										
2	编号	车牌号	汽车所有人电话号码	升级后电话号码	车型	单价	所属单位	入库时间	出库时间	停放时间	应付金额
3	001	浙A12345	0571-6728920	63728920	小汽车	5		8:12:25	11:15:35		
4	002	浙A32581	0571-6782983	63782983		10		8:34:12	9:32:45		
5	003	浙A21584	0571-6793873	63793873		8		9:00:36	15:06:14		
6	004	浙A66871	0571-6938397	63938397	小汽车	5		9:30:49	15:13:48		
7	005	浙A51271	0571-6238211	63238211		8		9:49:23	10:16:25		
8	006	浙A54844	0571-6873282	63873282		10		10:32:58	12:45:23		
9	007	浙A56894	0571-6282737	63282737	小汽车	5		10:56:23	11:15:11		
10	008	浙A33221	0571-6293283	63293283		8		11:03:00	13:25:45		
11	009	浙A68721	0571-6383728	63383728	小汽车	5		11:37:26	14:19:20		
12	010	浙A33547	0571-6283721	63283721		10		12:25:39	14:54:33		
13	011	浙A87412	0571-6098383	63098383		8		13:15:06	17:03:00		
14	012	浙A52485	0571-6384384	63384384	小汽车	5		13:48:35	15:29:37		
15	013	浙A45742	0571-6938382	63938382		10		14:54:33	17:58:48		
16	014	浙A55711	0571-6928374	63928374		8		14:59:25	16:25:25		
17	015	浙A78546	0571-6272832	63272832	小汽车	5		15:05:03	16:24:41		
18	016	浙A33551	0571-6839281	63839281		8		15:13:48	20:54:28		
19	017	浙A56587	0571-6383749	63383749	小汽车	5		15:35:42	21:36:14		
20	018	浙A93355	0571-6847473	63847473		8		16:30:58	19:05:45		

图 5-10　多个不连续单元格中输入"小汽车"

　　步骤 6：选中 G2 单元格，单击"审阅"→"批注"→"新建批注"，在批注中输入"提示：请参照 Sheet2 中'车牌对应单位'图在下拉列表中选择一个单位输入"，效果如 5-12 所示。

　　步骤 7：选中 Sheet2 中的 D2：D6 单元格区域，右击，在弹出菜单中选择"定义名称"，弹出"新建名称"对话框。在"名称"文本框中输入"_school"，如图 5-13 所示，单击"确定"按钮。

　　步骤 8：选中 G3：G20 单元格区域，单击"数据"→"数据工具"→"数据有效性"，打开"数据有效性"对话框。在"设置"选项卡中，在"有效性条件"的"允许"中选择"序列"，"来源"文本框输入序列名称"=_school"，如图 5-14 所示，单击"确定"按

名称框 E15 | fx | 大客车

	B	C	D	E	F	G	H	I	J	K
1				停车情况记录表						
2	编号	车牌号	汽车所有人电话号码	升级后电话号码	车型	单价	所属单位	入库时间	出库时间	停放时间	应付金额
3	001	浙A12345	0571-6728920	63728920	小汽车	5		8:12:25	11:15:35		
4	002	浙A32581	0571-6782983	63782983	中客车	10		8:34:12	9:32:45		
5	003	浙A21584	0571-6793873	63793873	大客车	8		9:00:36	15:06:14		
6	004	浙A66871	0571-6938397	63938397	小汽车	5		9:30:49	15:13:48		
7	005	浙A51271	0571-6238211	63238211	中客车	8		9:49:23	10:16:25		
8	006	浙A54844	0571-6873282	63873282	大客车	10		10:32:58	12:45:23		
9	007	浙A56894	0571-6282737	63282737	小汽车	5		10:56:23	11:15:11		
10	008	浙A33221	0571-6293283	63293283	中客车	8		11:03:00	13:25:45		
11	009	浙A68721	0571-6383728	63383728	小汽车	5		11:37:26	14:19:20		
12	010	浙A33547	0571-6283721	63283721	大客车	10		12:25:39	14:54:33		
13	011	浙A87412	0571-6098383	63098383	中客车	8		13:15:06	17:03:00		
14	012	浙A52485	0571-6384384	63384384	小汽车	5		13:48:35	15:29:37		
15	013	浙A45742	0571-6938382	63938382	大客车	10		14:54:33	17:58:48		
16	014	浙A55711	0571-6928374	63928374	中客车	8		14:59:25	16:25:25		
17	015	浙A78546	0571-6272832	63272832	小汽车	5		15:05:03	16:24:41		
18	016	浙A33551	0571-6839281	63839281	中客车	8		15:13:48	20:54:28		
19	017	浙A56587	0571-6383749	63383749	小汽车	5		15:35:42	21:36:14		
20	018	浙A93355	0571-6847473	63847473	中客车	8		16:30:58	19:05:45		

图 5-11　填充所有车型

G2 | fx |

	A	B	C	D	E	F	G	H	I	J	K
1					停车情况记录表				提示：请参照Sheet2中'车牌对应单位'图在下拉列表中选择一个单位输入		
2	编号	车牌号	汽车所有人电话号码	升级后电话号码	车型	单价	所属单位			停放时间	应付金额
3	001	浙A12345	0571-6728920	63728920	小汽车	5					
4	002	浙A32581	0571-6782983	63782983	中客车	10					
5	003	浙A21584	0571-6793873	63793873	大客车	8		9:00:36	15:06:14		
6	004	浙A66871	0571-6938397	63938397	小汽车	5		9:30:49	15:13:48		
7	005	浙A51271	0571-6238211	63238211	中客车	8		9:49:23	10:16:25		
8	006	浙A54844	0571-6873282	63873282	大客车	10		10:32:58	12:45:23		
9	007	浙A56894	0571-6282737	63282737	小汽车	5		10:56:23	11:15:11		
10	008	浙A33221	0571-6293283	63293283	中客车	8		11:03:00	13:25:45		
11	009	浙A68721	0571-6383728	63383728	小汽车	5		11:37:26	14:19:20		
12	010	浙A33547	0571-6283721	63283721	大客车	10		12:25:39	14:54:33		
13	011	浙A87412	0571-6098383	63098383	中客车	8		13:15:06	17:03:00		
14	012	浙A52485	0571-6384384	63384384	小汽车	5		13:48:35	15:29:37		
15	013	浙A45742	0571-6938382	63938382	大客车	10		14:54:33	17:58:48		
16	014	浙A55711	0571-6928374	63928374	中客车	8		14:59:25	16:25:25		
17	015	浙A78546	0571-6272832	63272832	小汽车	5		15:05:03	16:24:41		
18	016	浙A33551	0571-6839281	63839281	中客车	8		15:13:48	20:54:28		
19	017	浙A56587	0571-6383749	63383749	小汽车	5		15:35:42	21:36:14		
20	018	浙A93355	0571-6847473	63847473	中客车	8		16:30:58	19:05:45		

图 5-12　添加批注

钮。根据 Sheet2 中"所属单位"，通过下拉列表分别选择 G3：G20 单元格数值，如图 5-15 所示。

步骤 9：选择 J2：J20 单元格，在编辑栏中输入"＝"后，选择 I3：I20 单元格区域，再输入"-"，选择 H3：H20，按 Ctrl＋Shift＋Enter 组合键确定数组公式的输入，最后结果如图 5-16 所示。

步骤 10：选中 J3 单元格，编辑栏输入公式"＝F3＊IF(HOUR(J3)＝0,1,IF(MINUTE(J3)＜15,HOUR(J3),HOUR(J3)＋1))"，并确认。拖拽 K3 单元格填充柄至 K20，得出结果如图 5-17 所示。

步骤 11：选中 J3：J20 单元格区域，单击"开始"→"样式"功能区中的"条件格式"，再选择"数据条"的"蓝色数据条"，设置效果如图 5-18 所示。

图 5 - 13 "新建名称"对话框

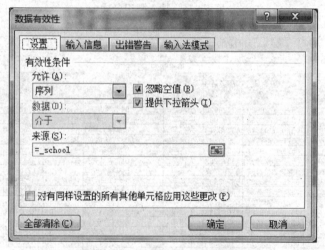

图 5 - 14 "数据有效性"对话框

G15		fx	浙江农林大学马克思主义学院							
	A	B	C	D	E	F	G	H	I	J	K

	A	B	C	D	E	F	G	H	I	J	K
1	停车情况记录表										
2	编号	车牌号	汽车所有人电话号码	升级后电话号码	车型	单价	所属单位	入库时间	出库时间	停放时间	应付金额
3	001	浙A12345	0571-6728920	63728920	小汽车	5	江农林大学信息工程学	8:12:25	11:15:35		
4	002	浙A32581	0571-6782983	63782983	中客车	10	浙江农林大学工程学院	8:34:12	9:32:45		
5	003	浙A21584	0571-6793873	63793873	大客车	8	浙江农林大学理学院	9:00:36	15:06:14		
6	004	浙A66871	0571-6938397	63938397	小汽车	5	江农林大学信息工程学	9:30:49	15:13:48		
7	005	浙A51271	0571-6238211	63238211	中客车	8	江农林大学环境与资源学	9:49:23	10:16:25		
8	006	浙A54844	0571-6873282	63873282	大客车	10	江农林大学马克思主义学	10:32:58	12:45:23		
9	007	浙A56894	0571-6282737	63282737	小汽车	5	浙江农林大学理学院	10:56:23	11:15:11		
10	008	浙A33221	0571-6383728	63383728	小汽车	8	江农林大学信息工程学	11:03:00	13:25:45		
11	009	浙A68721	0571-6383728	63383728	小汽车	5	江农林大学信息工程学	11:37:26	14:19:20		
12	010	浙A33547	0571-6283721	63283721	大客车	10	浙江农林大学理学院	12:25:39	14:54:33		
13	011	浙A87412	0571-6098383	63098383	中客车	8	江农林大学马克思主义学	13:15:06	17:03:00		
14	012	浙A52485	0571-6384384	63384384	小汽车	5	浙江农林大学工程学院	13:48:35	15:29:37		
15	013	浙A45742	0571-6938382	63938382	大客车	10	农林大学马克思主义学	14:54:33	17:58:48		
16	014	浙A55711	0571-6928374	63928374	中客车	8		14:59:25	16:25:25		
17	015	浙A78546	0571-6272832	63272832	小汽车	5		15:05:03	16:24:41		
18	016	浙A33551	0571-6839281	63839281	中客车	8		13:48	20:54:28		
19	017	浙A56587	0571-6383749	63383749	小汽车	8		15:35:42	21:36:14		
20	018	浙A93355	0571-6847473	63847473	中客车	8		16:30:58	19:05:45		

图 5 - 15 通过下拉列表选择值

J3 | fx [=I3:I20-H3:H20]

编号	车牌号	汽车所有人电话号码	升级后电话号码	车型	单价	所属单位	入库时间	出库时间	停放时间	应付金额
						停车情况记录表				
001	浙A12345	0571-6728920	63728920	小汽车	5	江农林大学信息工程学	8:12:25	11:15:35	3:03:10	
002	浙A32581	0571-6782983	63782983	中客车	10	浙江农林大学工程学院	8:34:12	9:32:45	0:58:33	
003	浙A21584	0571-6793873	63793873	大客车	8	浙江农林大学理学院	9:00:36	15:06:14	6:05:38	
004	浙A66871	0571-6938397	63938397	小汽车	5	江农林大学信息工程学	9:30:49	15:13:48	5:42:59	
005	浙A51271	0571-6238211	63238211	中客车	8	江农林大学环境与资源学	9:49:23	10:16:25	0:27:02	
006	浙A54844	0571-6873282	63873282	大客车	10	江农林大学马克思主义学	10:32:58	12:45:23	2:12:25	
007	浙A56894	0571-6282737	63282737	小汽车	5	浙江农林大学理学院	10:56:23	11:15:11	0:18:48	
008	浙A33221	0571-6293283	63293283	中客车	8	江农林大学马克思主义学	11:03:00	13:25:45	2:22:45	
009	浙A68721	0571-6383728	63383728	小汽车	5	江农林大学信息工程学	11:37:26	14:19:20	2:41:54	
010	浙A33547	0571-6283721	63283721	大客车	10	浙江农林大学理学院	12:25:39	14:54:33	2:28:54	
011	浙A87412	0571-6098383	63098383	中客车	8	江农林大学马克思主义学	13:15:06	17:03:00	3:47:54	
012	浙A52485	0571-6384384	63384384	小汽车	5	浙江农林大学工程学院	13:48:35	15:29:37	1:41:02	
013	浙A45742	0571-6938382	63938382	大客车	10	江农林大学马克思主义学	14:54:33	17:58:48	3:04:15	
014	浙A55711	0571-6928374	63928374	中客车	8	江农林大学信息工程学	14:59:25	16:25:25	1:26:00	
015	浙A78546	0571-6272832	63272832	小汽车	5	江农林大学马克思主义学	15:05:03	16:24:41	1:19:38	
016	浙A33551	0571-6839281	63839281	中客车	8	浙江农林大学工程学院	15:13:48	20:54:28	5:40:40	
017	浙A56587	0571-6383749	63383749	小汽车	5	浙江农林大学理学院	15:35:42	21:36:14	6:00:32	
018	浙A93355	0571-6847473	63847473	中客车	8	江农林大学马克思主义学	16:30:58	19:05:45	2:34:47	

图 5-16 输入数组公式

K3 | fx =F3*IF(HOUR(J3)=0,1,IF(MINUTE(J3)<15,HOUR(J3),HOUR(J3)+1))

编号	车牌号	汽车所有人电话号码	升级后电话号码	车型	单价	所属单位	入库时间	出库时间	停放时间	应付金额
						停车情况记录表				
001	浙A12345	0571-6728920	63728920	小汽车	5	林大学信息	8:12:25	11:15:35	3:03:10	15
002	浙A32581	0571-6782983	63782983	中客车	10	农林大学工	8:34:12	9:32:45	0:58:33	10
003	浙A21584	0571-6793873	63793873	大客车	8	农林大学理	9:00:36	15:06:14	6:05:38	48
004	浙A66871	0571-6938397	63938397	小汽车	5	大学信息	9:30:49	15:13:48	5:42:59	30
005	浙A51271	0571-6238211	63238211	中客车	8	大学环境与	9:49:23	10:16:25	0:27:02	8
006	浙A54844	0571-6873282	63873282	大客车	10	大学马克思	10:32:58	12:45:23	2:12:25	20
007	浙A56894	0571-6282737	63282737	小汽车	5	农林大学理	10:56:23	11:15:11	0:18:48	5
008	浙A33221	0571-6293283	63293283	中客车	8	大学马克思	11:03:00	13:25:45	2:22:45	24
009	浙A68721	0571-6383728	63383728	小汽车	5	林大学信息	11:37:26	14:19:20	2:41:54	15
010	浙A33547	0571-6283721	63283721	大客车	10	农林大学理	12:25:39	14:54:33	2:28:54	30
011	浙A87412	0571-6098383	63098383	中客车	8	大学马克思	13:15:06	17:03:00	3:47:54	32
012	浙A52485	0571-6384384	63384384	小汽车	5	林大学工	13:48:35	15:29:37	1:41:02	10
013	浙A45742	0571-6938382	63938382	大客车	10	大学马克思	14:54:33	17:58:48	3:04:15	30
014	浙A55711	0571-6928374	63928374	中客车	8	大学信息	14:59:25	16:25:25	1:26:00	16
015	浙A78546	0571-6272832	63272832	小汽车	5	大学马克思	15:05:03	16:24:41	1:19:38	10
016	浙A33551	0571-6839281	63839281	中客车	8	林大学工	15:13:48	20:54:28	5:40:40	48
017	浙A56587	0571-6383749	63383749	小汽车	5	农林大学理	15:35:42	21:36:14	6:00:32	30
018	浙A93355	0571-6847473	63847473	中客车	8	大学马克思	16:30:58	19:05:45	2:34:47	24

图 5-17 应付金额最终结果

J3 | fx [=I3:I20-H3:H20]

编号	车牌号	汽车所有人电话号码	升级后电话号码	车型	单价	所属单位	入库时间	出库时间	停放时间	应付金额
						停车情况记录表				
001	浙A12345	0571-6728920	63728920	小汽车	5	浙江农林大学信息工程学院	8:12:25	11:15:35	3:03:10	15
002	浙A32581	0571-6782983	63782983	中客车	10	浙江农林大学工程学院	8:34:12	9:32:45	0:58:33	10
003	浙A21584	0571-6793873	63793873	大客车	8	浙江农林大学理学院	9:00:36	15:06:14	6:05:38	48
004	浙A66871	0571-6938397	63938397	小汽车	5	浙江农林大学信息工程学院	9:30:49	15:13:48	5:42:59	30
005	浙A51271	0571-6238211	63238211	中客车	8	浙江农林大学环境与资源学院	9:49:23	10:16:25	0:27:02	8
006	浙A54844	0571-6873282	63873282	大客车	10	浙江农林大学马克思主义学院	10:32:58	12:45:23	2:12:25	20
007	浙A56894	0571-6282737	63282737	小汽车	5	浙江农林大学理学院	10:56:23	11:15:11	0:18:48	5
008	浙A33221	0571-6293283	63293283	中客车	8	浙江农林大学马克思主义学院	11:03:00	13:25:45	2:22:45	24
009	浙A68721	0571-6383728	63383728	小汽车	5	浙江农林大学信息工程学院	11:37:26	14:19:20	2:41:54	15
010	浙A33547	0571-6283721	63283721	大客车	10	浙江农林大学理学院	12:25:39	14:54:33	2:28:54	30
011	浙A87412	0571-6098383	63098383	中客车	8	浙江农林大学马克思主义学院	13:15:06	17:03:00	3:47:54	32
012	浙A52485	0571-6384384	63384384	小汽车	5	浙江农林大学工程学院	13:48:35	15:29:37	1:41:02	10
013	浙A45742	0571-6938382	63938382	大客车	10	浙江农林大学马克思主义学院	14:54:33	17:58:48	3:04:15	30
014	浙A55711	0571-6928374	63928374	中客车	8	浙江农林大学信息工程学院	14:59:25	16:25:25	1:26:00	16
015	浙A78546	0571-6272832	63272832	小汽车	5	浙江农林大学马克思主义学院	15:05:03	16:24:41	1:19:38	10
016	浙A33551	0571-6839281	63839281	中客车	8	浙江农林大学工程学院	15:13:48	20:54:28	5:40:40	48
017	浙A56587	0571-6383749	63383749	小汽车	5	浙江农林大学理学院	15:35:42	21:36:14	6:00:32	30
018	浙A93355	0571-6847473	63847473	中客车	8	浙江农林大学马克思主义学院	16:30:58	19:05:45	2:34:47	24

图 5-18 蓝色数据条条件格式

步骤 12：选中 K3：K20 单元格区域，单击"开始"→"样式"功能区中的"条件格式"→"突出显示单元格规则"→"其他规则"，弹出"新建格式规则"对话框。"选择规则类型"中选择"只为包含以下内容的单元格设置格式"，在"编辑规则说明"中，选择相应的条件为"单元格值"，"大于或等于"，"30"，如图 5-19 所示。再单击对话框中的"格式"按钮，弹出"设置单元格格式"对话框。根据要求设置"填充"选项卡中的颜色为"红色"，单击"确定"按钮后，完成格式设置，如图 5-20 所示，再次单击"确定"按钮，完成条件格式设置，如图 5-21 所示。

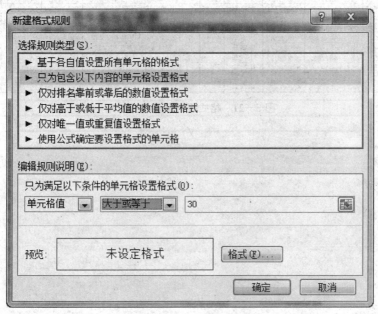

图 5-19 新建格式规则

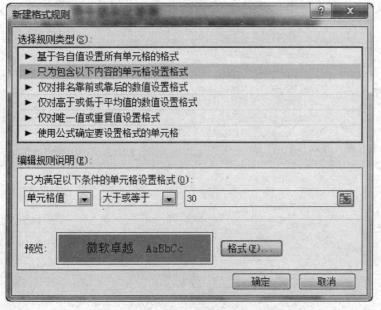

图 5-20 完成格式设置

编号	车牌号	汽车所有人电话号码	升级后电话号码	车型	单价	所属单位	入库时间	出库时间	停放时间	应付金额
						停车情况记录表				
001	浙A12345	0571-6728920	63728920	小汽车	5	浙江农林大学信息工程学院	8:12:25	11:15:35	3:03:10	15
002	浙A32581	0571-6782983	63782983	中客车	10	浙江农林大学工程学院	8:34:12	9:32:45	0:58:33	10
003	浙A21584	0571-6793873	63793873	大客车	8	浙江农林大学理学院	9:00:36	15:06:14	6:05:38	48
004	浙A66871	0571-6938397	63938397	小汽车	5	浙江农林大学信息工程学院	9:30:49	15:13:48	5:42:59	30
005	浙A51271	0571-6238211	63238211	中客车	8	浙江农林大学环境与资源学院	9:49:23	10:16:25	0:27:02	8
006	浙A54844	0571-6873282	63873282	大客车	10	浙江农林大学马克思主义学院	10:32:58	12:45:23	2:12:25	20
007	浙A56894	0571-6282737	63282737	小汽车	5	浙江农林大学理学院	10:56:23	11:15:11	0:18:48	5
008	浙A33221	0571-6293283	63293283	中客车	8	浙江农林大学马克思主义学院	11:03:00	13:25:45	2:22:45	24
009	浙A68721	0571-6383728	63383728	小汽车	5	浙江农林大学信息工程学院	11:37:26	14:19:20	2:41:54	15
010	浙A33547	0571-6283721	63283721	大客车	10	浙江农林大学理学院	12:25:39	14:54:33	2:28:54	30
011	浙A87412	0571-6098383	63098383	中客车	8	浙江农林大学马克思主义学院	13:15:06	17:03:00	3:47:54	32
012	浙A52485	0571-6384384	63384384	小汽车	5	浙江农林大学工程学院	13:48:35	15:29:37	1:41:02	10
013	浙A45742	0571-6938382	63938382	大客车	10	浙江农林大学马克思主义学院	14:54:33	17:58:48	3:04:15	30
014	浙A55711	0571-6928374	63928374	中客车	8	浙江农林大学信息工程学院	14:59:25	16:25:25	1:26:00	16
015	浙A78546	0571-6272832	63272832	小汽车	5	浙江农林大学马克思主义学院	15:05:03	16:24:41	1:19:38	10
016	浙A33551	0571-6839281	63839281	中客车	8	浙江农林大学工程学院	15:13:48	20:54:28	5:40:40	48
017	浙A56587	0571-6383749	63383749	小汽车	5	浙江农林大学理学院	15:35:42	21:36:14	6:00:32	30
018	浙A93355	0571-6847473	63847473	中客车	8	浙江农林大学马克思主义学院	16:30:58	19:05:45	2:34:47	24

图 5-21　格式规则条件格式效果

第 6 章 Excel 函数的应用

Excel 是一功能强大的电子表格程序。Excel 不仅可以将整齐而美观的数据表格呈现给用户，还可以通过公式或函数完成许多复杂的数据运算。本章节通过员工资料信息表的案例主要探讨相对引用、绝对引用及混合引用的概念及其引用方法，通过身份证号码提取个人信息的方法，日期时间函数、查找函数、文本处理函数、财务函数和数据库函数等函数的使用，除此之外，还介绍其他常用函数的使用方法。

6.1 学习准备

6.1.1 绝对引用与相对引用

1. 相对引用

为了便于复制公式，Excel 引入相对地址概念。Excel 单元格地址就是单元格的编号，如 A1、B2，在公式的复制过程中，随着公式的位置变化，所引用单元格地址也是在变化的，这种引用就是相对引用。如 C1 中"＝A1"复制到 C2，公式将自动地变成"＝A2"，如果复制到 D1，公式会变为"＝B1"，体现出相对引用在复制公式时，横向复制变列号，纵向复制变行号。

2. 绝对引用

在公式中使用绝对地址引用，公式复制过程中引用地址（值）保持不变。引用的方法为在行标号和列标号前加上"＄"，如 C1 中"＝＄A＄1"复制到任何位置都是"＝＄A＄1"。

3. 混合引用

行为相对引用、列为绝对引用（在列标号前加"＄"），或者行为绝对引用、列为相对引用（在行标号前加"＄"）即为混合引用；如：＄A1，＄A2，B＄1，B＄2。其特性为：在公式中使用混合引用时，＄A1、＄A2 只有在纵向复制公式时行号，如 C1 中"＝＄A1"复制到 C2，公式改变为"＝＄A2"，而复制到 D1 则仍然是"＝＄A1"，也就是说形如＄A1、＄A2 的混合引用行号变列号不变。而 B＄1、B＄2 恰好相反，在公式复制中，列号变而行号不变。

6.1.2 通过身份证号提取个人信息

身份证是国家法定的证明公民个人身份的有效证件，公民身份证号码是特征组合码，由 17 位数字本体码和一位数字校验码组成，分别代表如下含义。

（1）地址码（身份证前 6 位）。其中，1～2 位省、自治区、直辖市代码；3～4 位地级市、盟、自治州代码；5～6 位县、县级市、区代码。

（2）生日期码（身份证第 7 位到第 14 位）。表示编码对象出生的年、月、日，其中年份用 4 位数字表示，年、月、日之间不用分隔符。例如：2009 年 5 月 7 日就用：20090507表示。

（3）顺序码（身份证第 15 位到 17 位）：地址码所标识的区域范围内，对同年、月、日出生的人员编定的顺序号。其中第 17 位是奇数代表男性，偶数代表女性。

（4）校验码（身份证最后一位）。0～9 和 X，由公式随机产生。

因此，在 Excel 中可通过函数很方便地通过分析身份证号码得知此号码代表的个人信息。

6.1.3 案例中函数介绍

1. YEAR 函数

主要功能：返回某日期的年份。其结果为 1900 到 9999 之间的一个整数。

使用格式：YEAR（Serial_number）

参数说明：Serial_number 是一日期值，包含要查找的年份。日期的输入方式有带引号的文本串（如"2013/9/5"）、序列号或其他公式或函数的结果（如 DATE（2013/9/22））。

注意：序列号表示日期时，默认情况下，1900/1/1 的序列号为 1，而 2013/9/22 的序列号是 41338，这是因为它距 1900 年 1 月 1 日有 41338 天。

2. NOW 函数

主要功能：返回当前日期和时间所对应的序列号。

使用格式：NOW（）

参数说明：无参数。

例：若输入公式为"=NOW（）"，则返回值为"2013/9/2 19：35"（执行函数时的系统日期时间）。

3. VLOOKUP 函数

主要功能：在数据表的首列查找指定的数值，并由此返回数据表当前行中指定列处的数值。

使用格式：VLOOKUP（Lookup_value，Table_array，Col_index_num［，Range_lookup]）

参数说明：Lookup_value 在表格区域的第一列中需要查找的数值；Table_array 表

示需要在其中查找数据的单元格区域；Col _ index _ num 为在 Table _ array 区域中待返回的匹配值的列序号（当 Col _ index _ num 为 2 时，返回 Table _ array 第 2 列中的数值，为 3 时，返回第 3 列的值…）；Range _ lookup 是可选项，为逻辑值，如果为 TRUE 或省略，则返回近似匹配值，即若找不到精确匹配值，则返回小于 Lookup _ value 的最大数值；如果为 FALSE，则返回精确匹配值，如果找不到，则返回错误值♯N/A。

注意：在 Table _ array 的第一列中搜索文本值时，Table _ array 第一列中的数据不能包含前导空格、尾部空格、非打印字符或者未使用不一致的直引号（'或 "）与弯引号（'或 "），否则函数返回值错误。

在搜索数字或日期值时，Table _ array 第一列中的数据必须不为文本值，否则，函数返回值可能错误。

4．PMT 函数

主要功能：计算在固定利率下，按等额分期付款方式，每期偿还额。

使用格式：PMT（Rate，Nper，Pv，[Fv]，[Type]）

参数说明：Rate 指各期利率。Nper 指付款总期数。Pv 指现值，或一系列未来付款的当前值的累积和，也称为本金。Fv 为可选参数，是未来值，或在最后一次付款后获得的一次金额。如果省略 Fv，则其值为 0。Type 为可选参数，可以为数字 0 或 1，用来指定各期的付款时间是在期初还是期末，1 表示期初、0 表示期末。如果省略 Type，则假设其值为零。

注意：在使用 PMT 函数时，一定要将所有参数的单位转换为计算目标单位。如：根据"贷款情况"数据，计算不同偿还方式每期所需偿还的贷款金额。

如：在 E2 单元格中输入公式"＝PMT（B4，B3，B2,，1）"后确定。E3 单元格中输入公式"＝PMT（B4，B3，B2,，0）"后确定。E4 单元格中输入公式"＝PMT（B4/12，B3 * 12，B2,，1）"后确定。E5 单元格中输入公式"＝PMT（B4/12，B3 * 12，B2）"后确定。结果如图 6-1 所示。

	A	B	C	D	E
1	贷款情况			偿还贷款金额结果	
2	贷款金额：	50000		按年偿还贷款金额（年初）：	(¥25,728.16)
3	贷款年限：	2		按年偿还贷款金额（年末）：	(¥27,271.84)
4	年利息：	6%		按月偿还贷款金额（月初）：	(¥2,205.01)
5				按月偿还贷款金额（月末）：	(¥2,216.03)

图 6-1 PMT 函数应用

5．数据库函数 DAVERAGE、DCOUNT 函数

数据库函数用于通过分析数据清单中的数值是否符合特定条件，对符合条件的数据进行操作。一般的，数据库函数参数比较相似，包括 3 个；即 Database、Field、Criteria，具体说明如下：

（1）Database 指构成列表或数据库的单元格区域。数据库是包含一组相关数据的列表，其中包含相关信息的行为记录，而包含数据的列为字段。列表的第一行包含着每一列的标志。

（2）Field 指函数所使用的列。输入两端带双引号的列标签，或是代表列表中列位置的数字（没有引号）。

（3）Criteria 指包含所指定条件的单元格区域。此区域一般包含至少一个列标签及列标签下方用于设定条件的单元格区域。

注意：

● 一般不将条件区域置于列表的下方。

● 条件区域不能与数据列表相重叠。

● 若对数据库中的某完整列执行操作，需在条件区域中的列标签下加入一空行。

6.1.4　其他常用函数介绍

1. 时间和日期函数

在数据表的处理过程中，日期与时间的函数是相当重要的处理依据。Excel 提供丰富的日前时间函数。常用的日期函数有以下几个。

（1）DATE

主要功能：给出指定数值的日期。

使用格式：DATE（year，month，day）

参数说明：year 为指定的年份数值（小于 9999）；month 为指定的月份数值（可以大于 12）；day 为指定的天数。例：在单元格中输入公式"＝DATE（2013，9，5）"，确认后，值为"2013/9/5"。

注意：

若参数 year 范围在［0，1899］内，则 Excel 会将该值与 1900 相加来计算年份。如输入公式"＝DATE（112，9，5）"，确认后，显示值为"2023/9/5"。

若参数 year 小于 0 或者大于等于 10000，则返回错误值"♯NUM!"。如输入公式"＝DATE（−1，9，5）"确认后，显示值为"♯NUM!"。

若参数 month 大于 12，则 month 从指定年份的 1 月份开始累加该月份数。如输入公式"＝DATE（2012，21，5）"确认后，显示值为"2013/9/5"。

若参数 month 小于 1，month 则从指定年份的 1 月份开始递减该月份数，然后再加上 1 个月。如输入公式"＝DATE（2014，−3，5）"确认后，显示值为"2013/9/5"。

若参数 day 大于指定月份的天数，则 day 从指定月份的第一天开始累加该天数。如输入公式"＝DATE（2013，8，36）"确认后，显示值为"2013/9/5"。

若参数 day 小于 1，则 day 从指定月份的第一天开始递减该天数，然后再加上 1 天。如输入公式"＝DATE（2013，10，−25）"确认后，显示值为"2013/9/5"。

（2）MONTH

主要功能：返回以序列号表示的日期中的月份，它是介于 1（一月）和 12（十二月）之间的整数。

使用格式：MONTH（Serial _ number）

参数说明：Serial _ number 是一个日期值，包含要查找的月份。日期的输入方式同上。

（3）DAY

主要功能：返回用序列号（整数 1 到 31）表示的某日期的天数，用整数 1 到 31 表示。

使用格式：DAY（Serial _ number）

参数说明：Serial_number 是要查找天数的日期，日期的输入方式同上。

例如：公式"＝DAY（"2013/9/5"）"返回值为 5；公式"＝DAY（41338）"返回值为 5；"＝DAY（DATE（2013，9，5））"返回值为 5。

（4）TODAY

主要功能：返回系统当前日期的序列号。

使用格式：TODAY（）

参数说明：无参数。

例如：公式"＝TODAY（）"返回"2013－9－22"（执行函数时的系统时间）。

（5）HOUR

主要功能：返回时间值的小时数，即介于 0（12：00 A.M.）到 23（11：00 P.M.）之间的一个整数。

使用格式：HOUR（Serial_number）

参数说明：Serial_number 表示一个时间值，包含着要返回的小时数。可采用多种输入方式：带引号的文本串（如"6：45 PM"）、十进制数（如 0.78125 表示 6：45PM）或其他公式或函数的结果（如 NOW（））。例如，公式"＝HOUR（"3：30：30 PM"）"返回值为 15，"＝HOUR（0.5）"返回值为 12 即 12：00：00 AM，"＝HOUR（29747.7）"返回值为 16。

注意：时间值为日期值的一部分，并用十进制数表示（例如，12：00PM 可表示为 0.5，因为此时是一天的一半）。

（6）MINUTE

主要功能：返回时间值的分钟数（介于 0 到 59 之间的一个整数）。

使用格式：MINUTE（Serial_number）

参数说明：Serial_number 表示一个时间值，包含着要查找的分钟数。时间的输入方式同上。

例如：公式"＝MINUTE（"3：30：33 PM"）"返回值为 30。

（7）SECOND

主要功能：返回时间值的秒数（0 至 59 之间的一个整数）。

使用格式：SECOND（Serial_number）

参数说明：Serial_number 表示一个时间值，其中包含要查找的秒数。时间的输入方式同上。

例如：公式"＝SECOND（"3：30：33PM"）"返回值为 33。

（8）NOW

主要功能：返回当前日期和时间所对应的序列号。

使用格式：NOW（）

参数说明：无参数。

例如：若输入公式为"＝NOW（）"，则返回值为"2013/9/2 19：35"（执行函数时的系统日期时间）。

（9）TIME

主要功能：返回某一特定时间的小数值，小数值从 0 到 0.99999999 之间，代表 0：00：00（12：00：00A.M）到 23：59：59（11：59：59P.M）之间的时间。

使用格式：TIME（Hour，Minute，Second）

参数说明：Hour 为 0 到 32767 之间的数，代表小时；Minute 为 0 到 32767 之间的数，代表分；Second 为 0 到 32767 之间的数，代表秒。

注意：

若参数 Hour 为大于 23 的数值，则除以 24，余数将视为小时。例如，公式"＝TIME（27，3，0）"值为"3：03：00 PM"；公式"＝TIME（25，6，6）"值为"1：06：06 AM"。

若参数 Minute 为大于 59 的数值，将被转换为小时和分钟。例如，公式"＝TIME（0，120，0）"值为"2：00：00 AM"。

若参数 Second 为大于 59 的数值，将被转换为小时、分钟和秒。例如，公式"＝TIME（0，0，380）"值为"12：06：20 AM"。

2. 文本函数

文本函数主要用于处理文字串。

（1）EXACT

主要功能：用于检测两个字符串是否完全相同。如果完全相同，则返回 TRUE；否则返回 FALSE。

使用格式：EXACT（Text1，Text2）

参数说明：Text1 表示待比较的第一个字符串。Text2 表示待比较的第二个字符串。

注意：EXACT 函数区分大小写，但忽略格式上的不同。

例如：公式"＝EXACT（"abc"，"Abc"）"返回值为"FALSE"，公式"＝EXACT（"Abc"，"Abc"）"返回值为"TRUE"。

例如：判断 A2 与 B2 单元格中内容是否相同，将返回结果"TRUE"或"FALSE"填入 C2 单元格。

解题步骤：在 C2 单元格中输入"＝EXACT（A2，B2）"，确定后结果如图 6-2 所示。

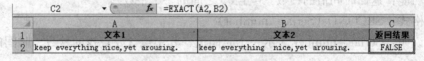

图 6-2　EXACT 函数应用

（2）T

主要功能：将参数内容转换为文本。

使用格式：T（Value）

参数说明：Value 是指要即将进行转换的内容。

（3）MID

主要功能：返回文本字符串中从指定位置开始的特定数目的字符，该数目由参数指定。

使用格式：Mid（Text，Start＿num，Num＿chars）

参数说明：Text 指要提取字符的文本字符串。Start＿num 指文本中要提取的第一个字符的位置，依此类推。Num＿chars 指定从文本中返回字符的个数。

注意：

文本中第一个字符的 Start＿num 为 1。

若 Start＿num 大于文本长度，则 MID 返回空文本（""）。

若 Start＿num 小于文本长度，但 Start＿num 加上 Num＿chars 超过了文本的长度，则 MID 只返回至多直到文本末尾的字符。

若 Start＿num 小于 1，则 MID 返回错误值 ♯VALUE!。

若 Num＿chars 为负数，则 MID 返回错误值 ♯VALUE!。

（4）CONCATENATE

主要功能：将多个字符串合并成一个字符串，作用相当于运算符"&"。

使用格式：CONCATENATE（Text1，Text2，Text3，……）

参数说明：Text1，Text2，Text3，……为需要合并为一个字符串的子项。

例：若 A1 单元格内容为"ab"，B1 单元格内容为"cd"，则：公式"＝CONCATE-NATE（A1，B1）"返回值为："abcd"，相当于公式："＝A1&B1"。

（5）LOWER

主要功能：将参数文本内容转换为小写。

使用格式：LOWER（Text）

参数说明：Text 为要转换为小写字母的文本。

注意：LOWER 不改变文本中的非字母的字符。

例：公式"＝LOWER（"A12bCDE"）"返回值为"a12bcde"。

（6）UPPER

主要功能：将参数文本内容转换为大写。

使用格式：UPPER（Text）

参数说明：Text 为要转换为小写字母的文本。

注意：UPPER 不改变文本中的非字母的字符。

例：公式"＝LOWER（"A12bCDE"）"返回值为"A12BCDE"。

3. 查找与引用函数——HLOOKUP

主要功能：在数据表的首行查找指定的数值，并由此返回数据表当前行中指定行处的数值。

使用格式：与 VLOOKUP 相似。

参数说明：与 VLOOKUP 相似。

4. 逻辑函数

逻辑函数用于进行真假值判断，或者进行复合检验。

（1）NOT

主要功能：对参数值求反。当参数值为 TRUE 时，返回值为 FALSE，当参数值为 FALSE 时，返回值为 TRUE。

使用格式：NOT（Logical）

参数说明：Logical 表示任意一逻辑值或者逻辑表达式。

注意：Excel 中，数值数据可自动转换为逻辑数据，数值数据中的 0 自动转换为逻辑 FALSE，非 0 自动转换为 1。

例：公式"＝NOT（TRUE)"返回值为 FALSE。公式"＝NOT（1－1)"返回值为 TRUE。公式"＝NOT（1)"返回值为 FALSE。公式"＝NOT（0.1)"返回值为 FALSE。

（2）AND

主要功能：对参数进行逻辑与运算，当所有参数计算结果为 TRUE 时，函数值为 TRUE；只要有一个参数的计算结果为 FALSE，函数值为 FALSE。

使用格式：AND（Logical1［，Logical2］，…）

参数说明：Logical 表示任意一逻辑值或者逻辑表达式。Logical2 是可选参数，表示任意一逻辑值或者逻辑表达式。

注意：

若参数中包含文本或空白单元格，则这些值将被忽略。

若参数未包含逻辑值，则 AND 函数将返回错误值 ♯VALUE!。

（3）OR

主要功能：对参数进行逻辑或运算，当参数计算中有一个结果为 TRUE 时，函数值为 TRUE；全部参数的计算结果为 FALSE，函数值为 FALSE。

使用格式：OR（Logical1［，Logical2］，…）

参数说明：与 AND 相似。

例：公式"＝OR（D13/400＝INT（D13/400)，AND（D13/4＝INT（D13/4)，D13/100<>INT（D13/100)))"用来判断 D13 单元格数据是否是闰年。

5. 数学与三角函数

数学与三角函数用于处理简单的计算。

（1）INT

主要功能：将任意实数向下取整为最接近的整数。

使用格式：INT（Number)

参数说明：Number 表示需要取整的任意实数。

例：公式"＝INT（13.6)"返回值为 13。公式"＝INT（－13.6)"返回值为－14。

（2）MOD

主要功能：返回两数相除的余数，其结果的正负号与除数相同。

使用格式：MOD（Number，Divisor)

参数说明：Number 表示被除数，Divisor 表示除数（不能为零)。

注意：

如果 Divisor 为零，函数 MOD 返回错误值 ♯DIV/0!。

例：公式"＝MOD（13，6)"返回值为 1。

（3）PRODUCT

主要功能：将所有数字形式的参数相乘，返回乘积值。

使用格式：PRODUCT（Number1，Number2，…）

参数说明：Number1，Number2，…为 1 到 30 个需要相乘的数字参数。

注意：

如果参数为数组或引用，只有其中的数字将被计算乘积。数组或引用中的空白单元格、逻辑值和文本将被忽略。

可用乘法"＊"运算符代替 PRODUCT 函数执行相乘操作，例如，公式"＝A1 ＊A2"与"＝PRODUCT（A1，A2）"功能相同。

（4）RAND

主要功能：返回一个大于等于 0 小于 1 的随机数，每次计算工作表（按 F9 键）将返回一个新的数值。

使用格式：RAND（）

参数说明：无。

注意：如果要生成 a，b 之间的随机实数，可以使用公式"＝RAND（）＊（b−a）＋a"。

（5）ROUND

主要功能：按指定位数四舍五入某个数字。

使用格式：ROUND（Number，Num_digits）

参数说明：Number 表示需要四舍五入的数字；Num_digits 表示指定的位数。

注意：

若 Num_digits 大于 0，则将数字四舍五入到指定的小数位。

若 Num_digits 等于 0，则将数字四舍五入到最接近的整数。

若 Num_digits 小于 0，则在小数点左侧进行四舍五入。

例：公式"＝ROUND（3.14159，3）"返回值为 3.142。

（6）SUMIF

主要功能：根据指定条件对若干单元格、Excel 数学与三角函数或区域引用求和。

使用格式：SUMIF（Range，Criteria［，Sum_range]）。

参数说明：Range 表示用于条件判断的单元格区域，Criteria 表示由数字、Excel 数学与三角函数、逻辑表达式等组成的判定条件，Sum_range 为可选参数，表示需要求和的单元格、Excel 数学与三角函数或区域引用。如果省略 Sum_range 参数，Excel 会对在范围参数中指定的单元格（即应用条件的单元格）求和。

注意：

使用 SUMIF 函数匹配超过 255 个字符的字符串时，将返回不正确的结果 ♯VAL-UE!。

Sum_range 参数与 Range 参数的大小和形状可以不同。

6. 统计函数

统计函数用于对数据区域进行统计分析。

（1）COUNTIF

主要功能：统计单元格区域中满足指定条件的单元格个数。

使用格式：COUNTIF（Range，Criteria）

参数说明：Range 表示要对其进行计数的单元格区域，空值和文本值将被忽略。Criteria 表示以数字、表达式或文本字形式定义的条件。

注意：

● 条件可以使用通配符：问号"?"和星号" * "。问号匹配任意单个字符，星号匹配任意一系列字符。若要查找实际的问号或星号，需要在该字符前输入波形符"～"。

● 条件不区分大小写。

（2）MAX

主要功能：返回单元格区域中的最大值。

使用格式：MAX（Number1［，Number2］［，…］）

参数说明：Number1 表示参与统计最大值的第一个参数。Value2 为可选参数，表示要参与统计最大值的其他参数，最多可包含 255 个参数。

注意：

● 参数可以是数字或者是包含数字的名称、数组或引用。若参数为数组或引用，则只使用该数组或引用中的数字。数组或引用中的空白单元格、逻辑值或文本将被忽略。

● 若参数不包含数字，则函数 MAX 返回 0（零）。

● 若参数为错误值或为不能转换为数字的文本，将会导致错误。

（3）MIN

主要功能：返回单元格区域中的最小值。

使用格式：MIN（Number1［，Number2］［，…］）

参数说明：与 MAX 函数参数相似。

注意：与 MAX 函数参数相似。

（4）Rank

主要功能：返回一个数值在一组数值中的排名。

使用格式：RANK（Number，Ref［，Order］）

参数说明：Number 为需要找到排名的数字；Ref 为包含一组数字的数组或引用。Order 为一数字用来指排名的方式为升序还是降序。如果 Order 为 0 或省略，则将 Ref 按降序排列的数据清单进行排名。如果 Order 不为零，将 Ref 当作按升序排列的数据清单进行排名。

注意：函数 RANK 对重复数的排名相同。但重复数的存在将影响后续数值的排名。例如，在一列整数里，如果整数 10 出现两次，其排名为 5，则 11 的排名为 7（没有排名为 6 的数值）。

7. 数据库函数

（1）DGET

主要功能：从列表或数据库的列中提取符合指定条件的单个值。

使用格式：DGET（Database，Field，Criteria）

（2）DMAX

主要功能：求满足指定条件的记录字段（列）中的最大值。

使用格式：DMAX（Database，Field，Criteria）

（3）DMIN

主要功能：求满足指定条件的记录字段（列）中的最小值。

使用格式：DMIN（Database，Field，Criteria）

（4）DPRODUCT

主要功能：求满足指定条件的记录字段（列）之积。

使用格式：DPRODUCT（Database，Field，Criteria）

（5）DSUM

主要功能：求满足指定条件的记录字段（列）之和。

使用格式：DSUM（Database，Field，Criteria）

8. 财务函数

财务函数用来进行一般的财务计算。对于下述所有的财务函数，使用时要注意：

● 指定的 Rate 和 Nper 单位必须一致。如，三年期年利率为 12％ 的贷款，若按月支付，Rate 应为 12％/12，Nper 应为 3 * 12；若按年支付，Rate 应为 12％，Nper 为 3。

● 对于所有参数，支出的款项，如银行存款，表示为负数；收入的款项，如股息收入，表示为正数。

（1）IPMT

主要功能：计算在固定利率下，按等额分期付款方式，每期贷款的利息偿还额。

使用格式：IPMT（Rate，Per，Nper，Pv，[Fv]，[Type]）

参数说明：Rate 指各期利率。Per 指用于计算其利息数额的期数，必须在 1 到 Nper 之间。Nper 指付款总期数。Pv 指现值，或一系列未来付款的当前值的累积和。Fv 为可选参数，是未来值，或在最后一次付款后希望得到的现金余额。如果省略 Fv，则其值为 0（例：一笔贷款的未来值即为 0）。Type 为可选参数，可以为数字 0 或 1，用来指定各期的付款时间是在期初还是期末，1 表示期初、0 表示期末。如果省略 Type，则假设其值为零。

例：根据"贷款情况"数据，计算 1～24 个月中每个月应还的贷款利息，并将结果填入到相应单元格。

步骤如下：在 E3 单元格中输入公式"＝IPMT（＄B＄4/12，D3，＄B＄3 * 12，＄B＄2）"并确定，将公式复制至 F3：F26 中。在 G3 单元格中输入公式"＝IPMT（＄B＄4，F3，＄B＄3，＄B＄2）"并确定，将公式复制至 G4 中。结果如图 6-3 所示。

（2）PV

主要功能：计算某项投资的一系列将来偿还额的当前总值（或者一次性偿还的现值）。

使用格式：PV（Rate，Nper，Pmt，[Fv]，[Type]）

参数说明：Rate 指各期利率。Nper 指付款总期数。Pmt 指各期所支付的金额，此值在整个投资期内是不变的。Fv 为可选参数，是未来值，或在最后一次付款后获得的一次现金余额。如果省略 Fv，则其值为 0。Type 为可选参数，可以为数字 0 或 1，用来指定各期的付款时间是在期初还是期末，1 表示期初、0 表示期末。如果省略 Type，则假设其值为零。

例：根据"投资情况表"数据，计算预计投资金额，并将结果填入到相应单元格。

步骤如下：在 B5 单元格中输入公式"＝PV（B3，B4，B2）"后确定，结果如图 6-4 所示。

	A	B	C	D	E	F	G
1	贷款情况			每月利息情况		每年利息情况	
2	贷款金额：	50000		月份	贷款利息金额	年份	贷款利息金额
3	贷款年限：	2		1	(￥250.00)	1	￥-3,000.00
4	年利息：	6%		2	(￥240.17)	2	￥-1,543.69
5				3	(￥230.29)		
6				4	(￥220.36)		
7				5	(￥210.38)		
8				6	(￥200.36)		
9				7	(￥190.28)		
10				8	(￥180.15)		
11				9	(￥169.97)		
12				10	(￥159.74)		
13				11	(￥149.46)		
14				12	(￥139.12)		
15				13	(￥128.74)		
16				14	(￥118.30)		
17				15	(￥107.81)		
18				16	(￥97.27)		
19				17	(￥86.68)		
20				18	(￥76.03)		
21				19	(￥65.33)		
22				20	(￥54.58)		
23				21	(￥43.77)		
24				22	(￥32.91)		
25				23	(￥22.00)		
26				24	(￥11.03)		

图 6-3　IPMT 函数应用

	A	B
1	投资情况表2	
2	每年投资金额：	-1500000
3	年利率：	10%
4	年限：	20
5	预计投资金额：	￥12,770,345.58

图 6-4　PV 函数应用

（3）FV

主要功能：在固定利率和等额分期付款方式前提下，计算某项投资的未来值。

使用格式：FV（Rate，Nper，Pmt，[Pv]，[Type]）

参数说明：Rate 指各期利率。Nper 指付款总期数。Pmt 指各期所支出的金额，此值在整个投资期内是不变的。Pv 为可选参数，是未来值，从该项投资开始计算时已经入账的款项，或者一系列未来付款当前值的累积和，如果省略 Pv，则假设其值为 0。Type 为可选参数，可以为数字 0 或 1，用来指定各期的付款时间是在期初还是期末，1 表示期初、0 表示期末。如果省略 Type，则假设其值为零。

例：根据"投资情况表"数据，计算 10 年后得到的金额，并将结果填入到相应单元格。

操作步骤：在 B6 单元格中输入公式"=PV（B3，B5，B4，B2）"后确定，结果如图 6-5 所示。

（4）SLN

主要功能：计算固定资产的每期线性折旧费。

	A	B
1	**投资情况表1**	
2	先投资金额:	-1000000
3	年利率:	5%
4	每年再投资金额:	-10000
5	再投资年限:	10
6	**10年以后得到的金额:**	¥691,130.60

图 6－5　FV 函数应用

使用格式：SLN（Cost，Salvage，Life）

参数说明：Cost 指固定资产的原值。Salvage 指固定资产使用 Life 周期后的估计残值。Life 指固定资产进行折旧计算的周期总数，也叫固定资产的生命周期。

例：根据以下数据，计算每天折旧值、每月折旧值、每年折旧值，并将结果填入相应单元格。

操作步骤：在 B3 单元格中输入公式“＝SLN（A2，B2，C2＊365)”，B4 单元格中输入公式“＝SLN（A2，B2，C2＊12)”，B5 单元格中输入公式“＝SLN（A2，B2，C2)”。结果如图 6－6 所示。

	A	B	C
1	**固定资产金额**	**资产残值**	**使用年限**
2	50000	800	10
3	**每天的折旧值**	¥13.48	
4	**每月的折旧值**	¥410.00	
5	**每年的折旧值**	¥4,920.00	

图 6－6　SLN 函数应用

6.2　案例——制作员工资料信息表

[案例要求]

打开“\素材\Excel\第 6 章\案例 1\案例 1. xlsx”，进行如下操作：

（1）根据身份证号码，对 Sheet1 中员工资料表的“性别”列进行填充。说明：身份证号第 17 位数字表示性别，奇数表示男性，偶数表示女性。

（2）根据身份证号码，对 Sheet1 中员工资料表的“出生日期”列进行填充。说明：身份证号码中第 7～10 位数字表示出生年份；第 11～12 位数字表示出生月份；第 13～14 位数字表示出生日；填充结果格式为“＊＊＊＊年＊＊月＊＊日。”

（3）根据出生日期和当前系统日期计算员工年龄，对 Sheet1 中员工资料表的“年龄”列进行填充。

（4）根据 Sheet1 中的“职务补贴率表”的数据，使用 VLOOKUP 函数，对“员工资料表”中的“职务补贴率”列进行自动填充。

（5）使用数组公式，在 Sheet1 中对"员工信息表"的"工资总额"列进行计算，并将结果保存在"工资总额"列。计算方法为工资总额＝基本工资 ＊（1＋职务补贴）。

（6）每个业主将总房价的 70％金额按照利率向银行贷款，若每月（月末）应向银行还款，计算还款金额并填入相应单元格。

（7）根据给定条件区域 1，计算性别为"男"，职务为"高级工程师"的工资总额平均值，将结果填入 I22 单元格。

（8）根据给定条件区域 2，计算性别为"女"，年龄为"＞40"的员工人数，将结果填入 I23 单元格。

[案例制作]

步骤 1：选择 F3 单元格，单击编辑栏上的 *fx*，弹出函数向导，搜索并找到"IF"函数，在打开的"函数参数"对话框中输入如图 6‑7 所示参数，单击"确定"按钮。鼠标拖拽 F3 单元格填充柄至 F20。结果如图 6‑8 所示。

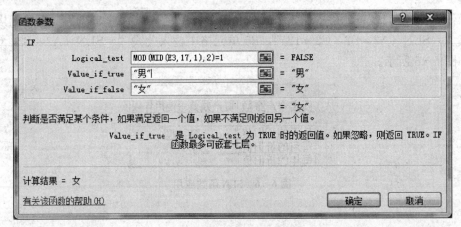

图 6‑7 IF 函数参数

图 6‑8 填充性别

步骤 2：选择 G3 单元格，单击编辑栏上的 f_x，弹出函数向导，搜索并找到 "CON-CATENATE" 函数，在打开的 "函数参数" 对话框中输入如图 6-9 所示参数，单击 "确定" 按钮。鼠标拖拽 G3 单元格填充柄至 G20，结果如图 6-10 所示。

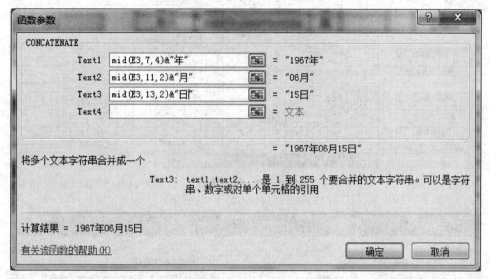

图 6-9 CONCATENATE 函数参数

	职务补贴率表				员工资料表										
	职务	增幅百分比		姓 名	身份证号码	性 别	出生日期	年龄	职务	基本工资	职务补贴率	工资总额	预定房屋面积	预定房屋价格	每月（月末）还款（贷款额度为房价总额的70%）
	高级工程师	80%		王一	330675196706154485	女	1967年06月15日		高级工程师	3000			119.3	1789500	
	中级工程师	60%		张二	330675196708154432	男	1967年08月15日		中级工程师	3000			150.2	2253000	
	工程师	40%		林三	330675195302215412	男	1953年02月21日		高级工程师	3000			113	1695000	
	助理工程师	20%		胡四	330675198603301836	男	1986年03月30日		助理工程师	3000			142.5	2137500	
				吴五	330675195308032859	男	1953年08月03日		高级工程师	3000			153.2	2298000	
				章六	330675196905128755	男	1959年05月12日		高级工程师	3000			119.3	1789500	
				陆七	330675197211045896	男	1972年11月04日		高级工程师	3000			113	1695000	
	条件区域1			苏八	330675198807015258	男	1988年07月01日		工程师	3000			153.2	2298000	
	性 别	职务		韩九	330675197304178789	女	1973年04月17日		助理工程师	3000			119.3	1789500	
	男	高级工程师		徐一	330675195410032235	男	1954年10月03日		高级工程师	3000			113	1695000	
				项二	330675196403312584	女	1964年03月31日		中级工程师	3000			153.2	2298000	
	条件区域2			费三	330675198505088895	男	1985年05月08日		工程师	3000			113	1695000	
	性 别	年龄		孙四	330675197711252148	男	1977年11月25日		高级工程师	3000			119.3	1789500	
	女	>40		姚五	330675198109162356	男	1981年09月16日		工程师	3000			153.2	2298000	
	贷款信息表			周六	330675198305041417	男	1983年05月04日		工程师	3000			150.2	2253000	
	贷款年利率:	7.10%		金七	330675196604202874	男	1966年04月20日		高级工程师	3000			153.2	2298000	
	贷款年限:	10		赵八	330675197608145853	男	1976年08月14日		工程师	3000			150.2	2253000	
				许九	330675197209012581	女	1972年09月01日		中级工程师	3000			119.3	1789500	
				性别为男，职务为高级工程师的工资总额平均值											
				性别为女，年龄为>40的员工人数											

图 6-10 填充出生日期

步骤 3：在 H3 单元格中输入公式 "=YEAR（NOW（））-YEAR（G3）" 后确定，若 H3 单元格内容为 "190012/17"，则设置单元格格式为数值，显示 0 位小数，鼠标拖拽 H3 单元格填充柄至 H20。结果如图 6-11 所示。

步骤 4：选择 K3 单元格，单击编辑栏上的 f_x，弹出函数向导，搜索并找到 "VLOOKUP" 函数，在打开的 "函数参数" 对话框中输入如图 6-12 所示参数，单击 "确定" 按钮，设置单元格格式为百分比，显示 0 位小数。鼠标拖拽 K3 单元格填充柄至 K20，结果如图 6-13 所示。

| H3 | | | fx | =YEAR(NOW())-YEAR(G3) | | | | | | | | | | | |

职务补贴率表 / 员工资料表

职务	增幅百分比		姓 名	身份证号码	性 别	出生日期	年龄	职务	基本工资	职务补贴率	工资总额	预定房屋面积	预定房屋价格	每月（月末）还款（贷款额度为房价总额的70%）
高级工程师	80%		王一	330675196706154485	男	1967年06月15日	47	高级工程师	3000			119.3	1789500	
中级工程师	60%		张二	330675196708154432	男	1967年08月15日	47	中级工程师	3000			150.2	2253000	
工程师	40%		林三	330675195302215412	男	1953年02月21日	61	高级工程师	3000			113	1695000	
助理工程师	20%		胡四	330675198603301836	男	1986年03月30日	28	助理工程师	3000			142.5	2137500	
			吴五	330675195308032859	男	1953年08月03日	61	中级工程师	3000			153.2	2298000	
			章六	330675195905128755	男	1959年05月12日	55	高级工程师	3000			119.3	1789500	
			陆七	330675197211045896	男	1972年11月04日	42	工程师	3000			113	1695000	
条件区域1			苏八	330675198807015258	男	1988年07月01日	26	工程师	3000			153.2	2298000	
性 别	职务		韩九	330675197304178789	女	1973年04月17日	41	助理工程师	3000			119.3	1789500	
男	高级工程师		徐一	330675195410032235	男	1954年10月03日	60	高级工程师	3000			113	1695000	
			项二	330675196403312584	女	1964年03月31日	50	中级工程师	3000			153.2	2298000	
			贾三	330675198505088895	男	1985年05月08日	29	工程师	3000			113	1695000	
条件区域2			补四	330675197711252148	女	1977年11月25日	37	工程师	3000			119.3	1789500	
性 别	年龄		姚五	330675198109162356	女	1981年09月16日	33	工程师	3000			153.2	2298000	
>40			周六	330675198305041417	男	1983年05月04日	31	工程师	3000			150.2	2253000	
贷款信息表			金七	330675196604202874	男	1966年04月20日	48	高级工程师	3000			153.2	2298000	
贷款年利率：	7.10%		赵八	330675197608145853	男	1976年08月14日	38	中级工程师	3000			150.2	2253000	
贷款年限：	10		许九	330675197209012581	女	1972年09月01日	42	中级工程师	3000			119.3	1789500	

性别为男，职务为高级工程师的工资总额平均值
性别为女，年龄为>40的员工人数

图6-11 填充年龄

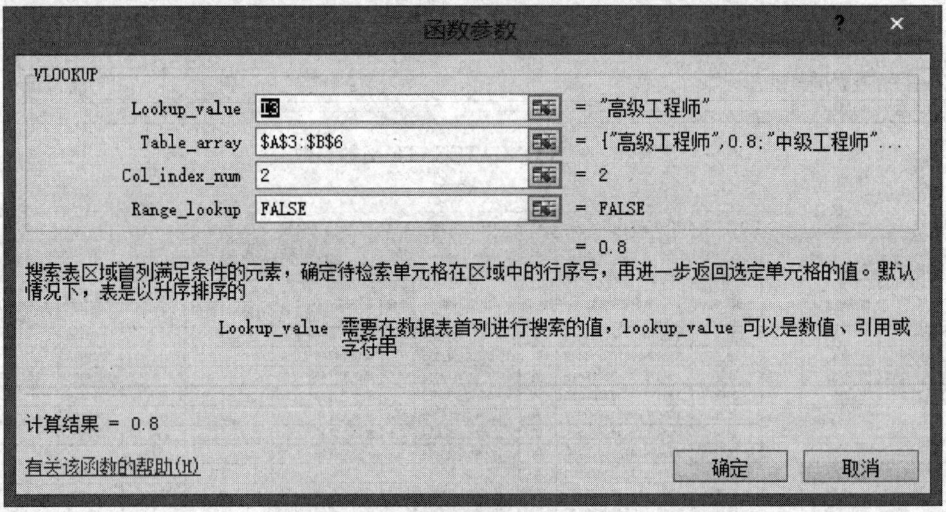

图6-12 VLOOKUP 函数参数

| K3 | | | fx | =VLOOKUP(I3, $A$3:$B$6, 2, FALSE) | | | | | | | | | | | |

职务补贴率表 / 员工资料表

职务	增幅百分比		姓 名	身份证号码	性 别	出生日期	年龄	职务	基本工资	职务补贴率	工资总额	预定房屋面积	预定房屋价格	每月（月末）还款（贷款额度为房价总额的70%）
高级工程师	80%		王一	330675196706154485	女	1967年06月15日	47	高级工程师	3000	80%		119.3	1789500	
中级工程师	60%		张二	330675196708154432	男	1967年08月15日	47	中级工程师	3000	60%		150.2	2253000	
工程师	40%		林三	330675195302215412	男	1953年02月21日	61	高级工程师	3000	80%		113	1695000	
助理工程师	20%		胡四	330675198603301836	男	1986年03月30日	28	助理工程师	3000	20%		142.5	2137500	
			吴五	330675195308032859	男	1953年08月03日	61	中级工程师	3000	60%		153.2	2298000	
			章六	330675195905128755	男	1959年05月12日	55	高级工程师	3000	80%		119.3	1789500	
			陆七	330675197211045896	男	1972年11月04日	42	工程师	3000	40%		113	1695000	
条件区域1			苏八	330675198807015258	男	1988年07月01日	26	工程师	3000	40%		153.2	2298000	
性 别	职务		韩九	330675197304178789	女	1973年04月17日	41	助理工程师	3000	20%		119.3	1789500	
男	高级工程师		徐一	330675195410032235	男	1954年10月03日	60	高级工程师	3000	80%		113	1695000	
			项二	330675196403312584	女	1964年03月31日	50	中级工程师	3000	60%		153.2	2298000	
			贾三	330675198505088895	男	1985年05月08日	29	工程师	3000	40%		113	1695000	
条件区域2			补四	330675197711252148	女	1977年11月25日	37	工程师	3000	40%		119.3	1789500	
性 别	年龄		姚五	330675198109162356	女	1981年09月16日	33	工程师	3000	40%		153.2	2298000	
女	>40		周六	330675198305041417	男	1983年05月04日	31	工程师	3000	40%		150.2	2253000	
贷款信息表			金七	330675196604202874	男	1966年04月20日	48	高级工程师	3000	80%		153.2	2298000	
贷款年利率：	7.10%		赵八	330675197608145853	男	1976年08月14日	38	中级工程师	3000	60%		150.2	2253000	
贷款年限：	10		许九	330675197209012581	女	1972年09月01日	42	中级工程师	3000	60%		119.3	1789500	

性别为男，职务为高级工程师的工资总额平均值
性别为女，年龄为>40的员工人数

图6-13 填充职务补贴率

步骤 5：选择 L3：L20 单元格，在编辑栏中输入"=J3：J20 ∗（1＋K3：K20）"，如图 6 - 14 所示。按 Ctrl＋Shift＋Enter 组合键确定数组公式的输入。

L3		▼		fx	=[J3:J20*(1+K3:K20)]										
	A	B	C	D	E	F	G	H	I	J	K	L	M	N	O
1	职务补贴率表			员工资料表											
2	职务	增幅百分比		姓 名	身份证号码	性 别	出生日期	年龄	职务	基本工资	职务补贴率	工资总额	预定房屋面积	预定房屋价格	每月（月末）还款（贷款额应为房价总额的70%）
3	高级工程师	80%		王一	330675196706154485	女	1967年06月15日	47	高级工程师	3000	80%	5400	119.3	1789500	
4	中级工程师	60%		张二	330675196708154432	男	1967年08月15日	47	中级工程师	3000	60%	4800	150.2	2253000	
5	工程师	40%		林三	330675195302215412	男	1953年02月21日	61	高级工程师	3000	80%	5400	113	1695000	
6	助理工程师	20%		胡四	330675198603301836	男	1986年03月30日	28	助理工程师	3000	20%	3600	142.5	2137500	
7				吴五	330675195308032859	男	1953年08月03日	61	高级工程师	3000	80%	5400	153.2	2298000	
8				章六	330675195905128755	男	1959年05月12日	55	高级工程师	3000	80%	5400	119.3	1789500	
9				陆七	330675197211045896	男	1972年11月04日	42	中级工程师	3000	60%	4800	113	1695000	
10	条件区域1			苏八	330675198807015258	男	1988年07月01日	26	工程师	3000	40%	4200	153.2	2298000	
11	性 别	职务		韩九	330675197304178789	女	1973年04月17日	41	助理工程师	3000	20%	3600	119.3	1789500	
12	男	高级工程师		徐一	330675195410032235	男	1954年10月03日	60	高级工程师	3000	80%	5400	113	1695000	
13				项二	330675196403312584	男	1964年03月31日	50	中级工程师	3000	60%	4800	150.2	2298000	
14				贾三	330675198505088895	男	1985年05月08日	29	工程师	3000	40%	4200	113	1695000	
15	条件区域2			孙四	330675197711252148	女	1977年11月25日	37	高级工程师	3000	80%	5400	119.3	1789500	
16	性 别	年龄		姚五	330675198109162356	男	1981年09月16日	33	工程师	3000	40%	4200	153.2	2298000	
17	女	>40		周六	330675198305041417	男	1983年05月04日	31	工程师	3000	40%	4200	150.2	2253000	
18				金七	330675196604202874	男	1966年04月20日	48	高级工程师	3000	80%	5400	153.2	2298000	
19	贷款信息表			赵八	330675197608145853	男	1976年08月14日	38	中级工程师	3000	60%	4800	150.2	2253000	
20	贷款年利率:	7.10%		许九	330675197209012581	男	1972年09月01日	42	中级工程师	3000	60%	4800	119.3	1789500	
21	贷款年限:	10													
22				性别为男，职务为高级工程师的工资总额平均值											
23				性别为女，年龄为>40的员工人数											

图 6 - 14　数组公式的输入

步骤 6：选择 O3 单元格，单击编辑栏上的 fx，弹出函数向导，搜索并找到"PMT"函数，在打开的"函数参数"对话框中，"Rate"参数输入"$B$20/12"，"Nper"参数输入"$B$21∗12"，"Pv"参数输入"N3∗0.7"，如图 6 - 15 所示，单击"确定"按钮。拖动 O3 单元格填充柄将公式复制至 O4：O20，结果如图 6 - 16 所示。

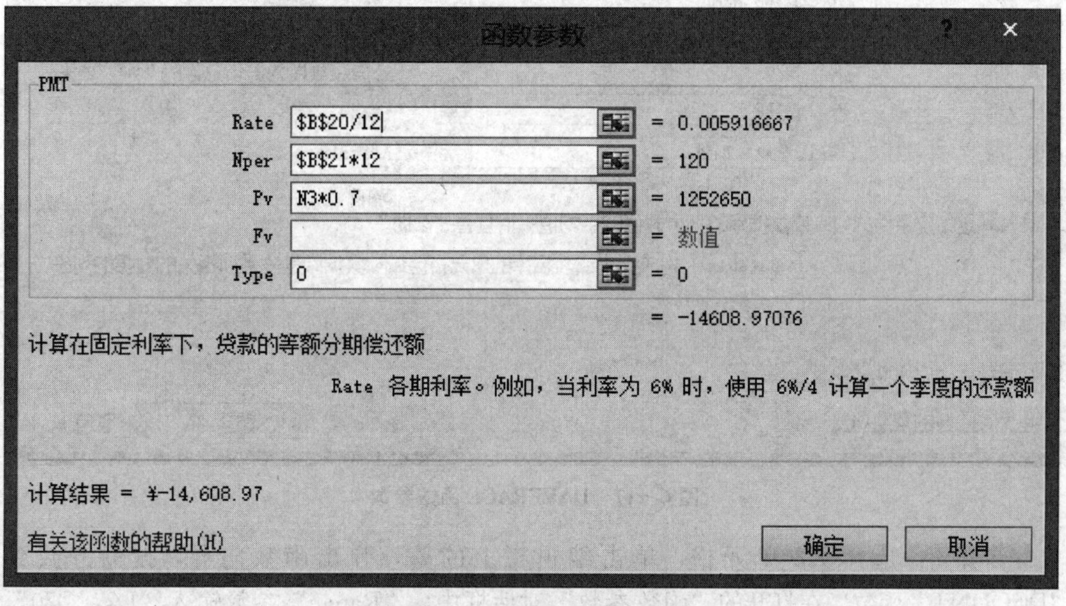

函数参数

PMT

Rate　$B$20/12　　　　＝ 0.005916667

Nper　$B$21*12　　　　＝ 120

Pv　N3*0.7　　　　＝ 1252650

Fv　　　　　　　＝ 数值

Type　0　　　　　　＝ 0

＝ -14608.97076

计算在固定利率下，贷款的等额分期偿还额

Rate 各期利率。例如，当利率为 6% 时，使用 6%/4 计算一个季度的还款额

计算结果 = ￥-14,608.97

有关该函数的帮助(H)　　　　　　　　　确定　　取消

图 6 - 15　PMT 函数参数

步骤 7：选择 I22 单元格，单击编辑栏上的 fx，弹出函数向导，搜索并找到"DAV-ERAGE"函数，在打开的"函数参数"对话框中，"Range"参数输入"D2：O20"，

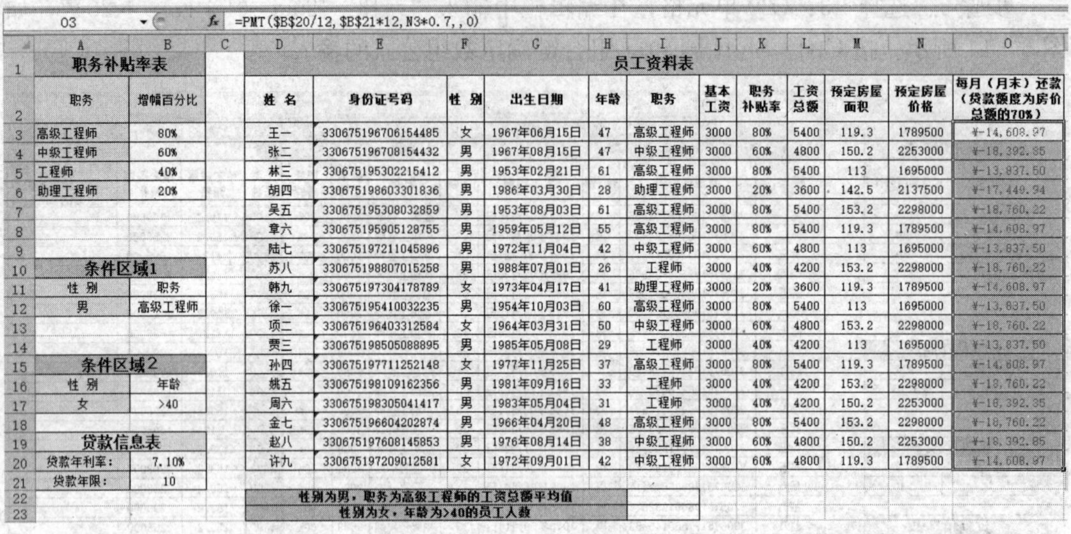

图 6-16　每月还款金额

"Field" 参数输入 "L2"，"Criteria" 参数输入 "A11：B12"，参数如图 6-17 所示，单击 "确定" 按钮，结果如图 6-18 所示。

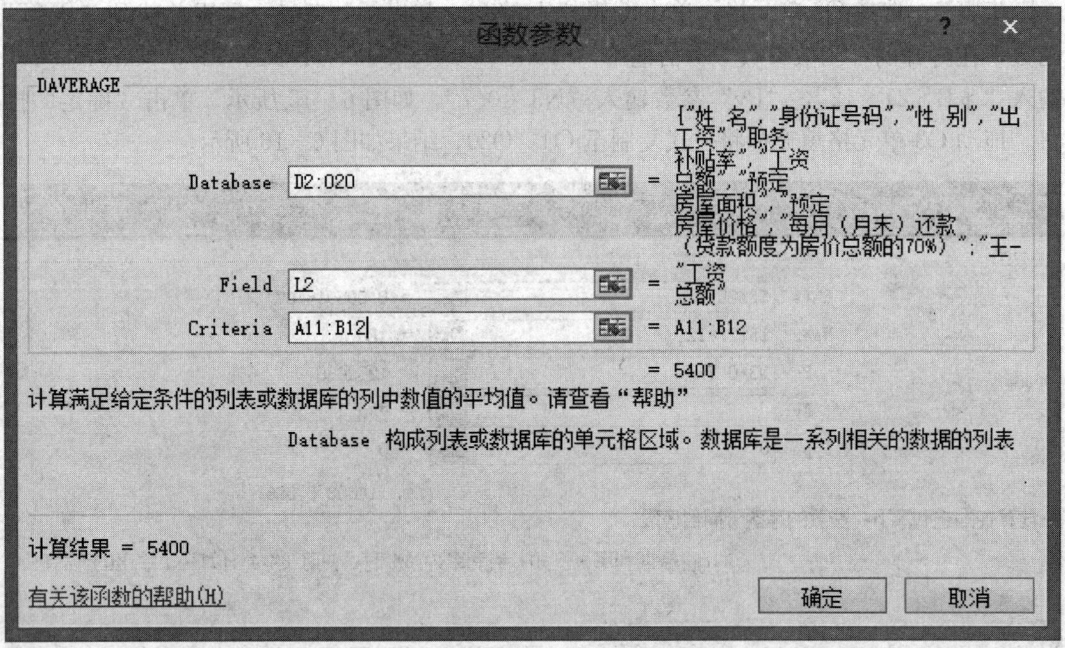

图 6-17　DAVERAGE 函数参数

步骤 8：选择 I23 单元格，单击编辑栏上的 *fx*，弹出函数向导，搜索并找到 "DCOUNT" 函数，在打开的 "函数参数" 对话框中，"Range" 参数输入 "D2：O20"，"Field" 参数输入 "H2"，"Criteria" 参数输入 "A16：B17"，参数如图 6-19 所示，单击 "确定" 按钮，结果如图 6-20 所示。

I22　=DAVERAGE(D2:O20, L2, A11:B12)

职务补贴率表

职务	增幅百分比
高级工程师	80%
中级工程师	60%
工程师	40%
助理工程师	20%

条件区域1

性别	职务
男	高级工程师

条件区域2

性别	年龄
女	>40

贷款信息表

贷款年利率：	7.10%
贷款年限：	10

员工资料表

姓名	身份证号码	性别	出生日期	年龄	职务	基本工资	职务补贴率	工资总额	预定房屋面积	预定房屋价格	每月（月末）还款（贷款额度为房价总额的70%）
王一	330675196706154485	女	1967年06月15日	47	高级工程师	3000	80%	5400	119.3	1789500	¥-14,608.97
张二	330675196708154432	男	1967年08月15日	47	中级工程师	3000	60%	4800	150.2	2253000	¥-18,392.85
林三	330675195302215412	男	1953年02月21日	61	高级工程师	3000	80%	5400	113	1695000	¥-13,837.50
胡四	330675198603301836	男	1986年03月30日	28	助理工程师	3000	20%	3600	142.5	2137500	¥-17,449.94
吴五	330675195308032859	男	1953年08月01日	61	高级工程师	3000	80%	5400	153.2	2298000	¥-18,760.22
章六	330675195905128755	男	1959年05月12日	55	高级工程师	3000	80%	5400	119.3	1789500	¥-14,608.97
陆七	330675197211045896	男	1972年11月04日	42	中级工程师	3000	60%	4800	113	1695000	¥-13,837.50
苏八	330675198807015258	男	1988年07月01日	26	工程师	3000	40%	4200	153.2	2298000	¥-16,760.22
韩九	330675197304178789	女	1973年04月17日	41	助理工程师	3000	20%	3600	119.3	1789500	¥-14,608.97
徐一	330675195410032235	男	1954年10月03日	60	高级工程师	3000	80%	5400	113	1695000	¥-13,837.50
项二	330675196403312584	男	1964年03月31日	50	中级工程师	3000	60%	4800	153.2	2298000	¥-18,760.22
贾三	330675198505080895	男	1985年05月08日	29	工程师	3000	40%	4200	113	1695000	¥-13,837.50
补四	330675197711252148	女	1977年11月25日	37	工程师	3000	40%	4200	119.3	1789500	¥-14,608.97
姚五	330675198109162356	男	1981年09月16日	33	工程师	3000	40%	4200	153.2	2298000	¥-18,760.22
周六	330675198305041417	男	1983年05月04日	31	工程师	3000	40%	4200	150.2	2253000	¥-18,392.85
金七	330675196604202874	男	1966年04月20日	48	中级工程师	3000	60%	4800	153.2	2298000	¥-18,760.22
赵八	330675197608145853	男	1976年08月14日	38	中级工程师	3000	60%	4800	150.2	2253000	¥-18,392.85
许九	330675197209012581	女	1972年09月01日	42	中级工程师	3000	60%	4800	119.3	1789500	¥-14,608.97

性别为男，职务为高级工程师的工资总额平均值	5400
性别为女，年龄为>40的员工人数	

图 6-18　填充符合条件工资总额平均值

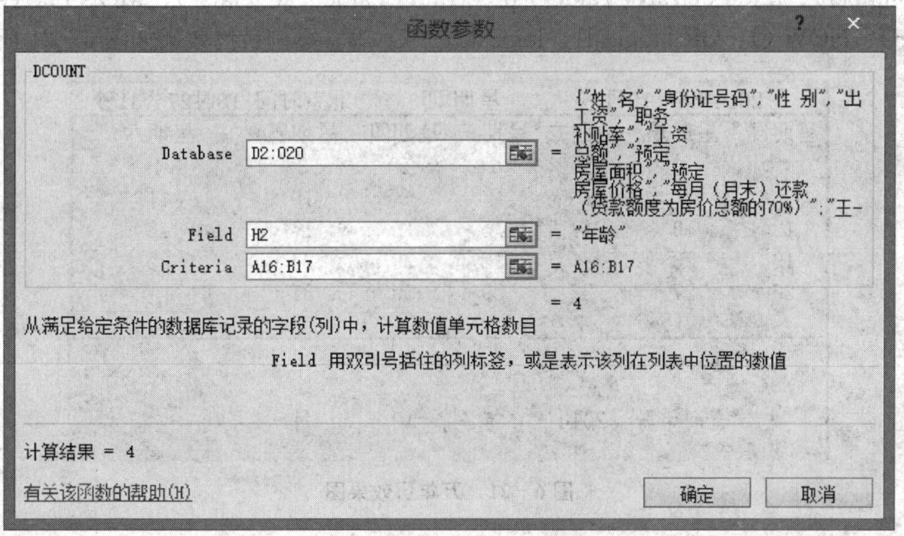

函数参数

DCOUNT

Database　D2:O20　= {"姓 名","身份证号码","性 别","出生日期","职务","职务补贴率","工资总额","预定房屋面积","预定房屋价格","每月（月末）还款（贷款额度为房价总额的70%）","王一…

Field　H2　= "年龄"

Criteria　A16:B17　= A16:B17

= 4

从满足给定条件的数据库记录的字段(列)中，计算数值单元格数目

　　　　Field　用双引号括住的列标签，或是表示该列在列表中位置的数值

计算结果 = 4

有关该函数的帮助(H)　　　　　　　　确定　　取消

图 6-19　DCOUNT 函数参数

I23　=DCOUNT(D2:O20, H2, A16:B17)

职务补贴率表

职务	增幅百分比
高级工程师	80%
中级工程师	60%
工程师	40%
助理工程师	20%

条件区域1

性别	职务
男	高级工程师

条件区域2

性别	年龄
女	>40

贷款信息表

贷款年利率：	7.10%
贷款年限：	10

员工资料表

姓名	身份证号码	性别	出生日期	年龄	职务	基本工资	职务补贴率	工资总额	预定房屋面积	预定房屋价格	每月（月末）还款（贷款额度为房价总额的70%）
王一	330675196706154485	女	1967年06月15日	47	高级工程师	3000	80%	5400	119.3	1789500	¥-14,608.97
张二	330675196708154432	男	1967年08月15日	47	中级工程师	3000	60%	4800	150.2	2253000	¥-18,392.85
林三	330675195302215412	男	1953年02月21日	61	高级工程师	3000	80%	5400	113	1695000	¥-13,837.50
胡四	330675198603301836	男	1986年03月30日	28	助理工程师	3000	20%	3600	142.5	2137500	¥-17,449.94
吴五	330675195308032859	男	1953年08月01日	61	高级工程师	3000	80%	5400	153.2	2298000	¥-18,760.22
章六	330675195905128755	男	1959年05月12日	55	高级工程师	3000	80%	5400	119.3	1789500	¥-14,608.97
陆七	330675197211045896	男	1972年11月04日	42	中级工程师	3000	60%	4800	113	1695000	¥-13,837.50
苏八	330675198807015258	男	1988年07月01日	26	工程师	3000	40%	4200	153.2	2298000	¥-16,760.22
韩九	330675197304178789	女	1973年04月17日	41	助理工程师	3000	20%	3600	119.3	1789500	¥-14,608.97
徐一	330675195410032235	男	1954年10月03日	60	高级工程师	3000	80%	5400	113	1695000	¥-13,837.50
项二	330675196403312584	男	1964年03月31日	50	中级工程师	3000	60%	4800	153.2	2298000	¥-18,760.22
贾三	330675198505080895	男	1985年05月08日	29	工程师	3000	40%	4200	113	1695000	¥-13,837.50
补四	330675197711252148	女	1977年11月25日	37	工程师	3000	40%	4200	119.3	1789500	¥-14,608.97
姚五	330675198109162356	男	1981年09月16日	33	工程师	3000	40%	4200	153.2	2298000	¥-18,760.22
周六	330675198305041417	男	1983年05月04日	31	工程师	3000	40%	4200	150.2	2253000	¥-18,392.85
金七	330675196604202874	男	1966年04月20日	48	中级工程师	3000	60%	4800	153.2	2298000	¥-18,760.22
赵八	330675197608145853	男	1976年08月14日	38	中级工程师	3000	60%	4800	150.2	2253000	¥-18,392.85
许九	330675197209012581	女	1972年09月01日	42	中级工程师	3000	60%	4800	119.3	1789500	¥-14,608.97

性别为男，职务为高级工程师的工资总额平均值	5400
性别为女，年龄为>40的员工人数	4

图 6-20　填充符合条件的员工人数

6.3 案例——制作万年历

本案例展示了 Excel 制作万年历的思路和步骤，采用 Excel 制作的万年历可以显示当月的月历，在保证"万年历"使用的可靠性前提下，用户可通过下拉框输入年份和月份，随意查阅任何日期所属的月历，这是一个启发性、思维引导作用的实践案例，是对 Excel 中函数的综合运用，通过这个案例的制作可以巩固函数的学习与运用。

[案例要求]

Excel 中万年历制作涉及相对引用、绝对引用、条件格式、套用表格格式等知识点，使用到的函数有：AND (logical1，logical2，…)、DATE (year，month，day)、DAY (serial_number)、IF (Logical，Value_if_true，Value_if_false)、MONTH (serial_number)、NOW ()、OR (logical1，logical2，…) 等。案例最终效果如图 6-21 所示。

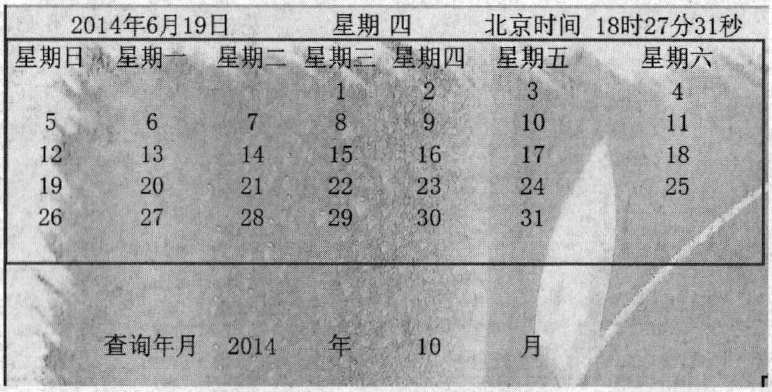

2014年6月19日		星期 四		北京时间 18时27分31秒		
星期日	星期一	星期二	星期三	星期四	星期五	星期六
			1	2	3	4
5	6	7	8	9	10	11
12	13	14	15	16	17	18
19	20	21	22	23	24	25
26	27	28	29	30	31	
	查询年月	2014	年	10	月	

图 6-21 万年历效果图

[案例制作]

参考"\素材\案例\第6章\案例2\案例2结果.xlsx"，进行如下操作。

步骤 1：启动 Excel 2010 应用程序，输入如图 6-22 所示效果的固定单元格内容。

(1) 在 E1 单元格输入"星期"、G1 单元格输入"北京时间"。

(2) 在 B4 单元格输入"星期日"，右键拖拽 B4 单元格填充柄将数据填充至单元格 H4，并在快捷菜单中选择"填充序列"。

(3) C13 单元格输入"查询年月"、E13 输入"年"、G13 输入"月"。

步骤 2：输入如图 6-23 所示的 B1、F1 及 H1 内容。

(1) 选择 B1：D1 单元格区域，并单击"开始"→"对齐方式"→"合并后居中"按钮 。

(2) 选择 B1 单元格，单击编辑栏上的 ƒx，弹出函数向导，搜索并找到"TODAY"函数，无须输入函数参数，确定。设置 B1 单元格日期格式为目标格式：年月日型。选择

图 6 - 22　设置基本内容

图 6 - 23　插入系统当前日期及时间函数

F1 单元格，单击编辑栏上的 f_x，弹出函数向导，搜索并找到"IF"函数，在打开的"函数参数"对话框中输入如图 6 - 24 所示参数，单击"确定"按钮。设置 F1 单元格格式为 0 特殊→中文小写数字。

（3）选择 H1 单元格，单击编辑栏上的 f_x，弹出函数向导，搜索并找到"NOW"函数提取当前系统日期和时间，无须输入函数参数，确定。设置 H1 单元格时间格式为只显示时间。

步骤 3：输入如图 6 - 25 所示的年份、月份有效范围。

（1）在 I1 单元格输入"年份有效范围"，在 I2 单元格输入 1900，右键拖拽 I2 单元格

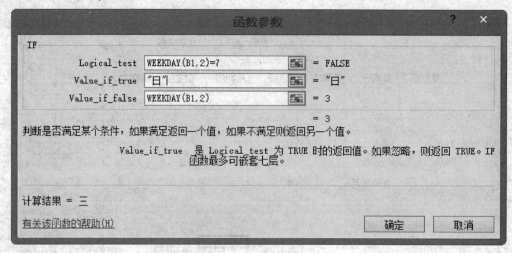

图 6-24　IF 函数参数

填充柄将数据填充至单元格 I152（单元格 I152 值为 2050 年），并在快捷菜单中选择"填充序列"。

（2）在 J1 单元格中输入"月份有效范围"，在 J2 单元格输入 1，右键拖拽 J2 单元格填充柄将数据填充至单元格 J13，并在快捷菜单中选择"填充序列"。

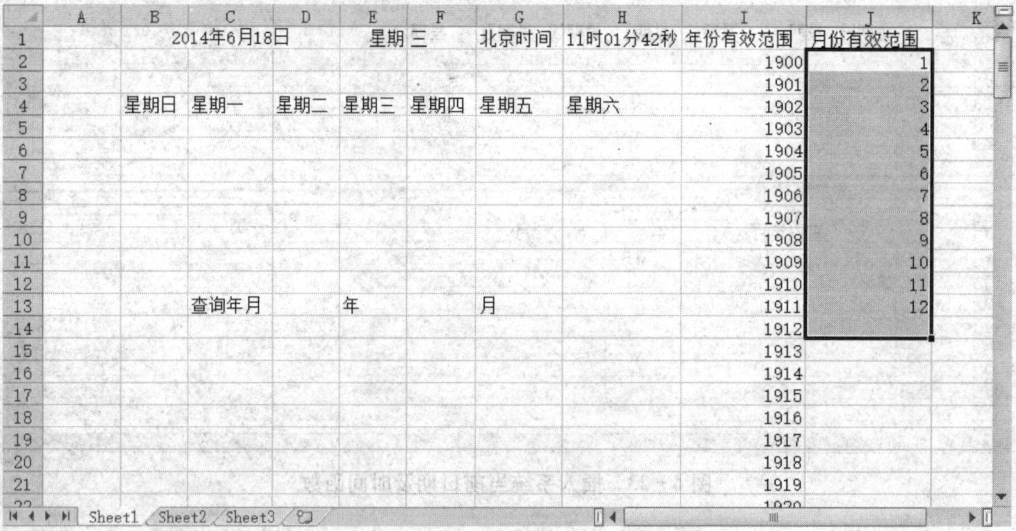

图 6-25　年份、月份有效范围

步骤 4：设置 D13 及 F13 数据有效性。

（1）将 I2：I152 单元格区域定义序列名称为"year"，方法如下：选择 I2：I152 单元格区域，单击"公式"→"定义的名称"→"定义名称"按钮，在"新建名称"对话框的"名称"文本框中输入"year"，如图 6-26 所示，单击"确定"按钮。

（2）设置 D13 单元格的数据有效范围为 I2：I152 单元格区域的值，方法如下：选择 D13 单元格，单击"数据"→"数据工具"→"数据有效性"→"数据有效性"按钮，将弹出"数据有效性"对话框。将对话框的"允许"设为"序列"，"来源"设为"＝year"，

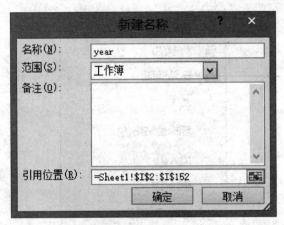

图 6 - 26 新建 "year" 名称

单击 "确定" 按钮。效果如图 6 - 27 所示。

	A	B	C	D	E	F	G	H	I	J
1			2014年6月19日		星期	四	北京时间	16时19分40秒	年份有效	月份有
2									1900	1
3									1901	2
4		星期日	星期一	星期二	星期三	星期四	星期五	星期六	1902	3
5									1903	4
6									1904	5
7									1905	6
8									1906	7
9									1907	8
10									1908	9
11									1909	10
12									1910	11
13			查询年月				月		1911	12
14				1900					1912	
15				1901					1913	
16				1902					1914	
17				1903					1915	
18				1904					1916	
19				1905					1917	
20				1906					1918	
21				1907					1919	
22									1920	

图 6 - 27 设置数据有效性效果

（3）按上述方法，将 J2：J13 单元格区域定义序列名称为 "month"，方法如下：选择 J2：J13 单元格区域，单击 "公式" → "定义的名称" → "定义名称" 按钮，在 "新建名称" 对话框的 "名称" 文本框中输入 "month"，单击 "确定" 按钮。

（4）设置 F13 单元格的数据有效范围为 J2：J13 中的值，方法如下：选择 F13 单元格，单击 "数据" → "数据工具" → "数据有效性" → "数据有效性" 按钮，将弹出 "数据有效性" 对话框，将对话框的 "允许" 设为 "序列"，"来源" 设为 "＝month"，确定。

经过上述步骤以后，当选中 D13（或 F13）单元格时，在单元格的右侧会出现一个下拉按钮，按此下拉按钮，即可选择年份（或月份）数值，快速输入需要查询的年、月值。

（5）在 D13 及 F13 单元格中任意选择一年份及月份。

步骤 5：隐藏第 I 列及第 J 列。选择第 I 列及第 J 列，右击选择区域部分，在快捷菜单中选择 "隐藏"，如图 6 - 28 所示。

图 6 - 28　隐藏第 I 列及第 J 列

步骤 6：在 A2 单元格中查询并插入当前月份所对应的天数（28、29、30、31）。方法为：选中 A2 单元格，在编辑栏中插入公式"＝IF（F13＝2，IF（OR（D13/400＝INT（D13/400），AND（D13/4＝INT（D13/4），D13/100＜＞INT（D13/100）））,29，28），IF（OR（F13＝4，F13＝6，F13＝9，F13＝11），30，31））"，确认输入。

说明：若查询月份为"2 月"（F13＝2）且该年为闰年时，则该月为 29 天，否则为 28 天。若月份为"4、6、9、11"月，则该月为 30 天，其他月份天数为 31 天。

步骤 7：将不属于本月份的单元格值设置为"0"，属于本月份单元格值设置为对应的日期。对于 B5：H5 单元格区域，并不是每一单元格都属于本月份的，因此需判断哪一单元格为当期月份的起始日期，即 1 号。步骤如下：在 B3 单元格输入"1"，右键拖拽 B3 单元格填充柄将数据填充至单元格 H3，并在快捷菜单中选择"填充序列"。结果如图 6 - 29 所示。

	A	B	C	D	E	F	G	H
1			2014年6月19日		星期	四	北京时间	17时08分54秒
2	31							
3			1	2	3	4	5	6	7
4		星期日	星期一	星期二	星期三	星期四	星期五	星期六
5								
6								
7								
8								
9								
10								
11								
12								
13			查询年月	2014 年		10 月		
14								
15								
16								

图 6 - 29　在 B3：H3 中分别输入 1～7

判断当月的第一天是星期几，并将星期几所属列的第二行单元格（B2 至 H2 单元格）值填充为 1，否则为 0。方法如下：选择 B2 单元格，在编辑栏插入函数"＝IF（WEEKDAY（DATE（＄D＄13，＄F＄13，1），1）＝B3，1，0）"，用填充柄将公式复制至 C2：H2 单元格中。结果如图 6-30 所示。

▲	A	B	C	D	E	F	G	H
1		2014年6月19日			星期	四	北京时间	17时09分29秒
2	31	0	0	0	1	0	0	0
3		1	2	3	4	5	6	7
4		星期日	星期一	星期二	星期三	星期四	星期五	星期六
5								
6								
7								
8								
9								
10								
11								
12								
13		查询年月	2014年		10月			
14								
15								
16								

图 6-30　判断选中日期为星期几

图 6-30 显示 E2 单元格值为"1"，其含义为查询年月（2014 年 10 月）的第 1 天为星期三，即 2014 年 10 月 1 号为星期三，意味着日历区域（B5：H12 单元格区域）中 E5 为查询年月的 1 号。

步骤 8：B5：H5 单元格区域的值分为 3 种情况：第一，不属于查询年月日期（将值设置为 0）；第二，为查询年月的 1 号（将值设置为 1）；第三，为查询年月 1 号后的其他日期（将值设置为前一单元格值加 1）。因此，有如下操作步骤：选择 B5 单元格，在编辑栏输入公式"＝IF（B2＝1，1，0）"并确定。选择 C5 单元格在编辑栏输入公式"＝IF（B5＞0，B5＋1，IF（C2＝1，1，0））"并确定。将 C5 单元格公式复制至 H5。结果如图 6-31所示。

▲	A	B	C	D	E	F	G	H
1		2014年6月19日			星期	四	北京时间	17时33分16秒
2	31	0	0	0	1	0	0	0
3		1	2	3	4	5	6	7
4		星期日	星期一	星期二	星期三	星期四	星期五	星期六
5		0	0	0	1	2	3	4
6								
7								
8								
9								
10								
11								
12								
13		查询年月	2014年		10月			
14								

图 6-31　输入 B5：H5 单元格内容

步骤 9：通过简单计算可得知 B6：H8，一定为查询年月的单元格，因此 B6：H8 的值为前一个单元格的号＋1。操作步骤如下：选择 B6 单元格，在编辑栏输入公式"＝H5＋1"并确定。选择 C6 单元格在编辑栏输入公式"＝B6＋1"并确定。使用 C6 单元格公式复制至 H6。同理，选择 B7 单元格，在编辑栏输入公式"＝H6＋1"并确定。分别拖动 B6 至 H6 每个单元格填充柄将公式逐个复制至 B8 至 H8。结果如图 6-32 所示。

	A	B	C	D	E	F	G	H
1			2014年6月19日		星期	四	北京时间	17时42分42秒
2	31	0	0	0	1	0	0	0
3		1	2	3	4	5	6	7
4		星期日	星期一	星期二	星期三	星期四	星期五	星期六
5		0	0	0	1	2	3	4
6		5	6	7	8	9	10	11
7		12	13	14	15	16	17	18
8		19	20	21	22	23	24	25
9								
10								
11								
12								
13		查询年月		2014 年			10 月	
14								
15								

图 6-32　输入 B8：H8 单元格内容

步骤 10：经简单计算，剩余单元格中只有可能 B9～C10 中存在日期数据，剩余单元格设置公式如下：在 B9 单元格输入"＝IF（OR（H8＝A2，H8＝0），0，H8＋1）"并确定，在 C9 单元格输入"＝IF（OR（B9＝＄A＄2，B9＝0），0，B9＋1）"并确定，将 C9 单元格公式复制到 D9：H9。

将 B9 单元格公式复制到 B10，将 C9 单元格公式复制到 C10。结果如图 6-33 所示。

	A	B	C	D	E	F	G	H
4		星期日	星期一	星期二	星期三	星期四	星期五	星期六
5		0	0	0	1	2	3	4
6		5	6	7	8	9	10	11
7		12	13	14	15	16	17	18
8		19	20	21	22	23	24	25
9		26	27	28	29	30	31	0
10		0	0					
11								
12								
13		查询年月		2014 年			10 月	
14								
15								

图 6-33　输入 B9：H9 及 B10：C10 单元格内容

至此，数据的输入部分完成，以下步骤为日历区域的修饰。

步骤 11：隐藏第 2、第 3 行：选中第 2 及第 3 行，右击任意选中区域，在弹出菜单中选择"隐藏"命令。按照同样方法隐藏第 A 列。

步骤 12：设置 B4：H13 单元格格式。选中 B4：H13 单元格区域，单击"开始"→"单元格"→"格式"→"设置单元格格式"，在弹出的对话框中，设置所有单元格字体为"宋体"，20 磅，居中显示。选中 A4：H13 单元格区域，单击"开始"→"单元格"→"格式"→"自动调整行高"按钮自动调整行高，采用同样方法自动调整列宽。

步骤 13：设置 B4：H10 单元格边框，方法为：选中 B4：H10 单元格区域，单击"开始"→"单元格"→"格式"→"设置单元格格式"，在弹出的对话框的"边框"选项卡中，选择外边框，自行设置线型及颜色，单击"确定"按钮。

步骤 14：隐藏单元格中的"0"值。选中 B4：H10 单元格区域，执行"文件"→"选项"，在打开的"Excel 选项"对话框中选中"高级"选项，在右侧的"编辑选项"中的

"此工作表显示选项"中去掉"在具有零值的单元格显示零"项，单击"确定"按钮。结果如图 6-34 所示。

	2014年6月19日			星期	四	北京时间	18时14分27秒
星期日	星期一	星期二	星期三	星期四	星期五	星期六	
			1	2	3	4	
5	6	7	8	9	10	11	
12	13	14	15	16	17	18	
19	20	21	22	23	24	25	
26	27	28	29	30	31		
	查询年月	2014	年	10	月		

图 6-34　隐藏单元格中的"0"值

步骤 15：去掉标题栏、网格线、标题，操作方法为：在"视图"→"显示"中，去掉"标题栏"、"网络线"、"标题"前的复选框。

步骤 16：为工作表设置背景。选择"页面布局"→"页面设置"→"背景"，在弹出对话框中选择图片"日历背景"。效果如图 6-35 所示。

图 6-35　设置工作表背景

步骤 17：设置可编辑性。选中 D13，F13，选择"开始"→"单元格"→"格式"→"保护工作表"，在弹出的"保护工作表"对话框中输入密码，完成后单击"确定"按钮。

◇◆◇　习题　◇◆◇

练习 1：参考"\ 素材 \ Excel \ 练习 1 \ 练习 1 结果 . xlsx"，完成如下操作：

（1）新建 Excel 文档，将"st. txt"文本文件中数据导入 Excel 中。

（2）在第 B 列插入"编号"列，并将 B2～B17 单元格内容分别填充为"B001"～"B018"。

（3）在第 E 列插入"是否闰年"列，并根据出生年份判断是否为闰年，将结果填充至 E3～E18 单元格（闰年条件为：能被 400 整除；能被 4 整除但不能被 100 整除）。

（4）在第 F 列插入"级别"列，使用 MID 函数，利用"学号"列的数据，计算考生所属级别，将结果填入 F2：F17 单元格中（学号中第八位指示考生级别，如"085200711030041"中的"1"标志该考生考试级别为一级）。

（5）使用数组公式计算总分，将结果填入 M2：M17 单元格中（计算方法：总分＝单选题＋判断题＋Windows＋Excel＋Powerpoint＋IE）。

（6）根据总分计算学生成绩等级，总分＞＝80 分等级为优秀，其他为一般。

（7）将 M2：M17 单元格中值最大的 10％项设置为蓝色、加粗字体。

（8）在第 1 行插入 1 行，合并及居中 A1：N1，输入内容为"学生成绩表"，并设置字体为宋体，10 号。

（9）为 A2：N17 单元格设置蓝色细田字边框。

练习 2：参考"＼素材＼Excel＼练习 2＼练习 2 结果.xlsx"，打开"＼素材＼Excel＼练习 2＼练习 2.xlsx"，完成如下操作：

（1）将新编号填入 B3：B18，方法为将 A3：A18 的编号中字母改为大写。

（2）计算每位员工的工龄，并将其填入 E3：E18 中，计算方法为当前年份减入职年份。

（3）根据 M3：Q4 中的"职务补贴率表"的数据，使用 HLOOKUP 函数，计算"公司员工人事信息表"中的"基本工资"列，填入 G3：G18。

（4）使用数组公式计算每位员工的工龄工资填入 H3：H18，计算方法：工龄＊10。

（5）根据应发工资计算个人所得税填入 J3：J18，4000 元以下不扣税，4000～4500 元之间扣税 3％，4500 以上扣税 5％。

（6）使用数组公式计算实发工资填入 K3：K18（实发工资＝基本工资＋工龄工资＋其他津贴－个人所得税）。

（7）设置实发工资保留 2 位小数，并在其后添加单位"元"。

（8）分别在 B22：K22 单元格中填入公式，实现如下功能：用户输入编号后，即能显示该员工完整信息。

（9）统计职务为职员的平均工资，填入 N7 单元格中。

练习 3：参考"＼素材＼Excel＼练习 3＼练习 3 结果.xlsx"，打开"＼素材＼Excel＼练习 3＼练习 3.xlsx"，完成如下操作：

1．根据"固定资产情况表"，使用财务函数，对以下条件进行计算：

（1）计算"每天折旧值"，将结果填入 B8 单元格中。

（2）计算"每月折旧值"，将结果填入 B9 单元格中。

（3）计算"每年折旧值"，将结果填入 B10 单元格中。

2．根据"贷款信息表"，使用财务函数对贷款偿还金额进行计算：

（1）计算"等额还款金额表"中每月初还款金额，将结果填入 E8 单元格中。

（2）计算"等额还款本金、利息表"中每月初还款利息，将结果填入 H3：H14 单元格中。

（3）计算"等额还款本金、利息表"中每月初还款本金，将结果填入 I3：I14 单元格中。

（4）计算"等额还款本金、利息表"中支付利息金额总和，将结果填入 H14 单元格中。

（5）计算"等额还款本金、利息表"中支付本金金额总和，将结果填入 I14 单元格中。

3. 根据"投资情况表 1"中的数据，计算 10 年以后得到的金额，将结果填入 L7 单元格中。

4. 根据"投资情况表 2"中的数据，计算预计投资金额，将结果填入 O7 单元格中。

第 **7** 章　数据的管理和分析

Excel 2010 提供了丰富的数据管理功能，包括数据排序、数据筛选、数据图表化、分类汇总、数据透视图、数据透视表等。本章主要介绍数据排序、数据筛选和分类汇总的基本知识及其应用。Excel 不仅可以将整齐而美观的表格呈现给用户，还可以用来进行数据的分析和预测，完成许多复杂的数据运算，帮助使用者做出更加有根据的决策。同时它还可以将表格中的数据通过各种各样的图形、图表的形式表现出来，增强表格的表达力和感染力。本章通过员工工资表案例，讲解日常工作中 Excel 的常用功能，使学习者能够掌握 Excel 使用方法和使用技巧，提高表格的制作水平，从而提高工作效率。

7.1　学习准备

7.1.1　数据排序

数据排序可以使工作表中的数据按照某种规则进行顺序排序，从而使工作表更加清晰，满足用户的需求。Excel 中对数据的排序有以下几种。

1. 按列排序

按列排序是指选定的数据某一列数据进行排序。它可以使数据结构一目了然。例如，需要把学生成绩表（见图 7-1）按总成绩对其进行降序排名，那么只要选中 H3 单元格，接着单击"排序和筛选"功能区中的"降序"即可，如图 7-1 所示。

2. 按行排序

按行排序是指选定的数据按照某一行数据进行排序，它能够帮助我们直观地显示和理解数据。

3. 按多关键字排序

多关键字排序是指对选定的数据按照两个或两个以上的关键字按行或按列进行排序。多关键字排序对于实际应用也非常有用，例如，艺术类学生招生，在总分相同的情况下，要求艺术类成绩高的优先录取，那么，需要对总分和艺术分按照第一关键字和第二关键字

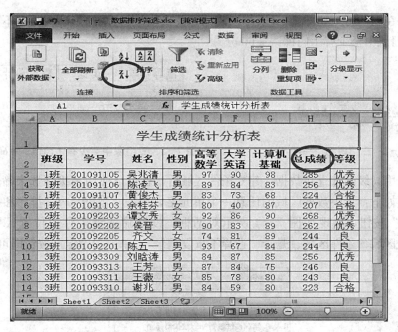

图 7-1 按列排序

进行排序。

4. 自定义排序

自定义排序是指对选定的数据按照用户定义的顺序进行排序。比如学习成绩要求按照优秀、良好、及格进行排序，那么必须先进行自定义序列后，再进行排序。

7.1.2 数据筛选

数据筛选是指从一个数据表中获取满足指定条件的部分数据。方便用户快速找出自己需要的数据，快速提高了工作效率。Excel 中对数据的筛选有以下几种。

1. 自动筛选

自动筛选是指按照单一条件筛选出符合条件的数据行。

2. 自定义筛选

使用自动筛选时，对于某些特殊的条件，可以使用自定义筛选对数据进行筛选。

3. 高级筛选

高级筛选既包含自动筛选的所有能实现的功能，还有更多自动筛选望尘莫及的功能。如果筛选条件比较复杂，那么就可以使用高级筛选，例如下面三种情况：

①多字段复杂条件的"与"、"或"关系查询。

②将结果复制到其他表。

③实现条件的"模糊查询"等。

高级筛选的基本操作有以下两个步骤：

（1）创建条件区域。条件区域的第一行是作为筛选条件的标题行，标题必须与待筛选数据区域中的标题完全相同，条件区域标题行下的各行则用来输入筛选条件。与关系的条件表达式写在同一行（如图 7-2 表示三门课都及格），或关系的表达式写在不同行上（如图 7-3 三门课中至少有 1 门课≥=60 分）。

高等数学	英语	程序设计
>=60		
	>=60	
		>=60

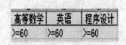

高等数学	英语	程序设计
>=60	>=60	>=60

图 7-2　三门课都≥=60 分　　　　　**图 7-3　三门课中至少有 1 门课≥=60 分**

（2）使用高级筛选查找数据。建立条件区域后，就可以使用高级筛选来筛选数据。具体操作步骤如下：选中数据区域的任意一个单元格，单击"数据"→"排序和筛选"功能区中"高级"按钮，出现如图 7-4 所示对话框。设置筛选结果存放位置（另选择"方式"）、列表区域、条件区域、是否"选择不重复记录"，单击"确定"按钮即可。

图 7-4　"高级筛选"对话框

7.1.3　分类汇总

分类汇总可以快速地对一张数据表进行自动汇总计算，以获得想要的统计数据。在对数据分类汇总之前，要明确以下 3 个问题：

（1）分类的依据（也称分类字段）是什么？

（2）汇总的对象是什么？

（3）汇总的方式是什么？

分类汇总常用的有以下两种情况。

1. 单关键字分类汇总

单关键字分类汇总是指只按照工作表中的一个字段进行分类汇总。特别要注意的是，在使用分类汇总功能之前，首先一定要对工作表按这个唯一字段进行排序。

2. 多级分类汇总

在 Excel 中，默认情况下，只能按工作表中的一个字段进行分类汇总，如果想要按两个或两个以上的字段进行分类汇总，可以创建多级分类汇总。和单关键字分类汇总一样，首先必须对工作表按照这些字段进行排序。以学生成绩表为例，以班级和等级这两个字段进行二级分类汇总。

如果用户觉得不需要进行分类汇总，单击"数据"→"分级显示"功能区中的"分类汇总"按钮，打开"分类汇总"对话框，单击"全部删除"按钮，即可以删除分类汇总。

7.2　案例——管理和分析员工工资表

[案例要求]

本节将通过一个具体的员工工资案例，来分析统计员工工资等信息。通过这个案例，我们能熟练掌握和实现 Excel 是如何通过排序、筛选和分类汇总三大功能对数据进行管理和分析的。

打开"\素材\Excel\第 7 章\员工工资表.xlsx"文件，如图 7-5 所示。我们来对它进行数据的一系列管理和分析操作。具体要求如下：

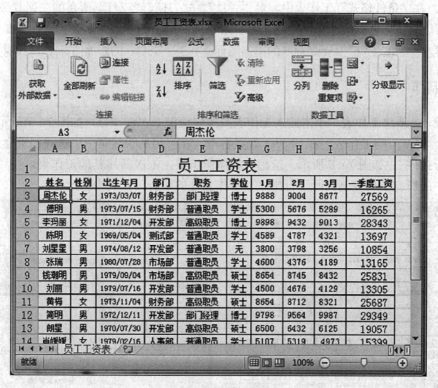

图 7-5　员工工资表

(1) 新建工作表"行排序"、"多关键字排序"、"自定义排序"、"筛选"、"自定义筛选"、"高级筛选 1"、"高级筛选 2"、"二级分类汇总"、"条件格式"，分别将"员工工资表"中的 A1：J18 单元格数值复制到相应的工作表中（"行排序"工作表除外）。

(2) 在"行排序"工作表中，通过"员工工资表"中的数据快速地生成姓名行和一季度工资行，如图 7-6 所示，根据一季度工资进行降序排列。

(3) 在"多关键字排序"工作表中以"部门"升序排列，按"一季度工资"降序排列。

1	姓名	周杰伦	傅明	李玛丽	陈明	刘星星	张瑞	钱翔明	刘丽	黄梅	简明	朗星	尚丽娜	黄小玉	吴一晨	邓林	谢里
2	一季度工资	27569	16265	28343	13697	10854	13165	25831	13305	25687	29349	19057	15399	23770	15553	12448	16251

图 7-6　行排列数据表

（4）在"筛选"工作表中，筛选出学位为"学士"的名单。

（5）"自定义筛选"工作表中，筛选出生日期在 1973－01－01 至 1978－12－31 之间的名单。

（6）对"自定义排序"工作表中按自定义学位顺序"博士、硕士、学士、无"进行排序。

（7）对"高级筛选 1"工作表进行高级筛选，筛选出学位为学士，2 月工资大于 5000 元的女员工。

（8）对"高级筛选 2"工作表中进行高级筛选，筛选出姓名中含"明"字，博士或硕士学位的数据。

（9）"二级分类汇总"工作表中，按性别进行一级分类汇总，按部门进行二级分类汇总，求出一季度工资的平均值。

（10）在"条件格式"工作表中，对"一月"、"二月"、"三月"所在的三列其最大的 10 个值进行"绿填充色深绿色文本"填充，对最小的 10 个值进行"浅红填充色深红色文本"填充，对"一季度工资"＞＝20000 的添加图标✓，＞＝15000 的添加图标❗，其他为✖。

[案例制作]

步骤 1：新建工作表。单击插入工作表或按快捷键 Shift＋F11，如图 7-7 所示，生成一张名为 Sheet1 的工作表，在 Sheet1 处点右击，在弹出的快捷菜单中选择"重命名"，命名为"行排序"，如图 7-8 所示。按相同的操作步骤，依次新建其他工作表，把"员工工资表"中的所有数据复制到除"行排序"工作表外的所有工作表中。

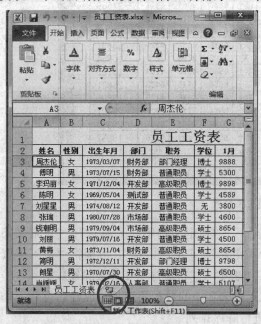

图 7-7　新建工作表

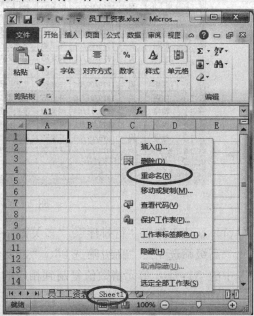

图 7-8　重命名工作表

步骤 2：行排序步骤。具体操作如下：

（1）选中"员工工资表"中的一季度工资列 J2：J18，单击"复制"，再设置粘贴选项

"为值"，即  中的椭圆内选项，粘贴到相邻的 L2：L18 区域。

（2）选中姓名列 A2：A18 区域，按住 Ctrl 键不动，选中新创建的一季度工资列 L2：L18 区域，复制，选中"行排序"工作表的 A1 单元格，如图 7-9 所示单击"开始"→"粘贴"→"转置"，"行排序"工作表的数据就有了姓名和一季度工资两行。

图 7-9　转置粘贴　　　　　　　　　　图 7-10　"排序"命令

（3）选中 B1：Q2 区域再单击"数据"→"排序"命令（见图 7-10），在弹出的"排序"对话框（见图 7-11）中，"主关键字"设为"行 2"，"次序"设为"降序"，单击右上角的"选项"按钮，在弹出的"排序选项"对话框中设置"方向"为"按行排序"，单击"确定"按钮，再单击"确定"按钮即可。

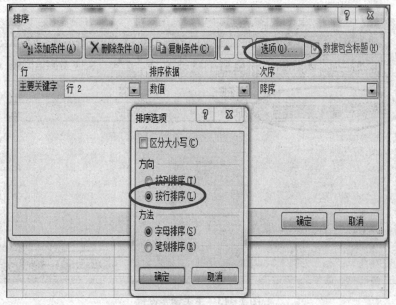

图 7-11　排序设置

步骤3：多关键字排序。选中数据区域的任意一个单元格，单击"数据"→"排序"，如图7-12所示，弹出"排序"对话框。在"主关键字"处选择"部门"，其他不变，如图7-13所示。接着，单击"排序"对话框中的"添加条件"按钮，在"次要关键字"处选择"一季度工资"，在"次序"处选择"降序"，如图7-14所示。

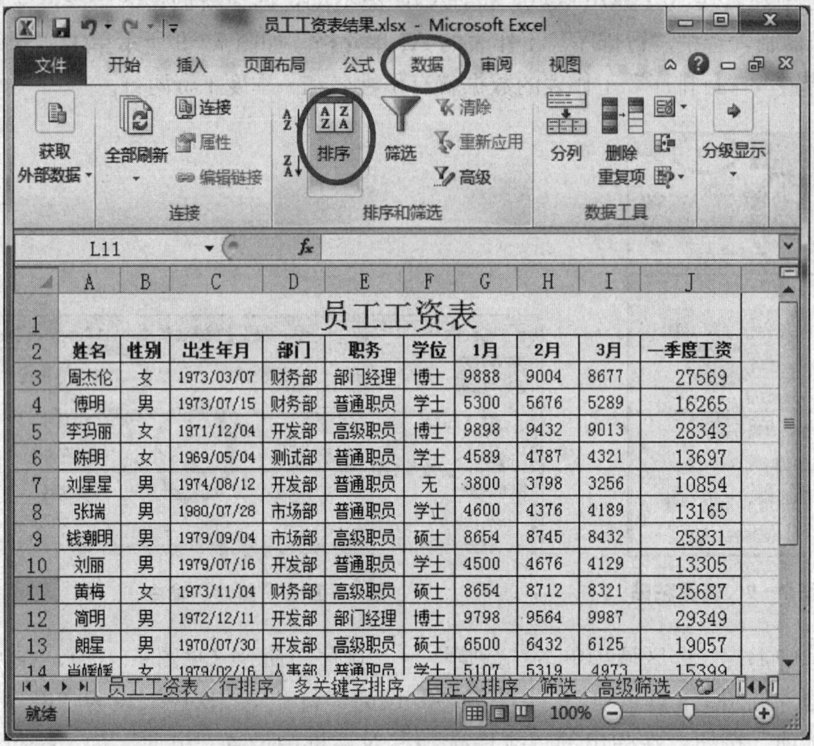

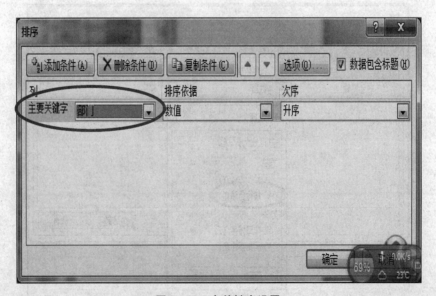

图7-12 "排序"命令

图7-13 主关键字设置

图 7-14　次要关键字设置

步骤 4：在"筛选"工作表中，选中第二行，即标题行 A2：J2 中的任意一个单元格，单击"数据"→"筛选"，标题行中的所有单元格出现下拉按钮。单击"学位"处的下拉按钮，单击"全选"，再单击"硕士"，然后单击"确定"按钮即可，如图 7-15 所示。

图 7-15　硕士学位筛选

步骤 5：在"自定义筛选"表中，选择出生日期的下拉菜单，在"日期筛选"中选择"自定义筛选"，如图 7-16 所示。在打开的"自定义自动筛选方式"对话框中，设置如图7-17 所示的 4 个值。

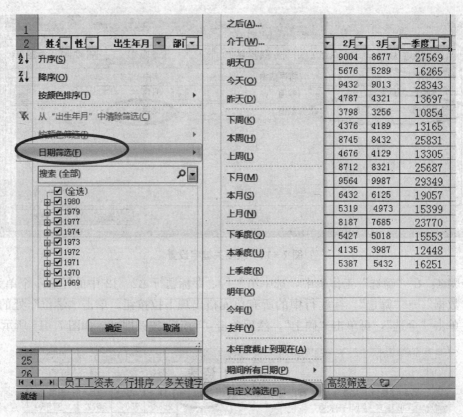

图 7-16　自定义筛选

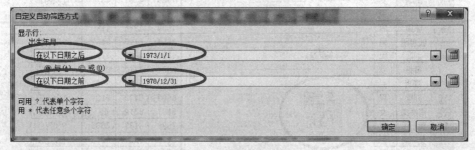

图 7-17　筛选条件的设置

步骤 6：自定义排序步骤。

（1）在"自定义排序"工作表中，单击数据区域的任意单元格，再单击"数据"→"排序"，打开"排序"对话框，在"主要关键字"处选择"学位"，在"次序"处选择"自定义序列"，如图 7-18 所示。

（2）在打开的"自定义序列"对话框中（见图 7-19），在"自定义序列"设为"新序列"，在"输入序列"中，依次输入博士、硕士、学士、无（每次输入后要按回车键），单击"添加"按钮，然后确定返回到"排序"对话框，如图 7-20 所示，单击"确定"按钮完成自定义排序。

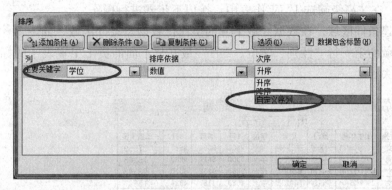

图 7 - 18　主关键字设置

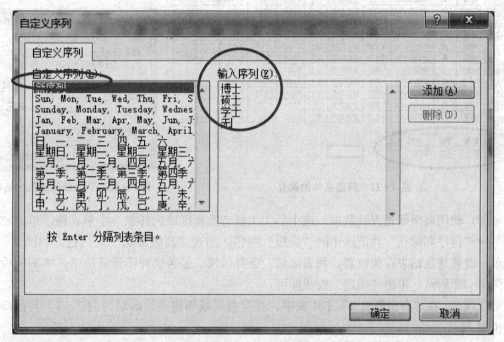

图 7 - 19　自定义序列

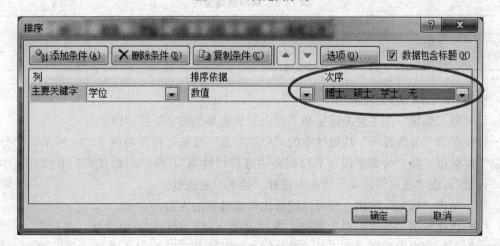

图 7 - 20　自定义次序

步骤 7：在"高级筛选 1"工作表中，按以下步骤进行操作。

（1）创建条件区域。在数据区域下方的空白位置创建条件区域，如图 7-21 所示。注意：条件区域的第一行"性别、学位、2 月"最好从上面的员工工资表中的标题行即第二行中复制过去。

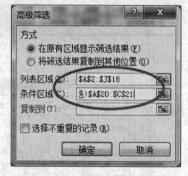

	A	B	C	D	E	F	G	H	I	J
1					员工工资表					
2	姓名	性别	出生年月	部门	职务	学位	1月	2月	3月	一季度工资
3	周杰伦	女	1973/03/07	财务部	部门经理	博士	9888	9004	8677	27569
4	傅明	男	1973/07/15	财务部	普通职员	学士	5300	5676	5289	16265
5	李玛丽	女	1971/12/04	开发部	高级职员	博士	9898	9432	9013	28343
6	陈明	男	1969/05/04	测试部	普通职员	学士	4589	4787	4321	13697
7	刘星星	男	1974/08/12	开发部	普通职员	无	3800	3798	3256	10854
8	张瑞	男	1980/07/28	市场部	普通职员	学士	4600	4376	4189	13165
9	钱朝明	男	1979/09/04	市场部	高级职员	硕士	8654	8745	8432	25831
10	刘丽	男	1979/07/16	开发部	普通职员	学士	4500	4676	4129	13305
11	黄梅	女	1973/11/04	财务部	高级职员	硕士	8654	8712	8321	25687
12	简明	男	1972/12/11	开发部	部门经理	博士	9798	9564	9987	29349
13	朗星	男	1970/07/30	开发部	普通职员	无	6500	6432	6125	19057
14	肖媛媛	女	1979/02/16	人事部	普通职员	学士	5107	5319	4973	15399
15	黄小王	男	1972/10/31	人事部	部门经理	硕士	7898	8187	7685	23770
16	吴一晨	男	1972/06/07	市场部	普通职员	学士	5108	5427	5018	15553
17	邓球	男	1974/04/14	开发部	普通职员	无	4326	4135	3987	12448
18	谢里	女	1977/03/04	开发部	普通职员	学士	5432	5387	5432	16251
19										
20	性别	学位	2月							
21	女	学士	>5000							

图 7-21　筛选条件的建立　　　　　图 7-22　"高级筛选"对话框

（2）使用高级筛选查找数据。选中员工工资表数据区域的任意一个单元格，单击"数据"→"排序和筛选"功能区中的"高级"按钮，出现"高级筛选"对话框，如图 7-22 所示。设置筛选结果存放位置、列表区域、条件区域、是否选择不重复记录，本案例设置如图 7-22 所示，单击"确定"按钮即可。

步骤 8：在"高级筛选 2"工作表中，在空白区域创建条件区域为表 7-1，其他操作同步骤 7。

表 7-1　高级筛选条件

姓名	学位	学位
＊明＊	博士	
＊明＊		硕士

步骤 9：二级分类汇总操作。

（1）以"性别"为主要关键字和"部门"为次要关键字进行排序。

（2）单击"分级显示"功能区中的"分类汇总"按钮，打开如图 7-23 所示的"分类汇总"对话框。在"分类字段"下拉列表中选择"性别"，在"汇总方式"下拉列表中选择"计数"，在"选定汇总项"列表中选择"姓名"复选框。

（3）单击"确定"按钮，即可以统计出男女性别的人数。

（4）再次单击"分类汇总"按钮，在"分类字段"下拉列表中选择"部门"，在"汇总方式"下拉列表中选择"求平均值"，在"选定汇总项"列表中选择"第一季度工资"

复选框。撤销"替换当前分类汇总"复选框，单击"确定"按钮。

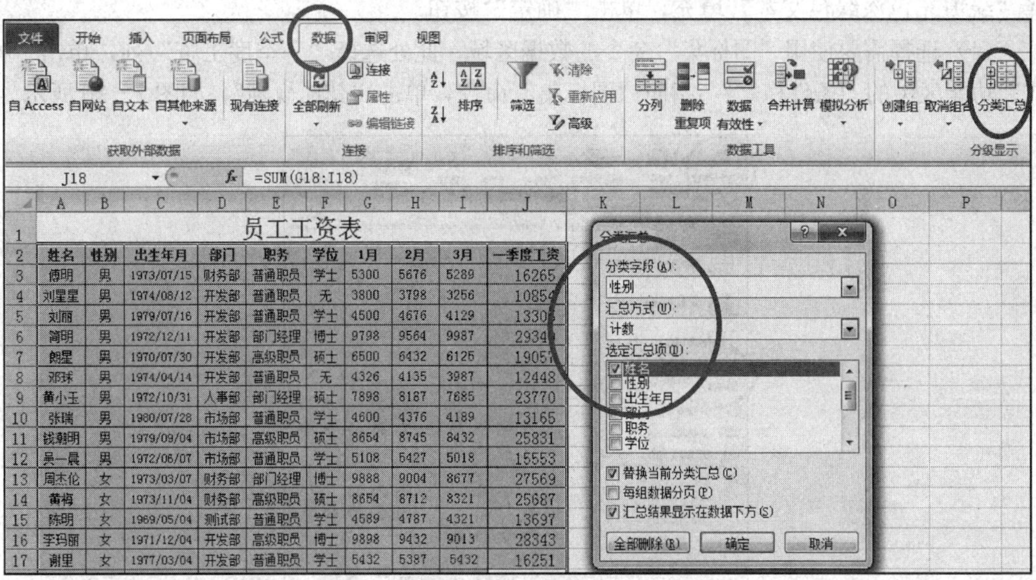

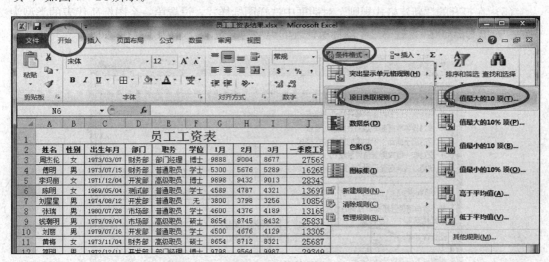

图 7-23　分类汇总

步骤 10：使用图标集设置条件格式。

（1）选中"1月"、"2月"、"3月"所在的三列，单击"开始"→"样式"功能区中的"条件格式"按钮，在弹出的菜单中指向"项目选取规则"命令，单击"值最大的 10项"，如图 7-24 所示。

图 7-24　条件格式

（2）在打开的"10 个最大的项"对话框中选择"绿填充色深绿色文本"填充，单击"确定"按钮，如图 7-25 所示。

（3）类似（2）和（3）的操作，单击"样式"功能区中的"条件格式"按钮，在指向"项目选取规

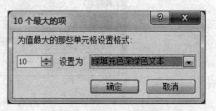

图 7-25　10 个最大的项格式设置

则"中单击"值最小的 10 项",如图 7-24 所示。在打开的"10 个最小的项"对话框中选择"绿填充色深绿色文本"填充,单击"确定"按钮。

(4) 选择需要使用"图标集"命令的数据区域,此处选择"一季度工资"列,单击"样式"功能区中的"条件格式",指向"图标集"命令,单击"其他规则",如图 7-26 所示。

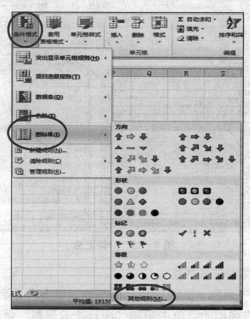

图 7-26 图标集

(5) 在打开的"新建格式规则"对话框中选择图标样式,设置第一个图标所代表的类型为"数字",值为 20000,设置第二个图标所代表的类型为"数字",值为 15000,如图 7-27 所示。

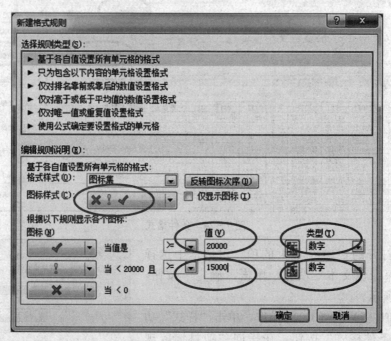

图 7-27 "新建格式规则"对话框

第 8 章　图表和数据透视表（图）

图表可以将数据以更加直观的形式展现出来，各种数据之间就能方便对比和联系。Excel 提供了丰富的图表样式，我们可以根据自己的需求选择适合自己的图表，形象直观地展示数据。数据透视表是一种可以快速汇总、分析大量数据表格的交互式工具，和前一章讲到的筛选、排序、分类汇总一样，都是 Excel 的一项数据处理的工具，但是比它们的功能更强大。数据透视表从数据源中提炼自己想要的各种统计数据，以各种报表形式展示的工具。

8.1　学习准备

8.1.1　图表的组成

Excel 提供了 11 种标准的图表类型，虽然图表的类型不同，但完整的图表往往包括以下几个部分：图表区、绘图区、图表标题、数据系列、坐标轴、网格线、图例等，如图 8-1 所示。

（1）图表区：主要分为图表标题、图例、绘图区三个大的组成部分。

（2）绘图区：指图表区内的图形表示的范围，即以坐标轴为边的长方形区域。对于绘图区的格式，可以改变绘图区边框的样式和内部区域的填充颜色及效果。绘图区中包含以下 5 个项目，即数据、列、数据标签、坐标轴、网格线。

（3）图表标题：显示在绘图区上方的文本框且只有一个。图表标题的作用就是简明扼要的概述图表的作用。

（4）数据系列：数据系列对应工作表中的一行或者一列数据。

（5）坐标轴：按位置不同可分为主坐标轴和次坐标轴，默认显示的是绘图区左边的主 Y 轴和下边的主 X 轴。

（6）网格线：网格线用于显示各数据点的具体位置，同样有主次之分。

（7）图例：显示各个系列代表的内容。由图例项和图例项标示组成，默认显示在绘图区的右侧。

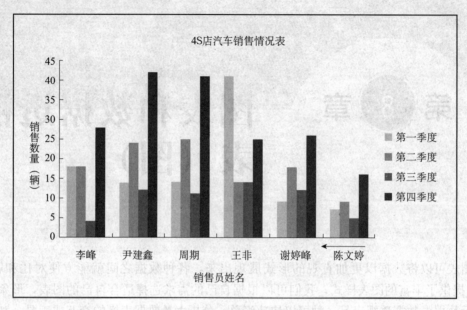

图 8-1　4S 店汽车销售情况表

8.1.2　图表类型

在"插入"→"图表"功能区中有柱形图、折线图、饼图、条形图、面积图、散点图、其他图表七大类，如图 8-2 所示。

	A	B	C	D	E	F	G	H	I	J
1	4S店汽车销售情况表（单位：辆）									
2	销售员	第一季度	第二季度	第三季度	第四季度	各季度情况				
3	李峰	18	18	4	28					
4	尹建鑫	14	24	12	42					
5	周期	14	25	11	41					
6	王非	41	14	14	25					
7	谢婷峰	9	18	12	26					
8	陈文婷	7	9	5	16					

图 8-2　图表功能区

我们不需要非常专业的图表制作知识，就可以制作出很专业的图表了。如图 8-3 所示的柱形图，可以非常清晰地表示出各个国家奖牌数。我们需要根据自己的需要，选择适合自己的图表类型，才能更直观清楚展示数据及数据之间的关系。

表 8-1 说明了常见图表的使用特点。

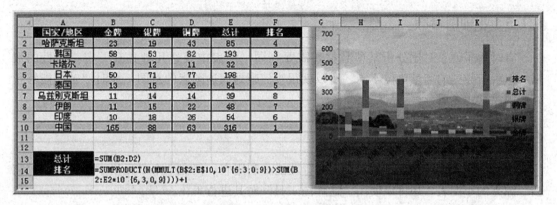

图 8 - 3 奖牌柱形图

表 8 - 1 常见图表的使用特点

图表类型	使用特点
柱形图	用于显示一段时间内的数据变化或说明项目之间的比较结果。通过水平组织分类、垂直组织值可以强调说明一段时间内的变化情况
折线图	显示了相同间隔内数据的变化趋势
饼图	显示了构成数据系列的项目相对于项目总和的比例大小。当需要强调某个重要元素时，饼图就很有用
条形图	描述各个项之间的对比情况，纵轴为分类，横轴为数据，突出了数值的比较，而淡化了随时间的变化
面积图	强调了随时间的变化幅度。由于显示了绘制值的总和，因此面积图也可显示部分相对于整体的关系
散点图	一般数据量较少时，可以用 Excel 制作散点图分析数据
曲面图	显示在两组数据间最优组合。比如在地形图中，颜色和图案指出了有相同值的范围的地域
锥形图 圆柱图 棱锥图	数据标记能使三维柱形图和条形图具有生动的效果

8.1.3 图表制作

首先在数据区域选要创建图表的数据。

在"插入"→"图表"功能区中选择一种图表类型，简单的图表就创建完成了。

8.1.4 组合图表

组合图表是指在一个图表中表示两个或两个以上的数据系列，不同的数据系列用不同的图表类型表示。

它的创建方法也比较简单：右击某一数据系列，从弹出的快捷功能菜单中，选择"更改系列图表类型"，就可为该数据系列设置新的图表类型。

8.1.5 双轴组合图

有时为了便于对比分析某些数据，需要在同一图表中表达几种具有一定相关性的数据。但由于数据的衡量单位不同，所以就很难清晰地表达图表的意图，此时双轴图能够很好地解决这一矛盾。

8.1.6 迷你图的使用

Excel 2010 提供了全新的"迷你图"功能，利用它，仅在一个单元格中便可绘制出简洁、漂亮的小图表，还可以使用"迷你图工具"对其进行美化。

迷你图的类型有三种：折线图、柱形图和盈亏图。现以 4S 店汽车销售为例介绍迷你图的操作步骤。

图 8-4　迷你图

步骤 1：选中 F3 单元格，在"插入"→"迷你图"功能区中选择"迷你图"类型，在这里选择"折线图"，如图 8-4 所示迷你图。

步骤 2：在弹出的"创建迷你图"对话框中的"选择所需的数据"中的"数据范围"中输入"B3：E3"（见图 8-5），在"选择放置迷你图的位置"中的"位置范围"输入"$F$3"。

步骤 3：然后单击"确定"按钮即可，生成如图 8-6 所示的迷你图。

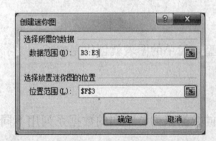

	A	B	C	D	E	F
1	4S店汽车销售情况表（单位：辆）					
2	销售员	第一季度	第二季度	第三季度	第四季度	各季度情况
3	李峰	18	18	4	28	
4	尹建鑫	14	24	12	42	
5	周期	14	25	11	41	
6	王非	41	14	14	25	
7	谢婷峰	9	18	12	26	
8	陈文婷	7	9	5	16	

图 8-5　迷你图设置　　　　　　图 8-6　迷你折线图

步骤 4：迷你图生成后，单击"迷你图"所在单元格，这时会出现"迷你图工具"工具栏，通过该工具栏可以设置迷你图的相关格式。

8.1.7　数据透视表（图）

日常工作经常需要对工作表中数据进行统计。一般情况都是使用菜单命令或函数来进行数据统计的。可是如果要统计的工作表中记录很多，而且需要统计的项目也很多时，使用这种方法就显得力不从心了。数据透视表可以用来很好地解决此类问题。它是自动生成分类汇总表的工具，可以根据源数据表的数据内容及分类，按任意角度、任意多层次，不同的汇总方式，得到不同的汇总结果。下面介绍数据透视表是如何生成的。

在选中"插入"菜单后，功能区最左边就是数据透视表按钮，这个按钮包括"数据透视表和数据透视图"两个选项，如图8-7所示。

图8-7　插入数据透视表

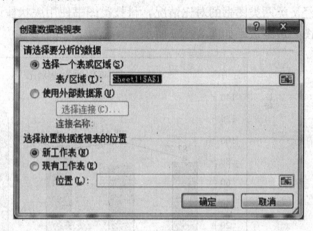

图8-8　创建数据透视表设置

单击"数据透视表"后，弹出"创建数据透视表"对话框，如图8-8所示。设置相应的数据确定后出现"数据透视表字段列表"对话框，如图8-9所示。出现"设计"菜单，单击"分类汇总"中"不显示分类汇总"和"报表布局"中的"以表格形式显示"后，再拖动字段列表中的字段即可完成工作，生成过程干净利索。

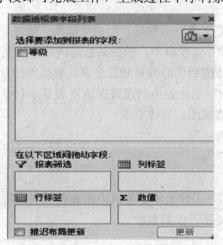

图8-9　"数据透视表字段列表"对话框

8.2　案例——创建图表和数据透视图

[案例要求]

打开"\素材\Excel\第8章\图表和数据透视图.xlsx",本节将通过这个案例,具体讲述图表和数据透视表的各种应用,包括组合图表、双饼图、双轴图及各种类型的数据透视表的应用。

(1)在"组合图表"工作表中,根据两类图书的销售情况创建一张图表,生成科技类和经济类两类图书的对比情况,科技类图书使用簇状柱形图,经济类图书选用带标记的折线图,最终效果如图8-10所示。

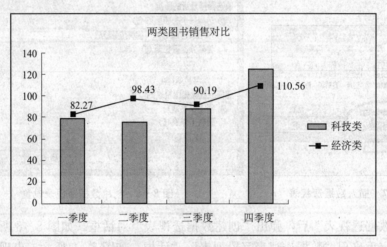

图8-10　组合图表效果图

(2)根据"双饼图"工作表中某校各年级各班级的优秀人数,制作双饼图,效果如图8-11所示。

(3)根据"双轴图"工作表中的数据,生成双轴图,效果如图8-12所示。

(4)在"数据透视表1"工作表中,根据某公司的销售情况数据创建一个数据透视表,用来显示各个地区各种物品的销售总数量和总金额,效果如图8-13所示。

(5)在"数据透视表2"工作表中创建数据透视表显示每个客户在每个出版社所订的教材数目,同时生成数据透视图,具体要求:

①行区域设置为"出版社"。

②列区域设置为"客户"。

③计数项为订数。

(6)在"数据透视表3"工作表中,生成中国和韩国的销售员的销售总额数据透视表,同时销售总额以货币格式显示,保留整数。

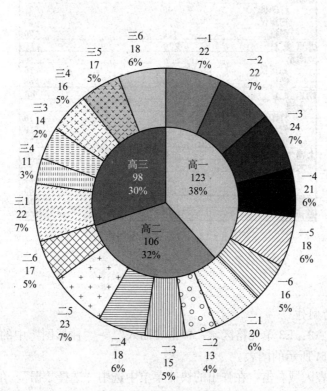

图 8－11　双饼图效果图

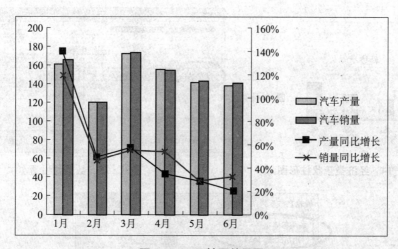

图 8－12　双轴图效果图

行标签	▼	求和项:销售数量	求和项:销售金额（万元）
⊟北京			
打印机		40	21
扫描仪		70	30
微机		110	120
北京 汇总		220	171
⊟南京			
扫描仪		20	15
微机		60	68
南京 汇总		80	83
⊟上海			
打印机		30	10
扫描仪		50	10
微机		170	170
上海 汇总		250	190
⊟天津			
打印机		40	20
微机		100	80
天津 汇总		140	100
总计		690	544

图 8-13　数据透视表效果图

[案例制作]

1. 组合图表的制作

步骤 1：选中 A2：E3 单元格区域，单击"插入"→"柱形图"中的第一个簇状柱形图，生成如图 8-14 所示的图表。

步骤 2：在图表区域右击，在弹出的快捷菜单中选中"选择数据"，在打开的"选择数据源"对话框中单击"添加"按钮，如图 8-15 所示。在打开的"编辑数据系列"对话框中，如图 8-16 所示，设置"系列名称"为"=组合图表!＄B＄4"，"系列值"为"=组合图表!＄B＄4：＄E＄4"。单击"确定"按钮，再单击"确定"按钮。

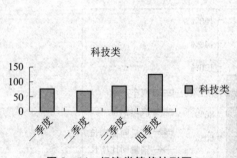

图 8-14　经济类簇状柱形图

图 8-15　数据源设置

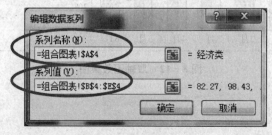

图 8-16　编辑数据系列

步骤 3：选中新生成的柱状图，右击在弹出的快捷菜单中选择"更改系列图表类型"，在打开的"更改图表类型"对话框中选择"带数据标记的折线图"。再选中新生成的折线图，右击在弹出的快捷菜单中选择"添加数据标签"即可，如图 8-17 所示，生成如图 8-18 所示的图表。

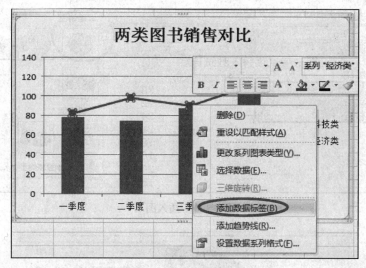

图 8-17　添加数据标签

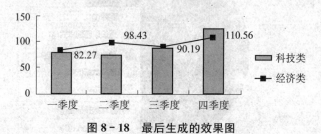

图 8-18　最后生成的效果图

2. 双饼图创建

步骤 1：选中 A3：B5 单元格区域，单击"插入"→"饼图"，选择第一个饼图，如图 8-19 所示。选中图列项，按 Delete 键删除。再选中饼图右击，在弹出的快捷菜单中选择"添加数据标签"，如图 8-20 所示。

步骤 2：再次选中饼图的数据部分，右击，在弹出的快捷菜单中选择"设置数据标签格式"（见图 8-21），在打开的"设置数据标签格式"对话框（见图 8-22）中，分别选中"类别名称"、"值"和"百分比"复选框，单击右下角的"关闭"按钮即可，效果如图 8-23 所示。

步骤 3：选中整个饼图，右击，在弹出的快捷菜单中选中"选择数据"，打开"选择数据源"对话框，如图 8-24 所示。在此对话框中单击"添加"按钮，弹出"编辑数据系列"对话框。设置"系列名称"为"系列 2"，"系列值"为"＝双饼图！＄D＄3：＄D＄20"，如图 8-25 所示。确定后返回到"选择数据源"对话框，选择"系列 2"，单击"水平（分类）轴标签"下方的"编辑"按钮，如图 8-26 所示，打开"轴标签"对话框，如图 8-27 所示。"轴标签区域"选中"＝双饼图！＄C＄3：＄C＄20"，单击"确定"按钮。

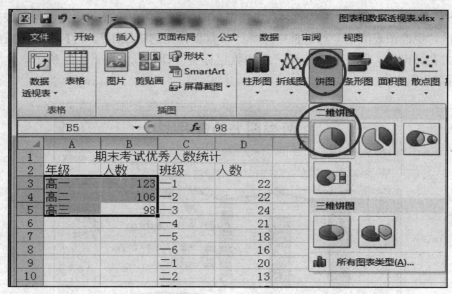

图 8-19　插入图表

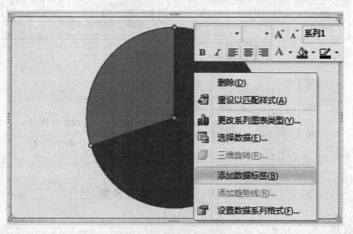

图 8-20　添加数据标签

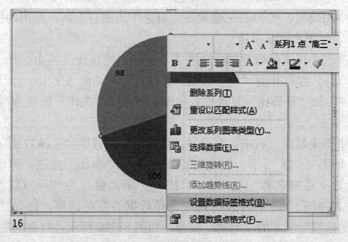

图 8-21　设置数据标签格式

图 8-22　数据标签格式设置

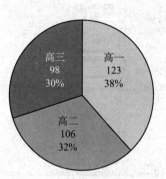

图 8-23　单饼图

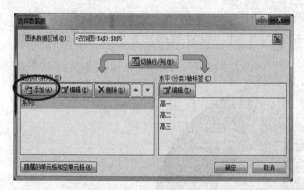

图 8-24　"选择数据源"对话框

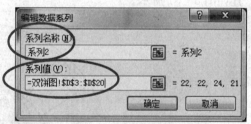

图 8-25　编辑数据系列

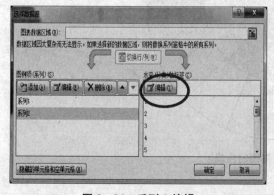

图 8-26　系列 2 编辑

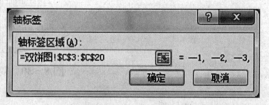

图 8-27　轴标签设置

步骤 4：选中图中圆饼右击，在弹出的快捷菜单中选择"设置数据系列格式"，打开"设置数据系列格式"对话框。选中"次坐标"，单击"关闭"按钮，如图 8-28 所示。

步骤5：用鼠标左键点住圆饼不放，向外拖动，到适当位置后放开，生成两个饼图，如图8-29所示。

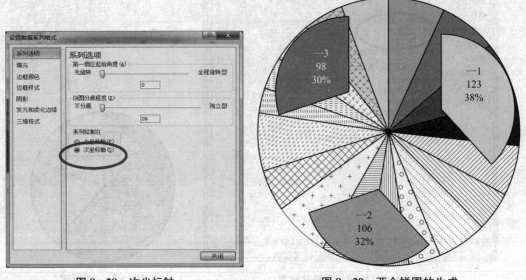

图8-28　次坐标轴　　　　　　　　　　图8-29　两个饼图的生成

步骤6：将分散的几个扇形分别拖回圆心，如图8-30所示。选中整个饼图，右击，在弹出的快捷菜单中选择"设置数据标签格式"，打开"设置数据标签格式"对话框，设置如图8-31所示。

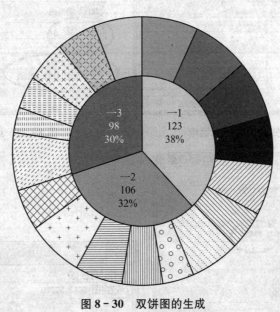

图8-30　双饼图的生成

3. 创建双轴图

步骤1：选中A3：E9单元格区域，插入簇状柱形图。我们可以很清晰地看到汽车产量和汽车销量的柱状图，如图8-32所示。

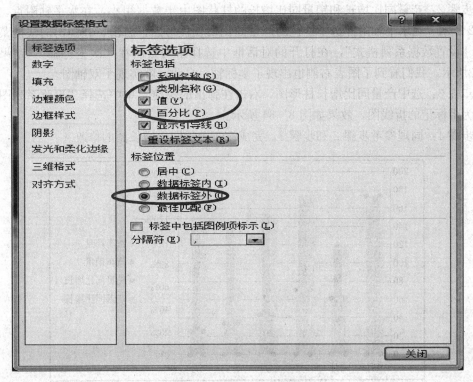

图 8-31 数据标签格式设置

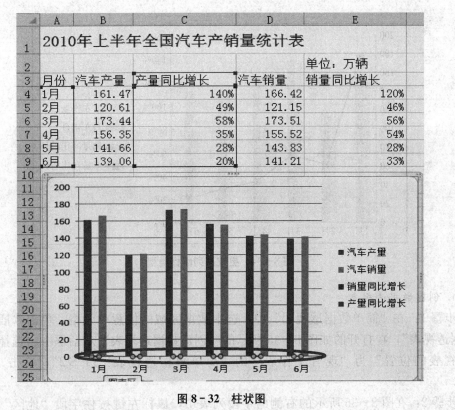

图 8-32 柱状图

步骤2：产量同比增长和销量同比增长的柱状图由于数据很小，在水平轴附近，如图8-32所示。在水平轴附件选中红色的产量同比增长柱形图，右击，在弹出的快捷菜单中选择"设置数据系列格式"，在打开的对话框中选择系列绘制在"次坐标轴"，结果如图8-33所示，我们看到了图表右侧也出现了坐标轴，自此，就实现了双轴图。

步骤3：选中产量同比增长柱形图，右击在弹出的快捷菜单中选择"更改系列图表类型"为带标记的折线图，效果如图8-34所示。

步骤4：同理参考步骤2和步骤3，完成汽车销量同比增长图的修改。

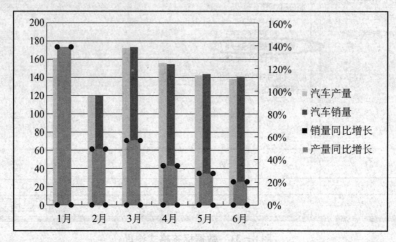

图8-33　双坐标轴

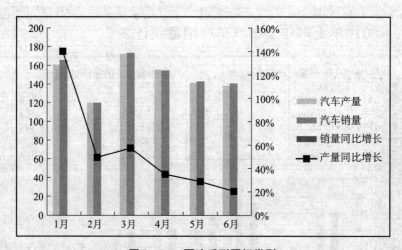

图8-34　更改系列图标类型

4. 创建数据透视表

步骤1：在"简单数据透视图"中，选中数据区域的任意单元格，单击"插入"→"数据透视表"，在打开的如图8-35所示的"创建数据透视表"对话框中"选择放置数据透视表的位置"为"现有工作表"的"简单数据透视表！$F$2"，单击"确定"按钮。

步骤2：在图8-36所示的右侧的字段列表中，鼠标左键按住字段"地区"移动到

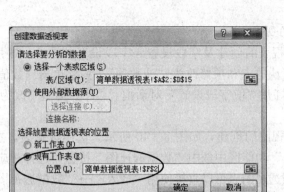

图 8-35 "创建数据透视表"对话框

"行标签"处，按住字段"物品名称"移动到"行标签"处，"销售数量"和"销售金额"移到"数值"处，如图 8-36 所示。

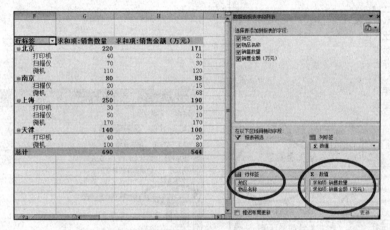

图 8-36 字段设置

步骤 3：选择"数据透视表工具"→"设计"→"分类汇总"→"在组的底部显示所有分类汇总"，如图 8-37 所示。

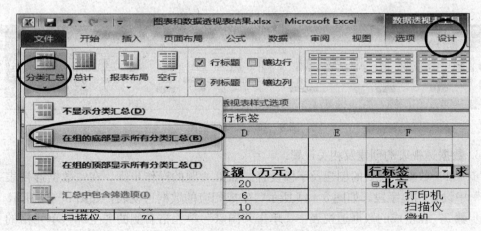

图 8-37 分类汇总位置

5. 数据透视表的创建

步骤 1：数据透视表的创建及字段设置。字段设置如图 8-38 所示，其中在"数值"部分，订数需要从默认的求和项修改为"计数项"，只要单击"数值"处的下拉菜单，选择"值字段设置"，打开"值字段设置"对话框。"计算类型"改为"计数"，如图 8-39 所示。

步骤 2：数据透视图的创建，如图 8-40 所示。选中数据表，在"数据透视表工具"→"选项"的"工具"功能区中选中"数据透视图"按钮，选择相应的柱状图就生成了数据透视图（注：数据透视图也可以直接使用"插入"→"数据透视图"来实现，其操作和数据透视表的创建类似）。

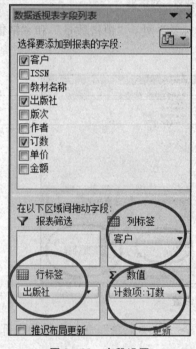

图 8-38　字段设置

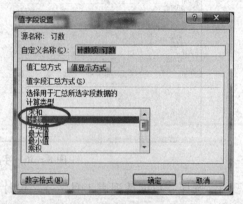

图 8-39　值字段设置

图 8-40　数据透视图

6. 数据透视表的创建及相关设置

步骤 1：数据透视表的创建及字段设置。如第 4 题的操作步骤，在"数据透视表字段列表"中设置相应字段，如图 8-41 所示，生成相应的数据透视表，如图 8-42 所示。

步骤 2：在生成的数据透视表中，单击"国家"单元格右侧的"全部"单元格的下拉菜单，选中选择"多项"复选框，再选中"韩国"和"中国"，单击"确定"按钮即可，如图 8 - 43 所示。选中数据透视表中"销售额"列，右击，在弹出的快捷菜单中选择"设置单元格格式"，打开"设置单元格格式"对话框，如图 8 - 44 所示。在"数字"选项卡中选择"分类"为"货币"，"小数位数"为 0。单击"确定"按钮即可。

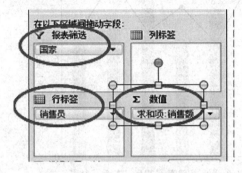

图 8 - 41　字段设置

图 8 - 42　数据透视表

图 8 - 43　筛选中国和韩国

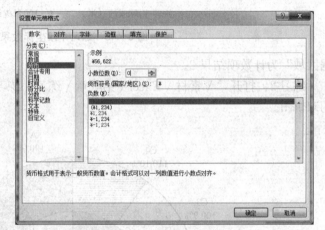

图 8 - 44　"设置单元格格式"对话框

◇◆◇　习题　◇◆◇

练习 1：打开"\素材\Excel\第 8 章\练习\练习 1. xlsx"，完成如下操作：

（1）将 Sheet1 的学生成绩表复制到表 Sheet2，对表 Sheet2 按性别和结果 1 进行降序和升序排列。

（2）将 Sheet1 的学生成绩表复制到表 Sheet3，对表 Sheet3 进行高级筛选，筛选出性别为男，100 米成绩＜12.00 秒，铅球成绩＞9 米的数据。

（3）将 Sheet1 的学生成绩表复制到表 Sheet4，按性别进行一级分类汇总，按班级进行二级分类汇总，求出结果 1 中"合格"和"不合格"的学生人数。

（4）将 Sheet1 的学生成绩表复制到表 Sheet5，建立一张姓名为水平坐标，结果 1 和结果 2 位纵坐标的双坐标图表，效果如图 8 - 45 所示。

（5）根据 Sheet1 的学生成绩表，在表 Sheet6 中创建一张数据透视表，要求显示每种性别学生的及格与不及格人数。"行区域"设置为"性别"，"列区域"设置为结果 2，"数

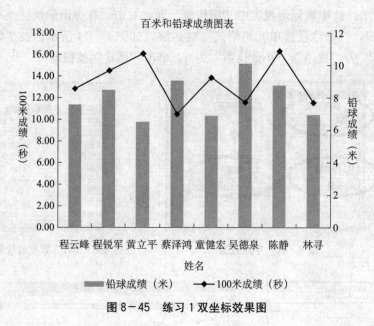

图 8-45　练习 1 双坐标效果图

据区域"为计数项结果 2。

练习 2：打开"\素材\Excel\第 8 章\练习\练习 2. xlsx"，完成如图 8-46 所示的双饼图。

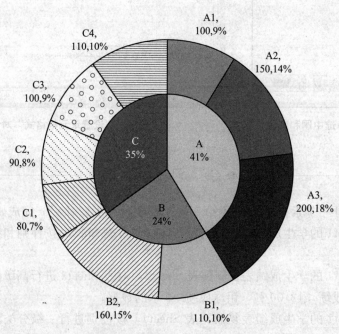

图 8-46　练习 2 双饼图效果图

第 3 篇

PowerPoint 2010 高级应用

PowerPoint 是 Microsoft 公司推出的 Office 系列产品之一，是制作和演示幻灯片的软件，它能够制作出集文字、图形、图像、声音及视频剪辑等多媒体元素于一体的演示文稿。PPT 广泛用于会议、商业演示、培训、娱乐动画和教学课件中。制作一个 PPT 容易，但做一个好的、适合的 PPT 却不容易。如果所设计的 PPT 逻辑性差、杂乱无章，又无美观效果，形式不能较好地表达内容，则设计的 PPT 就不是一种吸引人的有效传递信息的方式。

本篇共分以下 3 章：

第 9 章是以找出问题、效果对照方式来介绍 PPT 设计的构思与制作，是 PPT 制作的方法引导。

第 10 章以大学生创新项目答辩为例，学习使用母版设计统一风格、图文并茂的学术型 PPT 制作的常用思路与方法。

第 11 章以 iPhone 手机产品广告宣传演示文制的制作，介绍动感 PPT 的设计，包括视频的添加、播放、动画效果的添加和触发器的使用等。

PowerPoint 2010 高效办公

第 9 章 PPT 制作的构思与设计

9.1 PPT 设计中常见问题

制作 PPT 文稿前，首先必须明确文稿的用途。用途决定形式，不同的用途，在设计上也会有不同的风格与表现形式，如进行销售演示、产品发布或培训时，PPT 的功用是视觉辅助，需要借助 PPT 给观众展示一些要点、图片；而活动短片、产品介绍的自动演示型 PPT，通常需要图文并茂，或配上声音、声音解说。我们也时不时听到这样的言论："PPT 很简单，就是把 Word 里的文字复制、粘贴。"如果是这样，只是将文字换了一个地方而已，是对 PPT 的一种错误的理解与误用，没有真正理解 PPT 的用途，没有理解作者在一次演讲、汇报中 PPT 在其中的角色作用。

下面以一个介绍 PPT 设计中的十大问题的 PPT 课件来共同探讨 PPT 设计中存在的常见问题，不妨对照看一看，自己是否遇到过类似问题，有则改之，无则加勉，总之，可以在 PPT 设计中加以借鉴。

1. 密密麻麻的文字

这是一份讲稿提纲，是典型的 PPT 页面，上面文字很多，纯粹就是一个文字阅读。对于作为视觉辅助用的 PPT 来说，不适宜太多文字，容易引起听众的视觉疲劳、乏味，分不清楚重点。

注意：文字是 PPT 的天敌，能减则减、能少则少；文字是用来瞟的，不是读的。凡是瞟一眼看不清的地方，就要简化文字或放大，放大还看不清，则大胆地删掉。

2. 看不清楚的文字

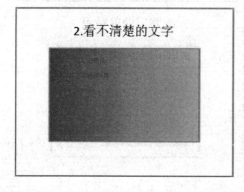

虽然 PPT 页面文字不多，但存在一个常犯的错误问题，即背景和文字的颜色设置有问题，使得文字模糊不清。

通常，文字和背景颜色搭配的原则为：一是醒目、易读，二是长时间看了以后不累。一般文字颜色以亮色为主，背景颜色以暗色为主。几种具有较好视觉效果的颜色搭配方案为（文字颜色/背景颜色）：白色/蓝色，白色/黑色，白色/紫色，白色/绿色，白色/红色，黄色/蓝色，黄色/黑色，黄色/红色。

3. 眼花缭乱的配色

页面文字搭配多种颜色，根据文字内容配以不同的颜色，导致的结果就是令人眼花缭乱，不知道文字的重点在哪里。

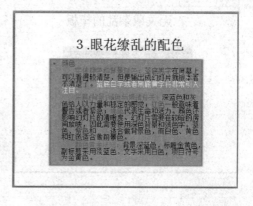

注意：PPT 忌讳"五颜六色"，过多的颜色会显得杂乱，并分散听众的注意力。一般来讲，除了黑色和白色外，最多搭配 3 种颜色。建议准备两种色彩搭配以适应不同的环境光线。第一种蓝底白字，适合在环境光线比较强的情况下使用，这种色彩搭配能看清文字，又不易产生视觉疲劳。第二种白底黑字，适合在较暗的环境下使用。

4. 杂乱的图

PPT 上的图片并不是随意放置的，应遵守一定的规则。此幻灯片中的图片大小和位置都没有考虑到位，所以画面杂乱。

通常可以将图片按一定的规则排列，可以借助辅助线，也可以借助表格来布局图片。

5. 无关的图

PPT 上的图片不是用来装饰，吸引眼球的，若是与主题无关的图片，即使再漂亮、艺术效果再好，放上去也是没用的，反而会起到相反作用。

图片要与内容贴切，在充分理解文字的内容，再配上适合的相应图片。此幻灯片内容讲的是进入大学，大学社团的情况，那么可以插

入相关学生活动、大学生咨询情景的图片。

6．陈旧的剪贴图

剪贴画作为矢量图，可以任意放大，而且不影响图片效果，同时 Office 自带剪贴图库，所以可被广泛使用。不过有些剪贴画在配色和设计上都有些陈旧，经常被使用，没有新意，这些陈旧的剪贴画应尽量避免使用。

可以在网上下载新的剪贴画，创建自己的剪贴画库，把一些过时的陈旧剪贴画删除。

7．无关或杂乱的模板

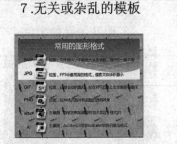

无关或杂乱的模板往往会起到反作用，导致页面中的文字看不清，不会起到辅助文字的作用。此幻灯片采用了陈旧、杂乱的模板，再加上背景的填充效果让人看不清文字内容与图片效果。

通常，当页面内容本身已配有图片，这时使用背景简单的模板或不用模板效果会更好。

8．模糊的图

此幻灯片配上模糊不清晰的图，效果会适得其反，模糊的图片还不如不用。

通常，JPG 格式的图片在 PPT 中最常用，但图片要是放大超过原始尺寸时会导致画面模糊。

9．画蛇添足的艺术字

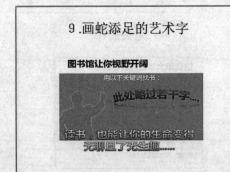

在适合的位置运用艺术字，可以起到画龙点睛的作用，但如果使用不恰当，可能会画蛇添足，例如，此幻灯片中的艺术字"此处略过若干字……"，没有任何的实际意义。

在使用文字时，第一原则是要清晰可读，如果使用艺术字，导致文字看不清楚，还不如使用普通文字。

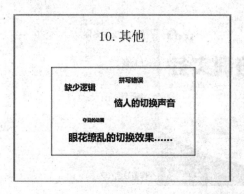

10. 其他

还有很多关于 PPT 的设计问题，这里只是列举了一些显而易见的，只要在设计过程中，引起注意可以避免的问题，其余的不再在此一一列举。

其实 PPT 的设计是一个"技术＋设计＋美学"综合问题，光会技术，没有美学、设计思想是做不出好的 PPT 的。

9.2 PPT 整体结构设计

从整体上看，PPT 的结构主要分为封面、目录、过渡页、正文页和结尾五大部分，如图 9-1 所示。

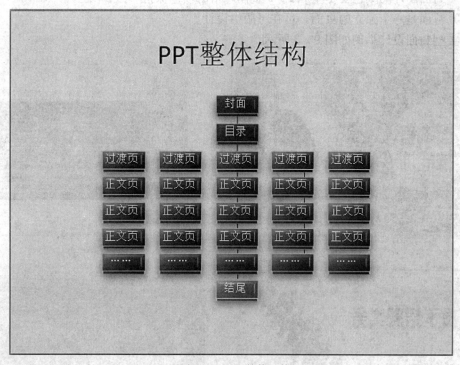

图 9-1 PPT 整体结构

9.2.1 封面设计

PPT 的封面是非常重要的，就像书要有封面、电影有海报一样，这是给观众的第一印象。在 PPT 封面要传达的信息中，其中标题、公司/单位、演讲者这三个要素是必需的，如图 9-2 所示。在形式上主要有纯文字型、图文并茂型两种方法。

图9-2　封面设计内容表达

封面设计基本设计原则如下：

（1）封面设计要素一般是图片/图形/图标＋文字/艺术字。

（2）设计要求简约、大方，突出主标题，弱化副标题和作者姓名/ID。

（3）图片内容要尽可能和主题相关，或者接近，避免毫无关联的引用。

（4）封面图片的颜色要尽量和PPT整体风格的颜色保持一致。

（5）封面是一个独立的页面，可在母版中设计。

各类型封面设计举例如图9-3所示。

（a）简单图文型

（b）多图形设计

（c）设计感风范

（d）PNG图片型

图9-3　各类型封面设计举例

9.2.2　目录设计

翻开封面，就是目录，目录的作用是告诉观众这份 PPT 有什么内容。如果页数比较多，在结构上有目录能更清晰，对于听众来说可以了解框架，对帮助理解是非常有用的。目录页中包含的要素有三个内容：目录、页码和页面标识，如图 9-4 所示。

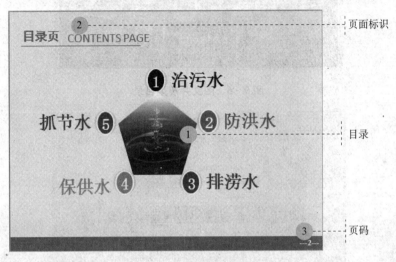

图 9-4　目录页包含要素

目录制作从排列形式上可设计成横排、竖排、环形等，从元素构成上可设计成纯文字、图文并茂型、导航型、SmartArt 图形绘制等，下面是各类型目录举例。

图 9-5　传统型目录

（1）传统型目录。如图 9-5 所示。传统型目录是最常用的，也是最简洁的目录，以文字为主，通常不需要特别的设计，直接列举各项要点即可，可以适当地配以修饰，如颜色、背景等。

（2）图文并茂型目录。图片通常给人耳目一新的感觉，容易吸引人的眼球，若希望目录有些花样，则可采用图文并茂的方式。如图 9-6 所示，在每一标题前添加图标。但特别要注意的是图标必须符合标题的内容，以帮助听众能更好地记忆与理解，否则加上无关的图就没有意义了，还不如使用简单传统的文字描述型。

（3）时间轴型目录。时间轴型目录是一种比较有创意的想法，由形状、文本框等对象组合设计而成的。通过这种方式，可以告诉观众这次讲解大概所花时间，每一个内容的时间安排，能让听众更有效的理解，如图 9-7 所示。

（4）Web 导航型目录。Web 导航型目录是借鉴 Web 的导航菜单，如图 9-8 所示，可使用形状、文本框对象组合设计而成，如果感觉页面空白较多，可在局部插入适合的图片。

图 9-6 图文并茂型目录

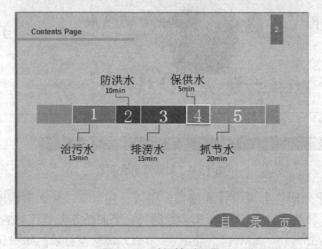

图 9-7 时间轴型目录

图 9-8 Web 导航型目录

9.2.3 过渡页的转场设计

PPT 转场设计即过渡页的设计,一个 PPT 中往往包含多个部分,在不同内容之间如果没有过渡页，则内容之间缺少衔接，容易显得突兀，不利于观众接受。因此，如果我们使用了目录页，并在每一段内容开始前再出现一次目录，则可以突出该段要讲的内容，起到承上启下的作用。

过渡页中要素通常包括四个方面，页码标识、章节名称、章节内容和页码，如图 9-9 所示，过渡页设计的基本方式如下：

（1）过渡页的页面标识和页码一般和目录页保持完全的统一。

（2）过渡页的设计在颜色、字体、布局等方面要和目录页保持一致（布局可以稍有变化）。

（3）与 PPT 布局相同的过渡页，可以通过颜色对比的方式，展示当前课题进度，如图 9-8、图 9-10 所示。

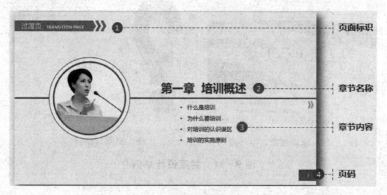

图 9-9　过渡页包含要素

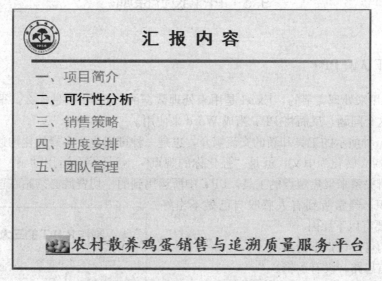

图 9-10　使用颜色对比实现过渡页效果

（4）独立设计的过渡页，最好能够展示该章节的内容提纲，如图 9-9 所示。

9.2.4　结尾设计

结尾设计也是 PPT 设计中重要的一个环节，通常是表达感谢和保留演讲者信息，常常会被忽略。如果要让自己的 PPT 在整体上形成一个统一的风格，就需要专门针对每一个 PPT 设计结尾，即封底，封底设计的基本方式如下：

（1）封底的设计要和封面保持不同，避免给人偷懒的感觉。

（2）封底的设计在颜色、字体、布局等方面要和封面保持一致。

（3）封底的图片同样需要和 PPT 主题保持一致，或选择表达致谢的图片，如图 9-11（a）所示。

（4）如果是教学型、问题探讨型演讲可以以"提问与解答"环节作为封底设计，如图 9-11（b）所示。

（a）表达谢意、留信息   （b）提问与解答

图 9-11　封底设计举例

9.3　PPT 设计原则

9.3.1　真正认识 PPT

Word 是用来处理文字的，Excel 是用来处理数据的，而 PPT 是什么，很多人都没有深入地想过这个问题，反而将 PPT 当成 Word 来使用。

PPT 是一种演示的工具和新的交流媒介，也是一种可视化、多媒体化沟通的载体。如果将 PowerPoint 转化为中文，就是"强化你的观点"，就是综合运用动画、文字、图表，以一定的逻辑关系来聚焦观点的工具，PPT 中所运用到的一切资源必须站在这个立场上进行筛选和组织。经常听到有人感叹自己做不出好的 PPT，主要有以下原因：

（1）对幻灯片认识不清。

（2）没有思路，没有逻辑。

（3）对汇报材料不熟悉。

（4）缺乏好的表达形式。

（5）缺乏基本的美感。

如何来设计一个适合的 PPT 呢，从制作过程上来说，可分为三个步骤，如图 9-12 所示。

（1）理解。理解阶段即认真研读 Word 文稿的

图 9-12　PPT 制作步骤

过程，在打开 PowerPoint 前应该拿出纸和笔，确定 PPT 文稿的主题、要点、框架，对框架进行进一步抽丝剥茧，以便在 PPT 中用形象的方式表现出来，完成 PPT 的策划过程。只有通过策划才能明确地知晓制作 PPT 的目的，才会有目的地选择素材，才会给观众明显的完整性。

（2）想象。想象即把文字分为许多页面，构思页面细节，如何来表达内容、传递思想。

（3）制作。PPT 的制作内容应该提纲挈领，突出演讲内容的关键点，而且在描述这个关键点时，不可让一些与主题无关或与表现形式无关的图片及文字出现在 PPT 版面中，应尽量让描述具有悬念，尽量形象生动，让观众看了 PPT 后有欲望去了解更多的东西，有欲望去听你讲话的内容。

PPT 制作是一个设计的过程，没有正确或错误之分，只有适合与不适合、好与差之区分，一个好的 PPT 演示文稿一定会给人一目了然、清晰的逻辑及美的欣赏。因此，PPT 制作要从视觉效果、文字内容、表达形式和逻辑思维等多方面来考虑。

9.3.2　一目了然

什么是一目了然，如此幻灯片所示，一图胜千文。从图片效果来看，有两个特点：巨大的文字和突出的特征。请记住，也不是所有的文字都要巨大，这需要根据演讲的场地、对象和内容来综合考虑。

实现一目了然的方法可以通过加大字号、加粗字体、颜色辅助，留足空间，舍得删除多余的文字、多余的颜色、多余的效果和复杂的背景。

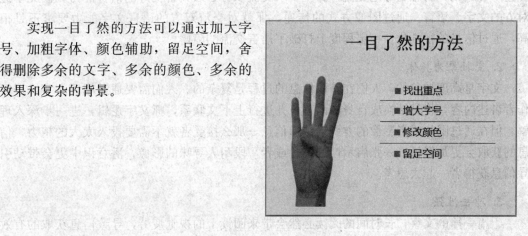

无法看清主题的幻灯片，存在如下问题：

（1）文字太多。

（2）颜色太多。

（3）背景由于使用过渡效果，出现"阴阳脸"。

针对上一张幻灯片的问题，可做如下修改：

（1）删除背景颜色。

（2）简化文字。

（3）力求简单。

当你没有相对的设计能力，对颜色搭配不够有信心的情况下，不如设计成简单的版面布局。

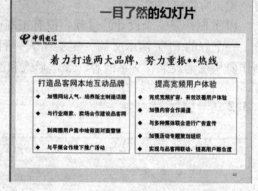

9.3.3 视觉化

有70％的人是视觉思维型，他们对图理解速度要远远快于文字。所谓信息视觉化，就是将概念翻译成图的过程。信息视觉化有如下四方面的优点。

1. 突破语言的障碍

信息的交流不可避免，通过听、说、看等方式，人与人之间进行有效的信息沟通，其中文字记录是一种常见的信息传递方式，但因其传递范围的区域性，可能会导致讯息之间传递不够通畅，若想更好地交流，那就要求交流双方必须具备良好的语言能力，彼此掌握对方的文字、语言。通过图像方式的传递，那就对交流双方的语言文字能力要求不是很高，通过信息的视觉化，一定程度上打破了语言交流的障碍。

2. 变抽象为具体

文字是高度抽象的，人们在获取信息的过程是复杂的。人们需要通过阅读文字，了解作者讲述内容，将其转换成自身的语言，并进行上下文联系，抓文字逻辑，进一步深入理解。但在通过图片或者影像的方式来传递信息，那么接受者就不需要投入太大的精力，信息的获取会更加轻松。一张启示性的图片或者一段耐人寻味的影像，潜意识中更会带动引导信息获得者一起去思考。

3. 冲击性强

千篇一律的文字，长时间的阅读必然会带来阅读上的视觉疲劳，导致信息获取的有效性、长期性降低，并且，通过文字获取信息需要信息获取者深入到传递者的思想去把握理解，需要更多的时间。而图片或影像恰恰弥补了文字上的这个缺点，通过强烈的视觉冲击，迅速抓住信息获取者的眼球，将需求者带入到传递者所想要表达的意境中，更加容易理解传递者所传递的思想内涵。

4. 易于理解和记忆

相比较图片或影像，文字的理解和记忆需要更多的时间投入。

信息视觉化主要分以下三种翻译过程：将文字翻译成图、将图表内容翻译成图、将基调翻译成图。

图 9-13 即是将文字翻译成图的视觉化范例，只看图 9-13（a），光从文字来理解相对枯燥，再看图 9-13（b），由图片的效果能很好地理解文字"瘦"，从人物的表情更能体会到开心快乐的感觉，给人以生动、形象的氛围。

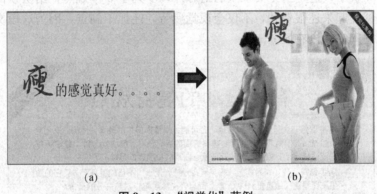

图 9-13　"视觉化"范例一

从图 9-14（a）的标题来看，它是对马云的一个绍，虽显得文字稍多，但也图文并茂，是一种常用的介绍方式，再对比图 9-14（b），换了一张图片，删除了大段的文字，突出了"永不放弃"的马云精神，从图片人物的表情、眼神的坚定很好地契合"永不放弃"四个字。

图 9-14　"视觉化"范例二

9.4　PPT 优化设计

9.4.1　文字优化精简

在 PPT 设计中，将 Word 中文字直接复制、粘贴，搬到 PPT 中，PPT 页面是密密麻麻的文字，这是制作 PPT 最忌讳的。

文字优化设计坚持的两个原则是：少、瞟。

1. 少

少是指文字是 PPT 的天敌，能删则删，能少则少，能转图片则转图片，能转图表则转图表。

2. 瞟

瞟是指 PPT 中文字是用来瞟的，不是用来读的。所以，文字要足够大、字体要足够清晰、字距和行距要足够宽、文字的颜色要足够突出。

如图 9-15 所示，这是一张文字型的幻灯片，罗列了 5 个观点，给听众的感受就是文字阅读，而且阅读起来还很费劲，不仅会视觉疲劳，还抓不到点，因为这段文字的段与段之间，行与行之间完全没有区分。

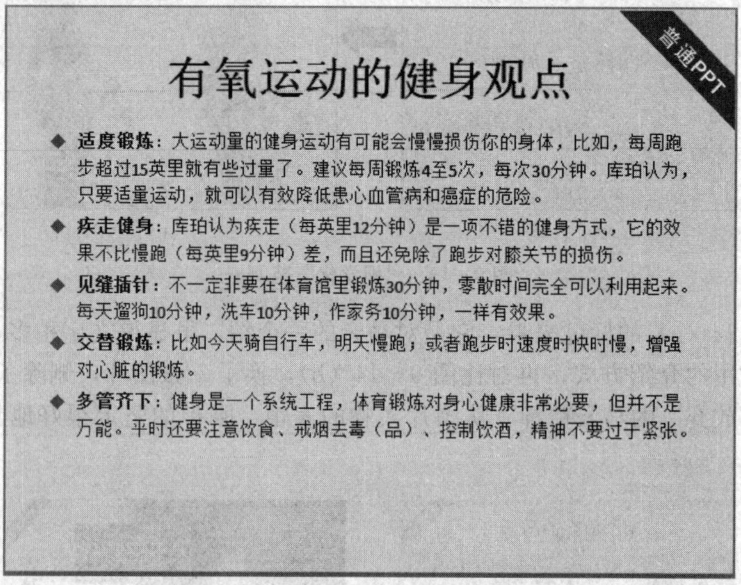

图 9-15 "平淡无奇"文字型幻灯片

如何让图 9-15 所示的幻灯片页面效果更简洁、清晰呢？文字优化排版用的设计思维是对齐、聚拢、对比、重复、降噪和留白等方法，如图 9-16 所示。这里介绍前几项。

(1) 对齐。图 9-17 是借助表格实现的一个"对齐"效果，让 5 个观点更加清晰地显示，同时拉大了段与段之间的距离。效果较图 9-15 有所提高。

(2) 聚拢。图 9-18 通过辅助线的添加，行距与段之间的距离设置，实现的聚拢效果，整体页面相比图 9-15 稍有所提高，但并不理想。

(3) 对比。图 9-19 是通过文字颜色的对比，突出关键字，在排版风格上使用 Smart-Art 图。

(4) 降噪。图 9-20 是在图 9-19 的基础上，删除原因性、解释性、重复性、辅助性和铺垫性文字，达到降噪目的，使文字看起来更简洁。

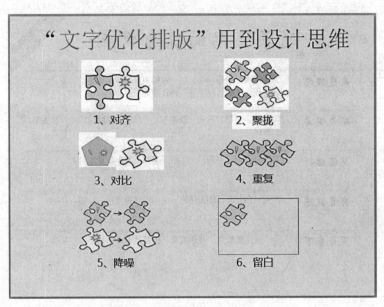

图 9-16　"文字优化排版"方法

图 9-17　"对齐"效果　　　　　图 9-18　"聚拢"效果

图 9-19　关键字"对比"效果

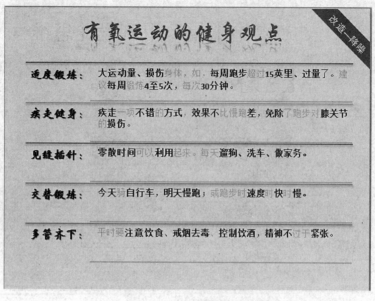

图 9-20　"降噪"效果

　　总之，版面形式多样，每个人的审美不一样。文字型幻灯片的文字优化、排版是在总原则、总思想的指导下，重点是大胆删除多余文字，做到观点清晰、突出，同时追求版面的美感，如图 9-21 所示。

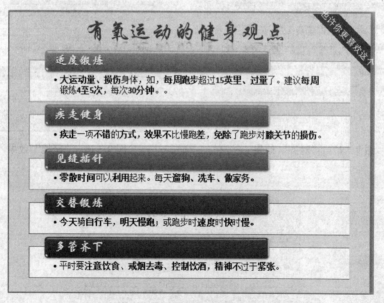

图 9-21　形式多样的幻灯片

9.4.2　流水账 PPT 优化

　　流水账本意是指会计核算中每天一笔一笔记录金钱或货物的出入，不分类别，不分具体科目。在此来比喻 PPT 的设计，是指在 PPT 的设计中不加分析、简单罗列现象、平铺直叙的表达方式，如图 9-22 所示。

　　如何优化流水账 PPT 呢？首先，我们分析图 9-22 所示幻灯片页面存在问题：

（1）时间、地点没有清晰具体。

（2）只是文字的罗列，表达方式单一。

（3）听完之后不能给人留下印象。

根据存在问题，优化设计如图 9-23 所示，设计思路如下：

（1）卖点。从工作经历到职业生涯。

（2）手法。图形化，上升曲线。

（3）素材。补充更多细节信息。

（4）知识点。金字塔原理、时间轴。

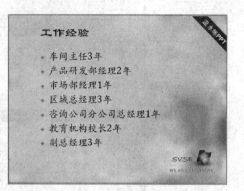

图 9-22　流水账幻灯片

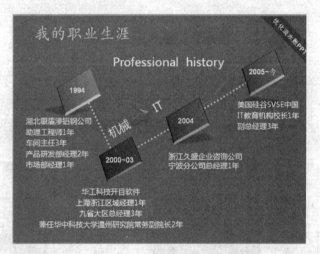

图 9-23　优化后的幻灯片

9.4.3　图表设计

　　图表设计能帮助人们更好地理解特定文本内容的视觉元素，如图表、地图或示意图，可以揭示、解释并阐明那些隐含的、复杂的和含糊的资讯。但构造这样的直观呈现却不仅仅是把字里行间所表述的信息直接转化成可视化的讯息。这一过程必然囊括筛选资料，建立关联，洞悉图案格调，然后以一种帮助信息需求者深刻认识的方式，将其描绘出来。

　　如图 9-24 所示，数据图表的类型有表格、饼形图、条形图、柱形图、线形图、散点图等多种，制作以数据为基础的图表分为三个步骤：

　　①确定要表达的信息；②确定比较类型；③选择图表类型。

　　如何根据信息内容来选择什么类型的图表呢？图表类型与比较类型的关系如图 9-25 所示。

　　通常，饼形图适合成分的比较，条形图适合排序、关联性的比较，柱形图和线形图适

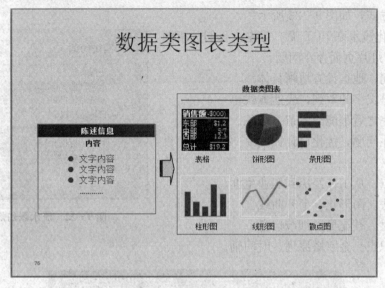

图 9-24　数据类图表类型

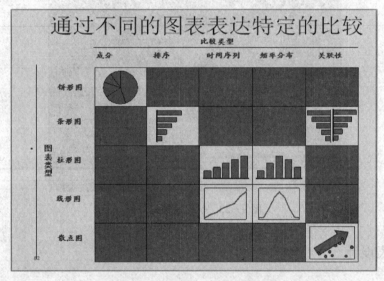

图 9-25　图表类型与比较类型关系

合时间序列、频率分布比较，散点图适合关联性比较。

　　常说"文不如字，字不如表，表不如图"，这句话指的是，对同一个内容的表达，表达形式与表达效果的优劣。下面以华北、华中和华南三地区的销售业绩数据为例来看看表达形式对表格效果的影响。

　　如图 9-26 所示，文字的平铺直叙，内容、数据齐全，最后根据数据给出了华南地区销售业绩提升快的结论，但这样的幻灯片不会给人留下印象，过了就忘。

　　改用表格来表达，比较图 9-26 与图 9-27，可以看出：

　　(1) 页面更简洁、清晰。

　　(2) 不需要演讲者总结，听众"瞄"一眼就马上提出结论。

　　在图 9-28 所示柱形图中，从视觉上能更好、更快捷地作出相应的判断及比较，是一种适合的表达方式。

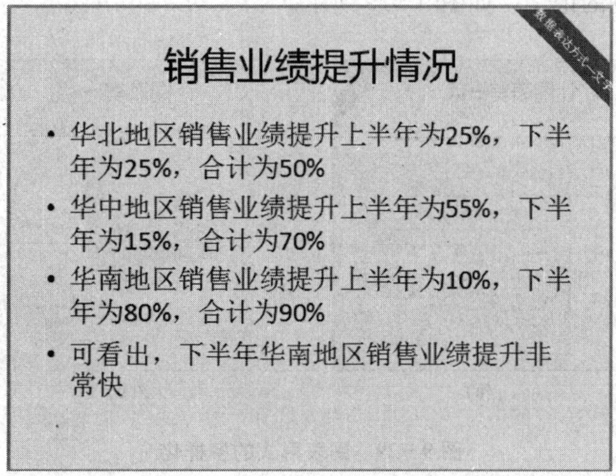

销售业绩提升情况
华北地区销售业绩提升上半年为25%，下半年为25%，合计为50%
华中地区销售业绩提升上半年为55%，下半年为15%，合计为70%
华南地区销售业绩提升上半年为10%，下半年为80%，合计为90%
可看出，下半年华南地区销售业绩提升非常快

图 9－26　表达形式一：文字

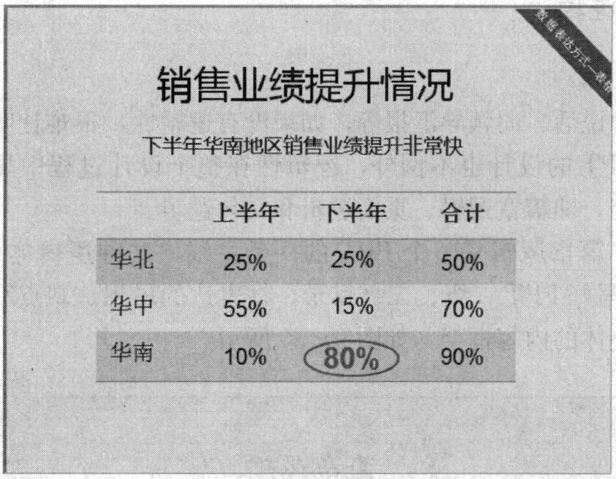

销售业绩提升情况
下半年华南地区销售业绩提升非常快
上半年 下半年 合计
华北 25% 25% 50%
华中 55% 15% 70%
华南 10% 80% 90%

图 9－27　表达形式二：表格

下半年华南地区销售业绩提升非常快
各地区销售业绩提升情况
100%
80%
60%
40%
20%
0%
上半年
下半年
合计
华北
华中
华南

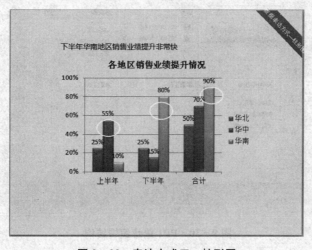

图 9－28　表达方式三：柱形图

图表的表达也不仅仅限于系统提供的这些图表类型，我们可以设计更具有新意，给人眼前一亮、印象深刻的记忆，如图9-29所示。

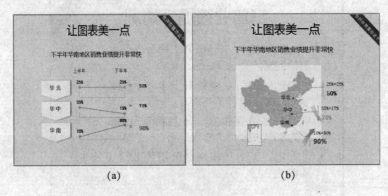

(a)　　　　　　　　　(b)

图9-29　图表形式的多样化

9.4.4　PPT设计逻辑

1. PPT逻辑

我们日常工作中说话、向领导汇报等，如果没有逻辑性，很难让听众明白你所讲的意思及表达的重点。PPT的设计也不例外，逻辑性在整个设计过程中显得尤其重要，PPT逻辑包括三方面内容，即篇章逻辑、页面逻辑和文句逻辑。

（1）篇章逻辑。篇章逻辑是整个PPT的一条主线，这种逻辑体现在目录中。因此，在PPT设计中，先写好PPT一级、二级目录，将表达的思想、观点写在标题栏中，再以缩略图形式的浏览整体的内容框架，如图9-30所示。

图9-30　PPT篇章逻辑结构

（2）页面逻辑。页面逻辑是每页幻灯片内容的整体逻辑，常使用的方式有①并列逻辑，如措施一、措施二、……；②因果逻辑；③总分逻辑；④转折逻辑，如图9－31所示。

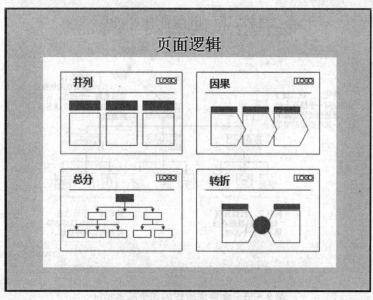

图9－31　页面逻辑

（3）文句逻辑。文句逻辑是指具体每句话的逻辑。

2. 金字塔原理

金字塔原理是指一种清晰地展现思路的有效方法。如何理解 PPT 设计中的金字塔方法呢？可以参看图9－32所示。

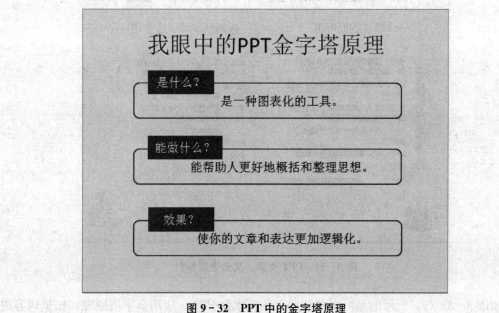

图9－32　PPT 中的金字塔原理

使用金字塔原理来思考与构思，具有 4 个特征：结论先行；以上统下；归类分组；逻辑递进，如图 9-33 所示。

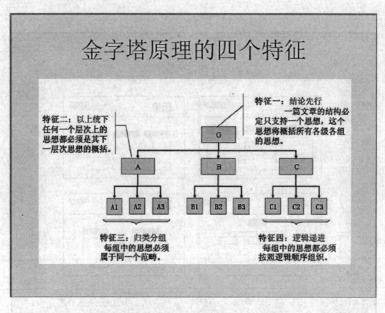

图 9-33　金字塔原理的四个基本特征

实现页面逻辑、文句逻辑，有效的方法之一是应用金字塔原理，学会从结论说起，例如图 9-34 所示，一个优秀的汇报者一定会从结论说起。

图 9-34　PPT 页面、文句逻辑举例

如图 9-35（a）所示的是一页罗列要点的流水账 PPT，应用金字塔原理，根据内容进行分层次，结构化设计后的 PPT，如图 9-35（b）所示。

图 9 - 35　PPT 逻辑优化设计

◇◆◇ 习题 ◇◆◇

1. 打开"\素材\PPT\练习 1"文件夹中的"水果知识介绍.pptx"，找出演示文稿设计存在的问题，根据本章 PPT 设计的常用方法，修改和优化文稿，设计一份令自己满意的演示文稿。

2. 打开"\素材\PPT\练习 1"文件夹中的"水果知识知多少.docx"文档，理解文档，根据文档内容设计演示文稿。

第 10 章　利用模板制作项目答辩演示文稿

演示文稿制作软件已广泛应用于会议报告、课程教学、广告宣传、产品演示、项目答辩和项目汇报等各方面，成为人们在各种场合下进行信息交流的重要工具。

本章针对大学生创新创业项目评审答辩会设计一个 PPT 演示文稿，项目评审答辩通常时间在 8～15 分钟，在有限的时间内向评审老师清晰地讲述项目研究内容、研究方案及方案的可行性。因此，演示文稿尽量要做得简洁、层次结构清晰、漂亮、得体。

10.1　项目（毕业）答辩 PPT 设计要点

1. 关于内容

（1）通常项目答辩 PPT 主体内容设计包括研究目标、课题背景与研究基础、研究内容、研究方案、研究进度安排、预期成果、有关课题延续的新见解等，再附加相关信息，如汇报人、团队成员、成员分工、课题执行时间、指导教师、致谢等。

（2）PPT 要图文并茂，突出重点，让评审老师清楚你的思路与想法，已做了什么，将要做什么，页数不要太多，15 页左右足够，不要涌现太多文字，文字和公式不会有人感兴趣。

（3）凡是放在 PPT 上的图、公式，包括技术流程图等，要是自己很熟练，有理有据，能够自圆其说，没有把握的不要往上面放，因为答辩评审中有一个提问环节，老师的问题通常会来自 PPT。同时插入页码，方便评审老师提问。

2. 关于模板

（1）不要用太炫丽的企业商务模板，学术 PPT 最好低调。

（2）关于背景与文字颜色方面，推荐底色白底（黑字、红字和蓝字）、蓝底（白字或黄字）、黑底（白字和黄字），这三种配色方法可保证幻灯片质量。学术 PPT 用白底是一种较好的选择。

（3）最好不要用 PPT 自带模板，因为自带模板评委们都见过，没有新意，且与论文内容无关，可以自己设计一个与课题主题相关的模板，即使简单，也会给评审老师耳目一新的感觉，留下第一印象。

3. 关于文字

（1）首先切忌文字太多。每部分内容的介绍原则是：图的后果好于表的效果，表的效果好于文字叙述的效果。最忌满屏幕都是长篇大论，这样让评委心烦。能引用图表的地方尽量引用图表，必须要使用文字的地方，要将文字内容高度概括，简练明了，用编号标明。

（2）字体大小最好选 PPT 默认的，标题字号用 44 磅或 40 磅，正文用 32 磅，一般不要小于 20 磅。标题字体推荐黑体，正文推荐宋体，如果一定要用少见字体，答辩时记得要将字体库一起复制到答辩计算机上，不然会显示不出来。

（3）正文内的文字排列，一般一行字数在 20～25 个左右，每页不要超过 6～7 行。更不要超过 10 行。行与行之间、段与段之间要有一定的间距，标题之间的间隔（段间距）要大于行间距。

4. 关于图片

（1）切忌随意堆砌图片，放入的图片要与文题相符，否则还不如不放。

（2）图片最好统一格局，一方面很精致，另一方面也显示出做学问的严谨态度，图片的外围，有时候加上暗影或外框，会有意想不到的效果。

（3）如果图片因为背景等原因影响外观效果，可以对图片进行适当的裁减与背景删除。

总而言之，项目答辩 PPT 总体效果上是图片比表格好，表格比文字好；动的比静的好，无声比有声好。

10.2　学习准备

10.2.1　认识工作环境

在 PPT 的制作过程中，我们经常会忽略一些小细节，而恰恰这些细节不但能充分发挥创作设计能力，而且可以有效地提升工作效率。

1. 显示/隐藏标尺、网格线、参考线

在幻灯片制作过程中，标尺、网格线和参考线可以协助设计人员准确地放置图片、文本框、剪贴画、手绘图形等控件。

"视图"→"显示"功能区中的"标尺"、"网格线"、"参考线"复选框，如图 10 - 1 所示。

网络线和参考线不会破坏美观，方便设计时对齐、排列等，放映时它们不会出现在幻灯片上。

2. 调整显示比例

掌握调整显示比例这项设置，则在设计制作幻灯片的过程中，就可以根据不同的需要浏览整张幻灯片或细致入微的观察某些图片、文字或多个物件的对齐情况。调整显示比例

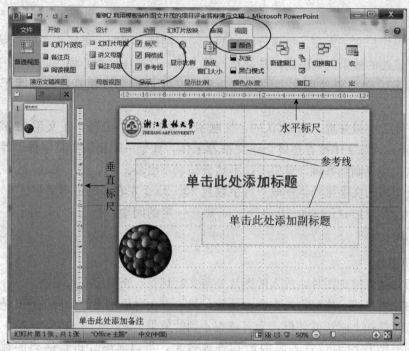

图 10 - 1　标尺、网格线、参考线

常用的方法有以下三个：

（1）单击需要调整显示比例的窗格，按住 Ctrl 键，滚动鼠标滚轮即可调整显示比例。

（2）拖移窗口右下角的显示比例滑块，即可调整显示比例。

（3）单击"视图"→"显示比例"功能区中的"显示比例"，打开"显示比例"对话框，即可手动精确设置显示比例。

3. 使用占位符

新创建的幻灯片根据所用版式的不同，页面上会显示各种占位符。如图 10 - 1 所示，标示"单击此处添加标题"、"单击此处添加副标题"字样的为标题占位符，单击输入文字，即可制作文本的标题。

PowerPoint 为用户提供了内容、文本、图表、表格、媒体、剪贴画、SmartArt 等 10 种占位符，单击即可打开相应的对话框或窗格，让用户选择图片、剪贴画或视频等内容。

4. 插入文本框或形状控件

新建的幻灯片内，通常有一个或多个占位符，提示用户在其所在位置插入文本、图片等内容。假如这些版式占位符，未能满足内容表达需求，还想在幻灯片的其他位置输入文本时，则需要插入并使用文本框或形状控件。

插入的形状控件如果要输入文本，只需选中绘制的形状对象，右击，在弹出菜单中单击"编辑文字"，此时光标即以输入状态定位在形状对象中。

10.2.2　幻灯片母版

1. 什么是幻灯片母版

幻灯片母版可以看成是一组幻灯片设置，它通常由统一的颜色、字体、图片背景、页面设置、页眉页脚设置、幻灯片方向以及图片版式组成。

需要注意的是，母版并不是 PowerPoint 模板，它仅是一组设定。它既可保存于模板文档内，也可以保存在非模板文档中。例如，一份项目答辩文档，既可以只使用一个母版，也可以同时使用多个母版，所以母版与文档并无一一对应的关系。

使用母版的优势主要表现在以下两个方面：

（1）方便统一样式，简化幻灯片制作。只需要母版中设置版式、字体、标题样式等设置，所有使用此母版的幻灯片将自动继承母版的样式、版式等设置。因此，使用母版后，可以快速制出大量样式、风格统一幻灯片。

（2）方便修改。修改母版后，所做的修改将自动套用至应用该母版的所有幻灯片上，并不需要一一手动修改所有幻灯片。

2. 进入与关闭母版视图

当用户打开 PowerPoint 文档时，程序默认处于幻灯片编辑状态，此时用户所做的任何设置均应用于幻灯片本身，而不会对母版做任何的修改。只有切换至母版视图时，用户所做的修改才会作用于母版。

（1）进入母版视图。单击菜单"视图"→"母版视图"功能区中的"幻灯片母版"按钮，即进入幻灯片母版编辑状态。

（2）退出母版视图。母版编辑完毕，关闭母版视图后母版上所做的修改将自动套用至所有使用此母版的幻灯片。退出母版编辑状态的常用方法有以下两种。

方法一：单击窗口右下方"普通视图"按钮，即可马上切换至"普通"视图并退出母版编辑状态。

方法二：单击菜单"幻灯片母版"→"关闭"功能区中的"关闭母版视图"按钮即可退出母版编辑状态。

3. 新增及应用新母版

大多数 PPT 只使用一个母版，以让演示稿的样式、风格保持高度一致，但实际应用中，如果需要在同一个演示文稿中使用两种或多种完全不同的样式、风格，那就可以考虑新增母版了。例如，某一次产品演示报告包含两大部分内容，其中一部分的产品特点、功能介绍，另一部分是产品展示，使用效果情况等，这时使用风格不同的主题可能会更切合内容表达的需要。具体操作如下。

步骤 1：进入母版编辑模式。单击"视图"→"幻灯片母版"功能区中的"幻灯片母版"。

步骤 2：插入新母版。单击菜单"幻灯片母版"→"编辑母版"功能区中的"插入幻灯片母版"。

步骤 3：退出母版编辑模式。单击菜单"幻灯片母版"→"关闭母版视图"。

步骤 4：应用新母版。在需要套用新母版的幻灯片上，右击，在弹出的快捷菜单中选择"版式"，再选择适用的母版版式即可，如图 10-2 所示。

10.2.3　插入形状库中的形状

Office 形状库真是一个百宝箱，不仅可以用于绘制各种流程图、示意图，更加可以用

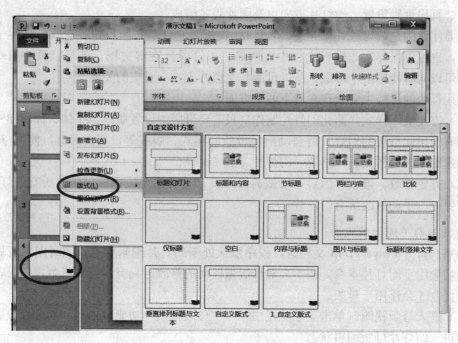

图 10-2　应用新母版

于强化演示表达的有力工具。许多精美幻灯片中的图形、有创意的表达形式，通常是没有现成材料可寻的，通常都是自行设计绘制而成，特别是形状列表中的"任意多边形"，其灵活性与作用可谓是大。

1. 插入形状

单击菜单"插入"→"插图"功能区中的"形状"，在弹出菜单中选择要插入的形状控件。

2. 编辑形状

选择待编辑的形状，再单击菜单"绘图工具"→"格式"→"形状样式"功能区中的编辑对话框启动按钮"　"，打开"设置形状格式"对话框，如图 10-3 所示。可设置形状边框线条颜色、填充方式、旋转、三维强化等，还可以使用组合功能，将多个简单的图形拼组为复杂图形，其实各式各样的复杂图形对象都是通过这个对话框来实现的。

10.2.4　设置对象动画效果

给幻灯片上的文本、图形、图表和其他对象添加动画效果，这样可以突出重点，并增加演示文稿的趣味性，从而给观众留下深刻的印象。动画效果通常按照一定的顺序依次显示对象或使用运动画面来实现。

1. 动画的类别

PowerPoint 的动画分为四大类：进入动画、退出动画、强调动画和动作路径动画。

（1）进入动画。对象从无到有的过程，在触发动画之前，被设置为"进入"动画的对

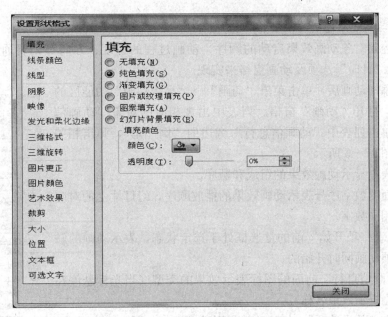

图 10 - 3　"设置形状格式"对话框

象是不出现的，在触发之后，那它或它们采用何种方式出现呢，这就是"进入"动画实现的问题。比如设置对象为"进入"动画中的"擦除"效果，可以实现对象从某一方向一点点地出现的效果。

（2）退出动画。"进入"动画可以使对象从无到有，而"退出"动画正好相反，它可以使对象从"有"到"无"。触发后的动画效果与"进入"效果正好相反，对象在没有触发动画之前，是存在于屏幕上的，而当其被触发后，则从屏幕上以某种设定的效果消失。如设置对象为"退出"动画中的"消失"效果，则对象在触发后会逐渐地从屏幕上消失。

（3）强调动画。"进入"动画可以使对象从无到有，而"强调"动画可以使对象从"有"到"有"，前面的"有"是对象的初始状态，后面一个"有"是对象的变化状态。这样两个状态上的变化，起到了对对象强调突出的目的。比如设置对象为"强调动画"中的"放大/缩小"效果，可以实现对象从小到大（或设置从大到小）的变化过程，从而产生强调的效果。

（4）动作路径动画。动作路径动画即是使对象沿着某一条引导线的轨迹运动。比如设置对象为"动作路径"中的"向右"效果，则对象在触发后会沿着设定的方向线移动。

选择要添加动画效果的对象，单击"动画"→"动画"功能区、"高级动画"功能区、"计时"功能区中完成动画效果的设置，如图 10 - 4 所示。

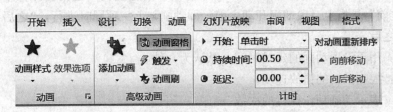

图 10 - 4　"动画"菜单

2. 设置动画效果选项

如果要控制对象动画效果启动的顺序、动画过程的速度、方向等则要通过设置动画"效果选项"、"计时"选项及动画窗格来实现。

给对象添加动画后，单击菜单"动画"→"高级动画"功能区的"动画窗格"，打开"动画"窗格。列表中出现相应的对象"动画信息"列表，单击列表中"动画信息行"旁边的"倒三角"，弹出相关设置显示如图10-5所示。

（1）列表中显示动画效果的组成和顺序。

（2）前面的数字序号表示动画效果的播放顺序，幻灯片上的对应项也会显示相同数字。

（3）"从上一项开始"前的复选框处于选定状态，表示动画的触发是与前一项动画同时开始的。

（4）"动画信息行"前面的图标表示效果的类型（当光标悬停在信息行时，会提示效果名称）。

（5）单击"效果选项"，打开"效果"选项卡，如图10-6所示。

● 设置：一般主要用于控制动画方向等设置。

● 增强：用于设置"声音"、"动画播放后"和"动画文本"等。

（6）单击"计时"，打开"计时"选项卡，如图10-7所示。

图10-5 "动画"窗格

图10-6 "效果"选项卡

图10-7 "计时"选项卡

● 开始：有"单击时"、"之前"、"之后"三种，"单击时"是指当光标单击时此动画才进行，"之前"是指上一项动画开动之前，即动画与上一项同时进行，"之后"是指上一项动画开始之后。

● 延时：用于设置动画的延时时间，默认为0秒。

● 期间：控制动画的播放速度。

● 重复：表示动画动作执行的次数。

● 播完后快退：表示该动画播放完后迅速退出。

● 触发器：将在第11章介绍。

3. 调整动画次序

当多个对象套用动画效果时，必须要解决一个问题，哪一个对象先动，接着是哪一个对象，下一个又轮到哪个对象，就像演员出场一样，要先安排好。对此，可通过调整动画的开始时机及 PowerPoint 的动画排序功能，自行设计出适合实际需求的动画过程。具体操作方法如下。

步骤 1：了解目前动画的次序。添加了动画的对象，在"普通"视图下，其"动画"窗格中会显示动画次序，与幻灯片页面上每个对象的序号相同，这个序号指的就是对象动画播放时的次序，如图 10 - 8 所示。

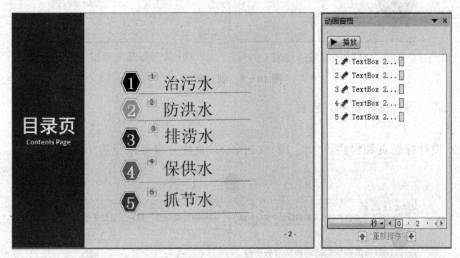

图 10 - 8　套用了动画的幻灯片和动画窗格

步骤 2：同步触发多个对象的动画效果。如果希望序号 2、3、4 点同时呈现，则选择幻灯片上的序号 2、3、4 的对象，在"计时"选项卡的"开始"设置为"与上一动画同时"，设置完毕，其对应的序号变了"2"。

步骤 3：如果动画触发的次序不符合需要，直接在"动画"窗格列表中"拖动"动画效果信息行即可。

10.3　案例——制作项目答辩演示文稿

[案例要求]

第一题：设计如图 10 - 9 所示标题母版。

要求：

(1) 标题幻灯片插入图片 logo1、egg3，并编辑图片，如图 10 - 9 (a) 所示。

(2) 制作如图 10 - 9 所示形状，形状填充为绿色、渐变效果为线性向左。

(3) 标题幻灯片母版标题字体格式为红色、黑体、加粗、40 磅，副标题字体格式为宋体、深蓝色、32 磅。

（4）其余幻灯片插入图片 logo2，母版标题样式字体格式为微软雅黑、40 磅、加粗、深蓝色；右下角设计页码标识处符号，如图 10-9（b）所示。

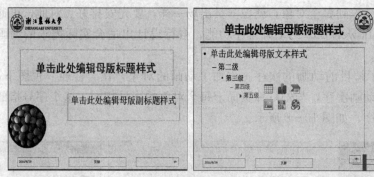

(a) 标题幻灯片母版　　　　　　　(b) 其余幻灯片母版

图 10-9　制作母版

第二题：设计标题页和封底页。

要求：

（1）设计标题页和封底页如图 10-10 所示，页面元素要求见表 10-1。

图 10-10　封面与封底

（2）插入幻灯片日期和编号，标题页不显示。

表 10-1　封面与封底页面元素及要求

编号	对象	操作
①	2 个文本框	插入文本框，输入文字，字体格式为黑体、32 磅、加粗、深蓝
②	标题占位符	
③	副标题占位符	输入文字
④	1 个文本框	插入文本框，输入文字，字体格式为黑体、28 磅、白色—背景 1—深色 35%
⑤	文本框	插入文本框，输入文字，字体格式为 Times new roman、96 磅、加粗、深红色
⑥	文本框	插入文本框，输入文字，字体格式为宋体、54 磅、红色
⑦	图片 pic1	插入图片 Pic1，调整图片大小与位置

第三题：设计目录页。

要求：

（1）设计如图 10 - 11 所示目录页幻灯片，页面元素要求见表 10 - 2。

（2）复制并粘贴幻灯片，作为演示文稿第 5、9、12、14 页，并设置每页转场过渡时的对应文字项的颜色。

图 10 - 11　目录页

表 10 - 2　目录页页面元素及要求

编号	对象	操　作
①	1 个文本框	插入文本框，输入文字、设置字体格式（宋体、44 磅、紫色；Calibri、20 磅、浅绿）
②	1 个文本框	插入文本框，输入文字、设置字体格式（宋体、32 磅、黑色、加粗）
③	图片 hen1	插入图片、删除图片背景
④	1 个文本框	插入文本框，输入文字、设置字体格式（楷体、35 磅、加粗、蓝色）

第四题：设计项目简介和立项背景。

要求：

（1）设计如图 10 - 12 所示介绍"研究背景"的两个幻灯片页面。

（2）页面具体元素及要求见表 10 - 3。

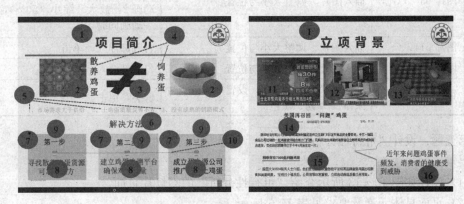

图 10 - 12　演示文稿第 3、4 页

表 10-3　演示文稿第 3、4 页页面元素及要求

编号	对象	操作	动画
①	标题占位符	输入文字	无
②	图片 p4、p6	插入图片、调整大小与位置	无
③	图片 p5	插入图片、调整大小与位置	劈裂，单击
④	文本框	输入文字，字体格式为宋体、28 磅、黑色、加粗	无
⑤	文本框	输入文字，字体格式为宋体、20 磅、加粗、黑色	动画 1：形状—圆形扩展，单击 动画 2：字体颜色：淡，单击
⑥	文本框	输入文字，字体格式为宋体、28 磅、加粗、白色—背景 1—深色 15%	字体颜色，单击
⑦	形状—矩形	插入形状—矩形，设置形状样式：无轮廓、分别填充为橄榄色—强调文字 3—淡色 60%、红色—强调文字 2—淡色 80%、蓝色—强调文字 1—淡色 80%	无
⑧	文本框	输入文字、字体格式为宋体、24 磅、白色—背景 1—深色 15%	字体颜色—黑色，单击
⑨	文本框	输入文字、字体格式为宋体、24 磅、白色—背景 1—深色 15%	字体颜色—黑色，单击
⑩	形状—直线、圆	插入 1 条直线、3 个圆，并设置直线格式为虚线、1.5 磅、蓝色；圆的填充效果自定，交组合各对象	无
⑪	图片 p1	插入图片、调整大小与位置	动画 1：路径—斜向左，与上一动画同时 动画 2：放大—缩小（50%），与上一动画同时
⑫	图片 p2	插入图片、调整大小与位置	动画 1：路径—向上，与上一动画同时 动画 2：放大—缩小（50%），与上一动画同时
⑬	图片 p3	插入图片、调整大小与位置	动画 1：路径—斜向右，与上一动画同时 动画 2：放大—缩小（50%），与上一动画同时
⑭	图片 p14	插入图片、调整大小与位置	自底部浮入，单击
⑮	图片 p15	插入图片、调整大小与位置	自底部浮入，单击
⑯	形状—矩形标注	插入形状、输入文字，设置字体格式为宋体、24 磅、黑色	劈裂，单击

第五题：设计"可行性分析"幻灯片。

要求：

（1）设计如图 10-13 所示介绍"可行性分析"的幻灯片页面。

（2）页面具体元素及要求见表 10-4。

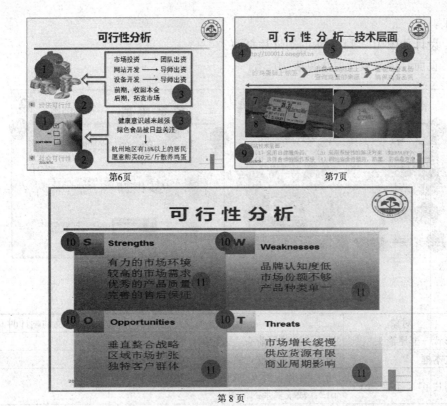

第6页

第7页

第8页

图 10-13 演示文稿第 6、7、8 页

表 10-4 演示文稿第 6、7、8 页页面元素及要求

编号	对象	操 作	动画及动画计时开始
①	图片 p7、p8	插入图片、调整大小与位置	无
②	文本框	输入文字,字体格式为黑体、24 磅、白色—背景 1—深色 15%	字体颜色,单击
③	形状—左箭头标注	插入形状,输入文字,字体格式为黑体、24 磅、黑色	无
④	文本框	插入文本框,输入文字,字体格式为 Calibri、24 磅、白色—背景 1—深色 15%	字体颜色,单击
⑤	文本框	插入文本框,输入文字,字体格式为黑体、24 磅、白色—背景 1—深色 15%	字体颜色,单击
⑥	形状—双箭头、燕尾形箭头	插入形状,设置形状格式	无
⑦	图片 p16、p17	插入图片,调整图片大小、位置	消失,单击
⑧	图片 p18、p19	插入图片,调整图片大小、位置	无
⑨	文本框	输入文字,字体格式为黑体、24 磅、白色—背景 1—深色 15%	
⑩	形状—矩形	插入形状、输入字符,并设置形状格式	
⑪	形状—矩形	插入形状,输入文字,字体格式为宋体、24 磅、黑色	

第六题:设计营销策略两张幻灯片。

要求：

（1）设计如图 10 - 14 所示的幻灯片页面。

（2）页面具体元素及要求见表 10 - 5。

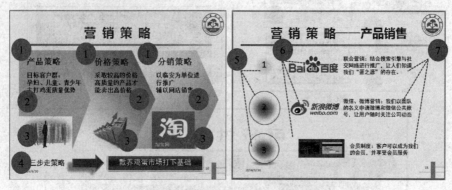

图 10 - 14　演示文稿第 10、11 页

表 10 - 5　演示文稿第 10、11 页页面元素及要求

编号	对象	操　作	动画及动画计时开始
①	形状—燕尾箭头	插入 3 个燕尾箭头，去轮廓，设置填充色	无
②	文本框	插入 6 个文本框，输入文字，设置字体格式	无
③	图片 p11、p12、p13	插入图片，并编辑图片，p11：去背景，p12：裁减多余的部分	无
④	文本框、形状—箭头、矩形	插入文本框、输入文字，插入箭头、矩形、输入文字、设置样式，并组合三个对象	向右擦除，上一个动作之后
⑤	形状—圆	插入形状，设置形状样式，输入数字	弹跳，上一个动作之后
⑥	图片 png1、png2、png3	插入图片，调整图片大小与位置	向内溶解，上一个动作之后
⑦	文本框	插入 3 个文本框，分别输入文字，设置字体格式	升起，上一个动作之后

第七题：设计进度管理，团队分工幻灯片。

要求：

（1）设计如图 10 - 15 所示介绍的幻灯片页面。

（2）页面具体元素及要求见表 10 - 6。

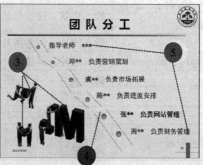

图 10 - 15　演示文稿第 13、15 页

表 10 - 6 演示文稿第 13、15 页页面元素及要求

编号	对象	操作
①	形状—五边形	插入形状—五边形，旋转形状，设置页面所示效果（填充、阴影、三维）
②	7 个文本框	插入 7 个文本框或更多个，输入文字，设置字体格式
③	图片 png4	插入图片、调整图片大小与位置
④	形状—直线、圆	插入直线、圆，并设置形状格式，复制直线与圆，效果如页面，并组合形状
⑤	6 个文本框	插入 6 个文本框、输入文字，设置字体格式

[案例制作]

第一题：设计标题母版。

第（1）题：完成步骤如下。

步骤 1：新建 PPT 演示文稿文件。在桌面右击，在弹出的快捷菜单中选择"新建"→"Microsoft PowerPoint 演示文稿"，双击打开文件，单击"单击添加第一张幻灯片"，并插入 1 张新幻灯片。

步骤 2：打开幻灯片母版编辑环境。单击菜单栏"视图"→"幻灯片母版"，如图 10 - 16 所示。选定窗口左边列表的"标题幻灯片版式：由幻灯片 1 使用"提示信息的幻灯片。

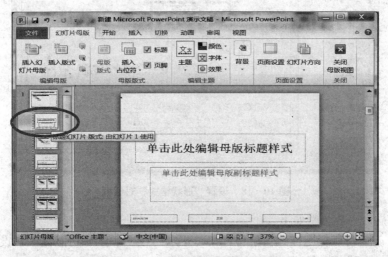

图 10 - 16 幻灯片母版编辑环境

步骤 3：插入 logo1、egg3 图片。单击菜单"插入"→"图片"。

步骤 4：删除 egg3 图片背景。单击菜单"图片工具"→"格式"→"调整"功能区中的"删除背景"，改变尺寸柄框的大小，框住图片，然后单击"删除标记"或框外的任意处，如图 10 - 17 所示。

步骤 5：关闭母版视图。单击菜单"幻灯片母版"→"关闭"功能区中的"关闭母版视图"。

第（2）题：完成步骤如下。

步骤 1：单击菜单"插入"→"插图"功能区中的"形状"→矩形（填充为绿色），选定"矩形"，右击，在弹出的快捷菜单中选择"设计形状格式"，打开"设置形状格式"对

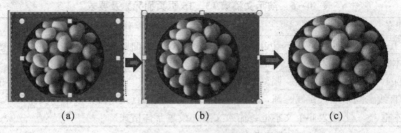

(a)　　　　　　　　　(b)　　　　　　　　　(c)

图 10-17　删除图片背景

话框。对话框设置如图 10-18 所示，选中"渐变填充"，"类型"为"线性"，"方向"为"线性向左"。

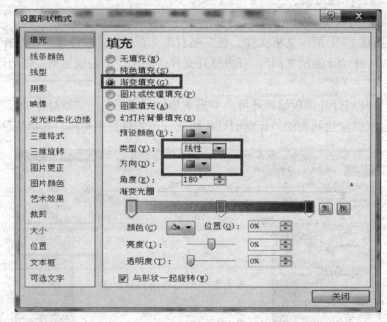

图 10-18　设置"形状格式"对话框

第（3）题：完成步骤如下。

步骤 1：选定母版标题样式占位符，在"开始"→"字体"功能区中，设置字体格式为黑体、字号 40 磅、加粗、红色。

步骤 2：选定母版副标题样式占位符，在"开始"→"字体"功能区中，设置字体格式为宋体、字号 32 磅、深蓝色。

第（4）题：完成步骤如下。

步骤 1：打开幻灯片母版编辑环境。单击菜单栏"视图"→"演示文稿视图"功能区中的"幻灯片母版"，如图 10-19 所示。选定窗口左边列表的"标题和内容：由幻灯片 2—5 使用"提示信息的幻灯片，母版设计具体操作请参考第（1）题的步骤 2（提示：右下角的页码标识符是通入插入形状（直线、矩形）编辑而成，设计好图标后把页码占位符移到如效果所示的位置）。

步骤 2：关闭母版视图。单击菜单"幻灯片母版"→"关闭"功能区中的"关闭母版视图"。

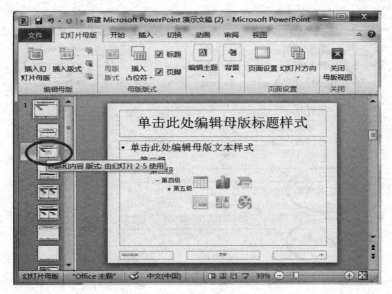

图 10 - 19 幻灯片母版编辑环境

第二题：设计标题页和封底页。

第（1）题：完成步骤如下。

（1）标题。完成步骤如下。

步骤1：输入标题与副标题文字。在幻灯片的对应占位符处输入标题文字、副标题文字。

步骤2：插入文本框。由于占位符不够，插入2个文本框，分别输入文字，按表10-1中编号①要求设置字体格式。

（2）封底。完成步骤如下。

步骤1：插入2个文本框，输入文字，按表10-1中编号⑤⑥要求设置相应的字体格式。

步骤2：插入图片文件pic1，并调整图片至适合的大小与位置。

第（2）题：完成步骤如下。

步骤1：打开"页眉和页脚"对话框。单击菜单"插入"→"文本"功能区中的"幻灯片编号"，如图10-20所示。

步骤2：完成相应设置，如图10-20所示，单击"全部应用"。

第三题：设计目录页。

步骤1：在幻灯片列表窗格选定第2张幻灯片，插入3个文本框，输入编号①②④相对应的文字，设置表10-2所示的字体格式要求。

步骤2：插入编号③处的图片文件hen1，并删除图片背景（具体操作第一题中已详细描述，在此不再重述，请参考第一题）。

步骤3：复制第2张幻灯片，并4次粘贴，演示文稿新增4张幻灯片，并依次分别将第2、3、4、5、6张幻灯片中编号②对应文字项字体颜色设置为"黑色、加粗"。

第四题：设计项目简介和立项背景。

步骤1：在第2张幻灯片后插入2张新幻灯片。

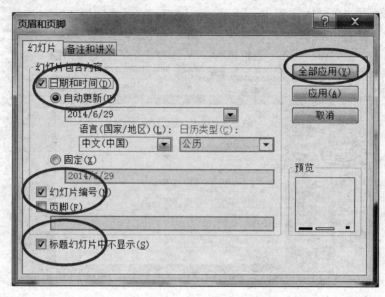

图 10 - 20　"页眉和页脚"对话框

步骤 2：在幻灯片窗格列表中选定第 3 张幻灯片。

步骤 3：插入编号为②③的 p4、p5、p6，调整图片大小与位置。

步骤 4：插入 2 个编号为④的文本框，输入文字，按表 10 - 3 中编号④要求设置字体格式。

步骤 5：插入 3 个编号为⑤的文本框，输入文字，按表 10 - 3 中编号⑤要求设置字体格式。

步骤 6：插入 3 个编号为⑦的矩形形状，按表 10 - 3 中编号⑦要求设置形状样式。

步骤 7：插入 6 个编号为⑧⑨的文本框，输入文字，按表 10 - 3 中编号⑧⑨要求设置字体格式。

步骤 8：插入编号为⑩的直线和圆形状，按表 10 - 3 中编号⑩要求设置形状样式，并组合 4 个对象。

步骤 9：在幻灯片窗格列表中选定第 3 张幻灯片。

步骤 10：分别插入编号⑪、⑫、⑬的图片 p1、p2、p3，调整图片大小与位置。

步骤 11：插入编号⑭、⑮的图片 p14、p15，调整图片位置。

步骤 12：插入编号⑯的矩形标注形状，输入文字，按表 10 - 3 中编号⑯要求设置字体格式。

步骤 13：设置这两张幻灯片的动画效果。分别选定相应对象，单击菜单"动画"→"高级动画"功能区中的"添加动画"按钮，再按表 10 - 3 中动画列的要求设置动画效果，打开"效果"、"计时"选项卡对每项动画属性进行设置。

提示：编号⑪、⑫、⑬的图片 p1、p2、p3 的路径动画设置中，图片的排列及动作引导线的起、止点是难点，可借助网格线及辅助线完成，如图 10 - 21 所示网格线、辅助线的具体操作是：单击菜单"视图"→"显示/隐藏"功能区中相关的复选框。

第五题：设计"可行性分析"幻灯片。

步骤 1：在第 5 张幻灯片后插入 3 张幻灯片，并在每张幻灯片的标题占位符中输入标题文字。

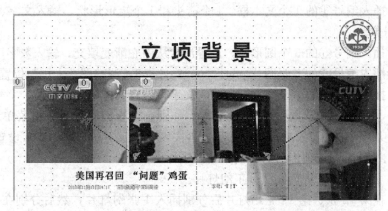

图 10 - 21　辅助线与网格线在动作路径中的辅助作用

步骤 2：在幻灯片窗格列表中选定第 6 张幻灯片。

步骤 3：插入编号①的图片 p7、p8，调整图片位置与大小。

步骤 4：插入 2 个编号②的文本框，输入文字，按表 10 - 4 中编号②要求设置字体格式。

步骤 5：插入 2 个编号③的左箭头标注形状，输入文字，按表 10 - 4 中编号③要求设置字体格式（或其中的文字也可分别使用文本框）。

步骤 6：在幻灯片窗格列表中选定第 7 张幻灯片。

步骤 7：插入 4 个编号④⑤的文本框，输入文字，按表 10 - 4 中编号④⑤要求设置字体格式。

步骤 8：插入编号⑥的 2 个燕尾箭头和一条双箭头直线，设置形状格式。

步骤 9：插入编号⑦⑧的 4 张图片 p16、p17、p18、p19，调整图片大小和位置。

步骤 10：插入编号⑨的文本框，设置文本框的框线，输入文字，按表 10 - 4 中编号⑨要求设置字体格式。

步骤 11：插入编号⑪的 4 个矩形形状，并设置形状的填充颜色。

步骤 12：插入编号⑩的 4 个矩形形状，分别输入字符 "S"、"W"、"O"、"T"，设置形状填充颜色与字符字体格式。

步骤 13：在编号为⑪的 4 个矩形形状中分别插入 2 个文本框，输入对应文字，设置字体格式。

步骤 14：设置这三张幻灯片的动画效果。分别选定相应对象，单击菜单 "动画" →"高级动画" 功能区中的 "添加动画" 按钮，再按表 10 - 3 中动画列的要求设置动画效果，打开 "效果"、"计时" 选项卡对每项动画属性进行设置。

第六题：设计营销策略两张幻灯片。

步骤 1：在第 9 张幻灯片后插入 2 张幻灯片，分别在标题占位符处输入标题文字。

步骤 2：在幻灯片窗格列表中选定第 10 张幻灯片。

步骤 3：插入编号①的 3 个燕尾箭头形状，设置形状样式（去轮廓、填充颜色）。

步骤 4：插入编号②的 3 个文本框，输入文字，设置字体格式（字体、字号）。

步骤 5：插入编号③的 3 张图片 p11、p12、p13，并编辑图片（删除 p11 图片背景、裁减 p12 图片多余部分）。

步骤6：插入编号④的1个文本框、1个箭头和1个矩形形状，输入文字、设置样式，并组合三个对象。

步骤7：插入编号⑤的3个圆形，设置形状从中心渐变填充，输入数字序号。

步骤8：插入编号⑥的3张图片png1、png2、png3，调整图片大小与位置。

步骤9：插入编号⑦的3个文本框，输入文字，设置字体格式（字体、字号）。

步骤10：设置这两张幻灯片的动画效果。分别选定相应对象，单击菜单"动画"→"高级动画"功能区中的"添加动画"按钮，再按表10-5中动画列的要求设置动画效果，打开"效果"、"计时"选项卡对每项动画属性进行设置。

第七题：设计进度管理，团队分工幻灯片。

步骤1：在第12张、第14张幻灯片后分别插入1张幻灯片，然后分别在标题占位符处输入标题文字。

步骤2：在幻灯片窗格列表中选定第13张幻灯片。

步骤3：绘制编号①的五边形形状，再进行如下操作。

（1）选择菜单"插入"→"插图"功能区中的"插入"→"五边形"，填充为绿色，去轮廓，并设置形状阴影效果和三维效果。

（2）将光标移近形状的旋转点，当光标点处出现旋转标志时旋转图片如图10-22所示。

（3）复制形状，填充为白色，去轮廓，稍缩小形状大小，将两个形状叠放一起，绿色在下，白色在上，组合两形状。

步骤4：在形状框内插入编号②的7个文本框，输入文字，设置字体格式（字号、字体）。

步骤5：在幻灯片窗格列表中选定第15张幻灯片。

步骤6：插入编号③的图片png4，调整图片大小与位置。

步骤7：绘制编号④所示的形状，包括直线与圆，设置直线与圆的样式，复制粘贴，并组合形状。

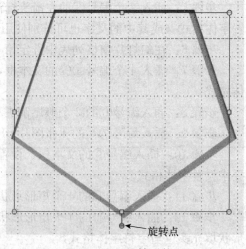

图10-22　旋转形状

步骤8：插入编号⑤的6个文本框，输入文字，设置字体格式（字号、字体）。

提示：如果想把步骤3中绘制的形状好看一些，可改用"任意多边形"形状来绘制，此时可借助工作环境的网格线与参考线。形状库中的五边形为正五边形，这样绘制出来的形状边长受限制，因此改用任意多边形会更灵活、方便。

◇◆◇　习题　◇◆◇

在"\素材\PPT\练习2"文件夹中有三篇从中国期刊数据库下载的理工科或文科类硕士论文，硕士论文的答辩一般20分钟左右，包括汇报和老师提问两个环节，请选择其中的一篇，在阅读理解基础上，为其设计答辩PPT文稿。

第 11 章 宣传广告动感 PPT 的设计

PowerPoint 幻灯片具有优秀的多媒体和交互动画功能，可以轻而易举地为演示提供必要的伴奏音、表演视频、Flash 影片以及实现传统的胶片幻灯片无法实现的高互动展示。在 PPT 中能插入的动画格式包括 swf、gif，视频格式包括 avi、mpg 和 wmv，音频格式包括 avi、mpg、wav、mid 和 mp3（但有的不支持）。

在本章中将以 iPhone 5 手机产品的宣传广告设计，来讲述多动感元素在 PPT 设计中的使用。

11.1 产品宣传广告 PPT 设计要点

1. 关于文字内容

通常产品宣传内容包含产品功能、特性、使用效果、价格等，不能用长篇大论的文字，简洁地描述重点是产点介绍的关键。视频、动画演示是产品宣传中一种非常不错的方式。

2. 关于整体风格

活跃的现场是成功的产品宣传会成功的第一步，所设计的 PPT 要渲染活跃的气氛。因此，PPT 的设计要富丽而又稳定、结构清晰。总之，整体上一定要精美，演示放映过程中需考虑与观众的互动、画面的动感和连贯、投影或屏幕显示效果等。

3. 关于画面动感设计

如果用传统上一页页翻动的幻灯片思路做 PPT，这样的 PPT 再精美相信也没有多少人会耐心看下去。

动，是产品广告宣传的主旋律。动，能让分割的画面连贯化，表现更流畅、更清晰、更有说服力。动，能让抽象的内容更活泼，让观众赏心悦目，在不知不觉中认同演说者的观点。动，能引导观众迅速把握线索和重点，更加全神贯注，避免被一些无关元素干扰。

PPT 画面的动感设计除了熟练掌握 PPT 自带的自定义动画、切换动画以外，还要像 Flash、网页、电子杂志、影视片头、视频广告等要灵感和技巧。

4. 关于创意

创意虽难，但却是广告的价值所在，也是 PPT 宣传一鸣惊人的根本，尽情挖掘设计的创意，也许往前一小步可能就是奇迹。

11.2 学习准备

11.2.1 视频播放

百闻不如一见，有些演示内容如果采用视频方式展现，不但能让观众更形象、更生动地认知文字、图片难以描述的过程，还能让他们产生浓厚的兴趣，营造出最佳的营销、培训气氛。如介绍产品的使用方法，采用拍下来的使用过程录像视频，让观众一看就明白，比读文字好理解，印象深刻。

（1）添加视频及设置尺寸。PowerPoint 2010 支持 Windows media、Windows stream media、Windows video、MKV、MP4、MPEG、Flash Media 等 10 大类共计 36 种格式的视频文件。不过，部分 MPEG 视频，可能需要另行安装解码器才能顺利播放，如果想把视频以 CD 方式分派或通过互联网分派，建议使用 Windows media、Windows stream media、Windows video 格式，可以避免很多兼营问题，让演示文稿得以完整地呈现给目标观众。

演示文稿中插入视频和调整幻灯片的显示尺寸的方法如下。

步骤 1：插入视频。单击菜单"插入"→"媒体"功能区中的"视频"，在弹出的文件列表中选择要插入的视频文件，再单击"插入"按钮，或双击要插入的视频文件，如图11-1所示。

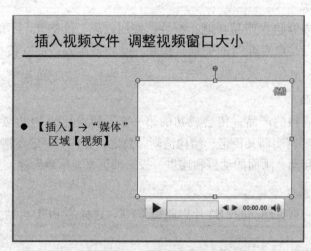

图 11-1 插入视频及视频窗口

步骤 2：设置视频窗口大小和位置。将光标移至视频窗口尺寸柄的控制点，当光标变成双向箭头状时，拖拽控制点即可调整视频的大小。

步骤 3：将光标移至视频窗口，当光标变成十字形时，按住鼠标拖拽将视频移至适合的位置。

（2）剪辑视频。插入的视频文件也许不需要全部内容，只需要其中的一段，这时可以使用 PowerPoint 内置的视频剪辑功能，剪切幻灯片所需的视频段。在剪切过程中，原视频文件不会受到任何影响，假如剪切效果不佳，可以随时返回"剪裁视频"对话框，重新剪切一次。

具体操作方法如下。

步骤 1：打开"剪裁视频"对话框。在视频图标上，右击，在弹出的快捷菜单中选择"剪裁视频"选项，打开"剪裁视频"对话框，如图 11 - 2 所示。

图 11 - 2　"剪裁视频"对话框

步骤 2：剪辑视频。拖拽滚动条左右两边的滚动滑块，设置起始时间和结束时间。

（3）设置视频播放的时机。幻灯片的视频默认显示首帧画面，并处于停止播放状态，只有当演示者单击视频时才开始播放。如果希望演示文档用于自动演示，则可将其设置为自动播放。

具体操作方法：选定幻灯片上的视频窗口，单击菜单"视频工具"→"播放"→"开始"右侧的小三角按钮，在其下拉列表中选择"自动"，如图 11 - 3 所示。

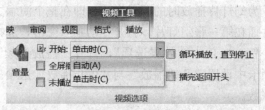

图 11 - 3　设置视频"自动"播放

11.2.2　添加声音

PowerPoint 2010 支持 MP3、WAV、WMA、ACC、AU、MID 等常见的音频格式。

（1）插入音频。其操作步骤如下。

步骤1：单击菜单"插入"→"媒体"功能区中的"音频"，选择音频文件，单击"插入"按钮。

步骤2：调整音频播放，拖拽音频图标至版面合适的地方。默认状态下单击该图标，将从头播放音频。假如想从某一位置开始播放，在进度条上相应位置单击，即可将其设为从指定位置播放。

另外，单击右侧的喇叭图标，可弹出滑杆，调节滑杆可调节音频播放的音量大小。调整音频播放及音量如图 11-4 所示。

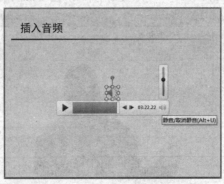

图 11-4　调整音频播放及音量

（2）播放音频。其操作步骤如下。

①选定幻灯片上的音频对象，单击"音频工具"→"播放"，在功能区中可进行音频播放的开始播放、播放方式等，如图 11-5 所示。

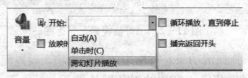

图 11-5　设置音频播放

②设为自动播放时，幻灯片上就不需要声音图标了，如果希望播放时不显示图标，则可以勾选"放映时隐藏"复选框，可以将声音图标拖拽至幻灯片外（但不能删除，删除图标插入的声音也会被删除）。

③如果想将音乐设为幻灯片播放时的背景音乐，即在整个演示文稿的播放中都有音乐的伴奏，则将音频文件插在第一张幻灯片，打开"动画"窗格，选择"动画"窗格列表中的音频文件项右端的小箭头，单击"效果选项"，打开"播放音频"对话框，如图 11-6 所示。在"效果"选项卡中设置"开始播放"与"停止播放"选项，即在"停止播放"选项中输入幻灯片的总张数。

（3）剪辑音频。某些时候，我们仅需要播放插入音频中的一小部分，这时可使用 PowerPoint 内置的音频剪辑功能，剪切幻灯片所需要的音频。在音频剪切过程中，原音频文件不会受到影响，可反复多次剪切，直到满意。

具体操作与上面视频剪切操作雷同，在此不再细述。

（4）录制旁白语音。对于一些自动演示文稿，用户可以预先将旁白录进演讲稿，并将

图 11 - 6　"播放音频"对话框

其设为自动播放。这样在播放时，演讲者不需要站在旁边解说了。当不需要自动演示时，演示者也可以禁播预先录制的旁白语音，现场配音演示。其操作步骤如下。

步骤 1：打开"录音"对话框。单击菜单"插入"→"媒体"功能区中的"音频"，打开"录音"对话框，如图 11 - 7 所示。

图 11 - 7　"录音"对话框

步骤 2：录制旁白。单击 ● 按钮，程序将通过麦克风拾取外界声音，旁白内容朗读完毕后，单击 ■ 按钮停止录制工作。单击"确定"按钮，即可将录制的旁白插入到幻灯片。

录制完毕后，旁白声音会显示一个声音图标，只有单击此图标才能播放。也可以按照上面"（2）播放音频"中介绍的方法将其设置为自动播放。

（5）将声音添加给指定的对象。有时我们不需要幻灯片一放映就播放声音，而是需要在单击某段文字或者某个图片时才播放声音。此时，可以将声音添加于特定的对象上来实现。

具体操作如下。

步骤 1：打开"动作设置"对话框。选定要添加声音的对象，单击菜单"插入"→"链接"功能区中的"动作"，打开"动作设置"对话框，如图 11 - 8 所示。

步骤 2：设置播放的声音。在"单击鼠标"或"鼠标移过"选项卡，选择"播放声音"复选框，在其下拉菜单中选择内置的播放声音或"其他声音……"选项，用于添加来自外部文件的声音。

注意：PowerPoint 仅支持将 WAV 格式的声音添加至对象，如果在"添加音频"对话框内找不到所需要的音频，应首先检查音频文件的格式是否为 WAV。

图 11 - 8 "动作设置"对话框

11.2.3 触发器使用

在 PowerPoint 中自定义动画效果中自带的触发器，是一种重要的工具，特别是在课件的制作中，能起到一种交互效果。

什么是触发器？触发器就相当于一个"开关"，通过这个开关控制 PPT 中的动作元素（包括音频视频元素）什么时候开始运作。例如，页面中有两个动作元素，一般情况下，动作元素的动作有一个先后关系，也就是说，哪个动作元素先动，哪个动作元素后动，是事先设定好了的，PPT 演示放映时是不能调整其动作的先后顺序的。而在教学实践中，往往存在动作顺序的不确定性，这时，使用触发器就非常方便，可以实现一种实时交互。

下面使用触发器制作一个小学计算题的答题，如图 11 - 9 所示，在放映状态下，当选择正确时在旁边会出现一个"√"，当选择错误时在旁边会出现一个"×"。

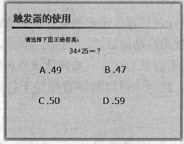

(a) 初始放映时状态   (b) 选择答案后的状态

图 11 - 9 "触发器"举例

具体制作步骤如下。

步骤 1：插入 5 个文本框（不包括标题），在文本框中分别输入题目及 A、B、C、B 四个备选答案。

步骤 2：插入 4 个文本框，其中 3 个文本框中输入"×"，放置在 A、B、C 答案旁边，一个文本框中输入"√"，放置在答案 D 旁边。

步骤 3：给"×"与"√"文本框添加动画，选择"×"或"√"的文本框，添加动画（本例设置为"出现"效果）。

步骤 4：单击"高级动画"功能区中的"动画窗格"，打开"动画窗格"对话框。单击"动画窗格"列表中的动画信息行右端小箭头，在下拉列表中选择"计时"，打开"出现"对话框"计时"选项卡，如图 11 - 10 所示。

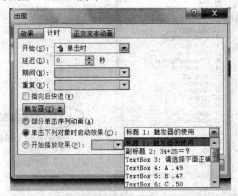

图 11 - 10　"出现"对话框—"计时"选项卡

步骤 5：单击"触发器"按钮，展开"触发器"设置项，选中"单击下列对象时启动效果"，在其右端的下拉列表中选择相对应的文本框对象（即 A、B、C、D）。

步骤 6：效果浏览。播放该幻灯片，单击相应答案后在其旁边显示"×"或"√"的标记。

使用触发器还可以作为视频播放、停止、暂停的控制开关，在下面的综合实例中会有进一步的讲解。

11. 2. 4　插入 Flash 动画

在 PowerPoint 中插入 Flash 影片共有 3 种方法。

1. 利用控件插入法

首先保存演示文稿，并将需要插入的动画文件和演示文稿文件放在同一个文件夹内（最好这样），然后检查 PowerPoint 2010 菜单中有没有"开发工具"菜单项，如果没有，先调出"开发工具"工具箱。具体操作方法如下：

步骤 1：单击"文件"→"选项"→"自定义功能区"，打开"PowerPoint 选项"对话框，如图 11 - 11 所示，勾选"开发工具"复选框，单击"确定"按钮，此时菜单列中添加了"开发工具"菜单项。

步骤 2：单击"开发工具"→"控件"功能区中的"其他控件"，打开"其他控件"对话框。在列表中找到 Shockwave Flash Object 控件，单击"确定"按钮。这时，光标变成"+"，在幻灯片中需要插入 Flash 动画的地方画出一个框，如图 11 - 12 所示。

步骤 3：在框中右击，在弹出的快捷菜单中选择"属性"，打开 Shockwave Flash Object"属性"对话框，如图 11 - 13（a）所示。

步骤 4：设置图 11 - 13（a）列表的"Movie"属性为 swf 文件的路径和文件名（如果 swf 文件与演示文稿在同一文件夹中，只需输入文件名即可）。

步骤5：播放演示文稿，查看效果，如图11－13（b）所示。

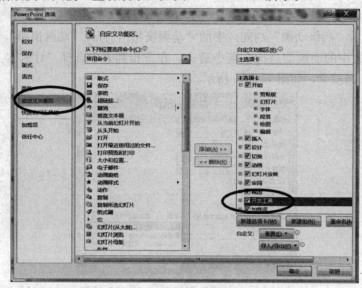

图 11－11　"PowerPoint 选项" 对话框

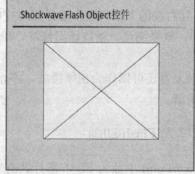

图 11－12　绘制 "Shockwave Flash Object" 控件

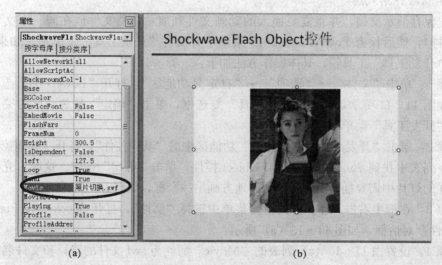

(a)　　　　　　　　　　　(b)

图 11－13　属性设置与播放效果

使用控件工具箱插入 Flash 动画的优点是无须安装 Flash 播放器，缺点是操作相对复杂。

2. 利用对象插入法

步骤 1：在需要插入 Flash 动画的幻灯片页，单击"插入"→"文本"功能区中的"对象"，打开"插入对象"对话框。单击"由文件创建——浏览"，选择需要插入的 Flash 动画文件，单击"确定"按钮。

步骤 2：选定刚插入 Flash 动画的图标，单击菜单"插入"→"链接"功能区中的"动作"，打开"动作设置"对话框。选中"单击鼠标"或"鼠标移过"选项卡都可以，在"对象动作"项选择"激活内容"，单击"确定"按钮。

步骤 3：放映幻灯片，当把鼠标移过该 Flash 对象，就可以演示 Flash 动画了，且嵌入的 Flash 动画能保持其功能不变，按钮仍有效。

注意：使用该方法插入 Flash 动画的 PPT 文件在播放时，是启动 Flash 播放软件（Adobe Flash Player）来完成动画播放的，所以在计算机上必须安装有 Flash 播放器才能正常运行。

这种方法的优点是，动画文件和 pptx 文件合为一体，在 pptx 文件进行移动或复制时，不需同时移动或复制动画文件，也不需要更改路径。

其缺点：播放时要求计算机里必须安装有 Flash 播放器。

3. 利用超链接插入 Flash 动画

步骤 1：在需要插入 Flash 动画的幻灯片页面，插入一图片或文字用于编辑超链接。例如，画一个形状——圆。

步骤 2：右击"圆"，在弹出的快捷菜单中选择"编辑超链接"，打开"超链接编辑"对话框，在该对话框中找到 Flash 动画文件地址，单击"确定"按钮。

步骤 3：保存文件。

注意：使用超链接插入的 Flash 动画时有 3 点需要注意：

（1）动画文件名称或存储位置改变将导致超链接"无法打开指定的文件"。解决方法是，在进行文件复制时，要连同动画文件一起复制，并重新编辑超链接。

（2）在 PPT 播放时，鼠标移至"超链接对象"（鼠标指针将变成手指状），单击，将弹出如图 11-14 所示窗口，单击"确定"按钮。

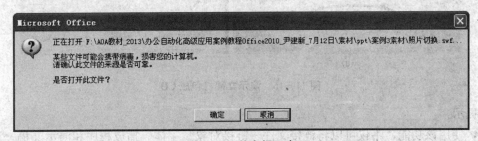

图 11-14　信息提示窗口

（3）计算机上要安装有 Flash 播放器才能正常播放动画。

其优点是：操作简单。

其缺点是：由于 pptx 和动画文件是链接关系，所以在 pptx 文件复制或移动过程中，必须同时复制和移动动画文件，并且要更改链接路径。否则，将出现"无法打开指定文件"对话框。另外，在计算机中必须安装 Flash 播放器才能正常播放。

11.2.5 CD 打包发布

如果演示时所使用的计算机并不是原来制作演示稿的那台计算机，那么到了演示现场，可能会遇到以下情况：

● 现场用于演示的计算机并没有安装 Office 系统，更没有 PowerPoint 软件，无法播放演示文稿。

● 发现会场上仅有老版本的 PowerPoint 2003，无法打开 pptx 格式的文档，即使打开了文档发现现场的计算机缺少了演示文稿所使用的某种字体。

为了避免诸如此类糟糕的情形发生，可使用 PowerPoint 所提供的"CD 数据包"功能，将演示文稿所需要的全部链接文件、链接对象、字体、播放程序和演示文稿一起打包，以确保另一台安装 Windows 系统的计算机上也可播放幻灯片并精确重现设计的每一个细节。

具体操作方法如下。

步骤1：打包发布。打开需要打包的演示文稿，单击菜单"文件"→"保存并发送"→"将演示文稿打包成 CD"→"打包成 CD"按钮，如 11—15（a）所示。

步骤2：设置并找包输出。如图 11-15（b）所示，单击"复制到文件夹"按钮，弹出"复制到文件夹"对话框。在"位置"文本框输入或单击"浏览"按钮选择输出的文件夹，依次单击"确定"→"是"按钮，即可将演示所需的所有资料输出至指定文件夹。

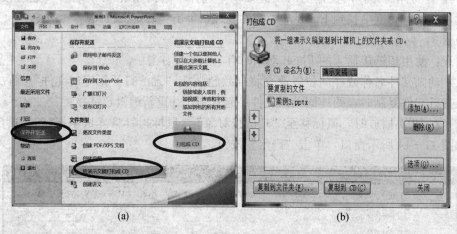

（a）　　　　　　　　　　　（b）

图 11 - 15　演示文稿打包成 CD

提示：

● 使用该功能，不仅可以将链接文件、链接对象、字体、播放程序和演示文稿一起刻录至 CD，还可以将它们放置于指定的文件夹，然后用 U 盘将这些内容带走。

● 单击图 11-15（b）中的"添加"按钮，可将其他演示文档加入此 CD。换而言之，添加其他演示文档后，即可以一张 CD 内打包多个演示文稿。

11.3　案例——iPhone 手机产品广告宣传演示文稿

[案例要求]

第一题：制作第 1、2 页幻灯片。

要求：

（1）制作如图 11-16 所示的第 1、2 页幻灯片。

图 11-16　封面与目录

（2）页面元素及具体要求见表 11-1。

表 11-1　页面元素及要求

编号	对象	操作	动画设置及开始
①	图片 p5	插入图片 p5，并删除图片背景	自底部浮入，与上一动画同时
②	图片 p1	作为背景图片插入，调整图片大小、位置	无
③	5 个文本框	插入 5 个文本框，输入文字，设置字体格式	基本缩放，上一动画之后
④	图片 p0、p5、p9	插入图片 p0，p5，p9，并删除图片背景，旋转图片	翻转式由近及远，上一动画之后
⑤	图片 p	在母版编辑模式下，插入图片 p，调整图片大小、位置	无
⑥	图片 logo	插入图片 p5，并删除图片背景，调整图片大小、位置	无
⑦	1 个文本框	插入 1 个文本框，输入文字，设置字体格式	无
⑧	7 个文本框、若干个形状——圆	插入 1 个文本框及形状-圆，设置形状效果，组合文本框，复制对象，粘贴 6 个，调整位置，输入文字	形状，方向放大，与上一动画同时
⑨	占位符	插入日期、编号、页脚	无

第二题：制作第 3 页幻灯片。

要求：

(1) 制作如图 11-17 所示的第 3 页幻灯片。

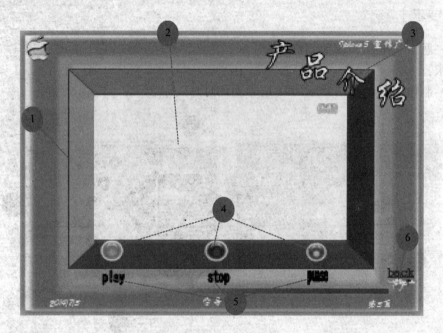

图 11-17 幻灯片第 3 页

(2) 页面元素及具体要求见表 11-2。

表 11-2 第 3 页页面元素及要求

编号	对象	操作	动画设置及开始
①	形状——棱台	插入棱台形状	无
②	视频 f1.flv	插入视频文件 f1，调整视频窗口大小与位置	播放、暂停、停止，使用触发器，并 Play、Stop、Pause 三个文本框关联起来
③	4 个文本框	插入 4 个文本框，输入文字，设置字体格式	无
④	多个形状——圆	插入形状——圆，设置形状样式如效果，并复制粘贴其他两个	无
⑤	3 个文本框	插入 3 个文本框，输入文字	无
⑥	1 个文本框与图片 gif	插入 1 个文本框，输入文字，插入图片 gif，组合对象，超链接至第 2 张幻灯片	无

第三题：制作第 4、5 页幻灯片。

要求：

（1）制作如图 11-18 所示的第 4、5 页幻灯片。

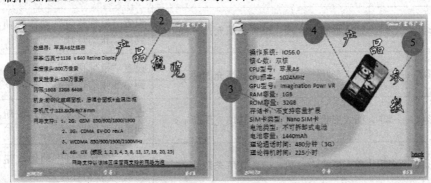

图 11-18　幻灯片第 4、5 页

（2）页面元素及具体要求见表 11-3。

表 11-3　第 4、5 页页面元素及要求

编号	对象	操作	动画设置及开始
①	1 个文本框	插入 1 个文本框、输入文字，设置字体格式	轮子，单击
②	4 个艺术字	插入 4 个艺术字，样式 1，华文行楷	无
③	1 个文本框	插入 1 个文本框、输入文字，设置字体格式	擦除，上一动作之后
④	图片 app14	插入图片 app14	飞入，单击
⑤	4 个文本框	插入 4 个文本框、输入文字，设置字体格式	无

第四题：制作第 6~11 页幻灯片。

要求：

（1）制作如图 11-19 所示的第 6、7、8、9、10、11 页幻灯片。

图 11-19　幻灯片第 6、7、8、9、10、11 页

（2）页面元素及具体要求见表 11-4。

（3）复制第 6 张幻灯片编号①②③④⑤⑥⑦的对象，分别粘贴至第 7、8、9、10、11 页。

表 11-4　第 6、7、8、9、10、11 页面元素及要求

编号	对象	操作	动画设置及开始
①	形状——圆	插入形状——圆，设置其填充图片 app26	设置"鼠标移过"动作按钮，超链接到第 7 张幻灯片
②	形状——圆	插入形状——圆，设置其填充图片 p2	设置"鼠标移过"动作按钮，超链接到第 8 张幻灯片
③	形状——圆	插入形状——圆，设置其填充图片 p3	设置"鼠标移过"动作按钮，超链接到第 9 张幻灯片
④	形状——圆	插入形状——圆，设置其填充图片 p6	设置"鼠标移过"动作按钮，超链接到第 10 张幻灯片
⑤	形状——圆	插入形状——圆，设置其填充图片 p8	设置"鼠标移过"动作按钮，超链接到第 11 张幻灯片
⑥	—	复制幻灯片第 3 页编号⑥	—
⑦	1 个文本框	插入文本框、输入文字，设置字体格式	无
⑧	1 个文本框	插入文本框、输入文字，设置字体格式	无
⑨	1 个文本框	插入文本框、输入文字，设置字体格式	无
⑩	1 个文本框	插入文本框、输入文字，设置字体格式	无
⑪	1 个文本框	插入文本框、输入文字，设置字体格式	无

第五题：制作第 12 页幻灯片。

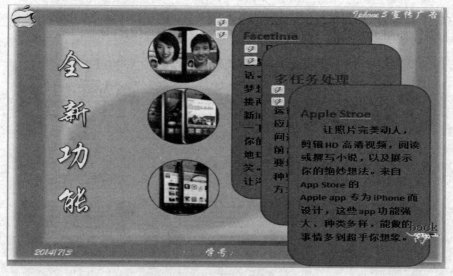

图 11-20　幻灯片第 12 页

要求：

(1) 制作如图 11-20 所示的第 12 页幻灯片。

(2) 页面元素及具体要求见表 11-5。

表 11-5　第 12 页面元素及要求

编号	对象	操作	动画设置及开始
①	1 个文本框	插入文本框、输入文字，设置字体格式	无
②	形状——圆	插入形状，设置其填充图片 p4	无
③	形状——圆	插入形状，设置其填充图片 p7	无
④	形状——圆	插入形状，设置其填充图片 app5	无
⑤	形状——圆角矩形	插入形状，输入文字，设置字体格式	玩具风车，使用触发器启动（单击编号②）和基本缩放（放大）
⑥	形状——圆角矩形	插入形状，输入文字，设置字体格式	玩具风车，使用触发器启动（单击编号③）和基本缩放（放大）
⑦	形状——圆角矩形	插入形状，输入文字，设置字体格式	玩具风车，使用触发器启动（单击编号④）和基本缩放（放大）
⑧	—	复制幻灯片第 3 页编号⑥	—

第六题：制作第 13、14 页幻灯片。

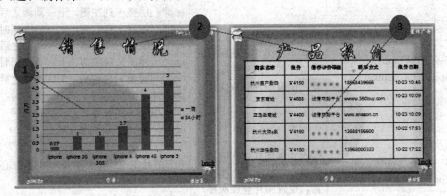

图 11-21　幻灯片第 13、14 页

要求：

（1）制作如图 11-21 所示的第 13、14 页幻灯片。

（2）页面元素及具体要求见表 11-6。

表 11-6　第 13、14 页面元素及要求

编号	对象	操作	动画设置及开始
①	图表——堆积柱形图，数据源文件- iPhone 销售表 . xlsx	插入图表，设置图表选项	自底部擦除，上一动画之后
②	艺术字——样式 1，华文行楷，16 磅	插入艺术字，设置字体格式	自底部擦除，上一动画之后
③	表格	插入表格，输入数据，设置字体格式	自左侧擦除，上一动画之后

第七题：制作第 15、16 页幻灯片。

图 11-22 幻灯片第 13、14 页

要求：

（1）制作如图 11-22 所示的第 15、16 页幻灯片。

（2）页面元素及具体要求见表 11-7。

表 11-7 第 15、16 页面元素及要求

编号	对象	操作	动画设置及开始
①	5 张图片 app16、app6、app7、p8、app8	插入 4 张图片，删除图片背景，调整图片大小与位置，设置图片叠放次序	app7—层叠·到左侧，上一动画之后 app8—伸展·自右侧，上一动画同时 app8—层叠·到顶部，上一动画之后 app6—伸展·自底部，上一动画同时 app6—层叠·自右侧，上一动画之后 p8—伸展·自左侧，上一动画同时 p8—层叠·到底部，上一动画之后 app16—伸展·自底部
②	4 张图 app16、app6、app7、app8	插入 4 张图片，删除图片背景，调整图片大小与位置，设置图片叠放次序	4 个图片对象均是缩放·对象中心（消失点）

第八题：将演示文稿打包成 CD。

在桌面上以"班级学号"新建文件夹，将演示文稿打包成 CD，以"姓名"为命名，复制到新建的文件夹。

[案例制作]

请参考素材文件中的"案例 3.pptx"效果文件设计。

第一题：制作第 1、2 页幻灯片。

步骤 1：新建一演示文稿文件，并插入一张新的幻灯片。

步骤 2：将图片 p1 设为第一张幻灯片背景。

单击菜单"设计"→"背景"功能区中的"背景样式"，打开"设置背景格式"对话框。选择"填充"→"图片或文理填充"，单击"文件……"，找到文件 p1，单击"关闭"按钮。

步骤 3：插入图片 p5，编辑图片。

单击菜单"插入"→"图像"功能区中的"图片",找到图片 p5,单击"插入"按钮;然后删除图片背景,调整图片大小及位置。

步骤 4:插入编号③的 5 个文本框,输入文字,并设置字体格式。

步骤 5:设计 2～16 张幻灯片的母版。

● 单击"视图"→"幻灯片视图"功能区中的"幻灯片母版",进入幻灯片母版编辑模式。

● 在左边的幻灯片列表中选定"由幻灯片 2 使用"提示信息的幻灯片。

● 插入图片 p,并将图片 p 的叠放层次设为"底层"。

● 插入图片 logo,删除 logo 图片背景,并缩放图片,移动图片至幻灯片左上角。

● 在"页脚"占位符中输入"学号",设置字体格式为白色、16 磅、隶书。

● 在幻灯片编号占位符"♯"前输入"第","♯"输入页,注意不能删除"♯"号,设置字体格式为白色、14 磅、华文宋体。

● 单击"幻灯片母版"→"关闭母版视图"。

步骤 6:设计第 2 张幻灯片。

● 选定第 2 张幻灯片,插入图片 p0、p5、p9,删除图片背景,旋转图片,调整 3 个图片的位置与叠放次序。

● 插入 1 个文本框,输入编号⑦的文字,设计字体格式。

● 插入 1 个矩形形状,两个圆形状,设计一个编号⑧所示的形状效果,并组合,复制并粘贴其他 6 个,调整位置,输入每个矩形形状中的文字。

● 单击"插入"→"文本"功能区中的"幻灯片编号",在"页眉和页脚"对话框中勾选"日期"、"编号"、"页脚"、"标题幻灯片不显示"复选框,单击"全部应用"按钮。

步骤 7:设置对象的动画效果。

选定对象,单击菜单"动画",根据表 11－1 中"动画设置与开始"列设置对象的动画效果,同时打开动画窗格,参考"＼素材＼PPT＼案例 3. pptx"效果文件(可到华信教育资源网 www. hxedu. com. cn 下载),调整动画的播放顺序。

第二题:制作第 3 页幻灯片。

选定第 3 张幻灯片,再进行如下操作。

步骤 1:插入编号①的棱台形状。单击"插入"→"形状"功能区中的"棱台",设置棱台填充颜色为蓝色,调整至适合的大小。

步骤 2:插入视频文件 f1. flv。单击"插入"→"媒体"功能区中的"视频"→"文件中视频……",找到 f1. flv 文件,单击"插入"按钮,调整视频窗口至适合的大小。

步骤 3:插入编号③的 4 个文本框,输入文字,并设置字体格式。

步骤 4:设计编号④的形状。插入两个形状——圆,并设置圆形状样式,如效果文件所示,叠放一起并组合,复制并粘贴两个。

步骤 5:插入 3 个文本框,分别输入"Play"、"Stop"、"Pause"字符,设置字体格式。

步骤 6:使用触发器设置视频文件的播放、停止、暂停控制。

● 选定幻灯片中的视频文件,单击"动画"→"动画"功能区中的"播放"。

● 单击"动画"→"高级动画"功能区中的"动画窗格",单击"动画"窗格列表的信息行右端的小箭头，再单击"计时"→"触发器"，在"单击下列对象时启动"列表中选择"Play"文本框。

● 选定幻灯片中的视频文件，单击"高级动画"功能区中的"添加动画"→"停止"，打开"计时"选项卡，与"播放"效果的设置方法雷同，参考上一步完成设置。

● 同理，"暂停"效果的设置与"停止"类似。

步骤7：插入编号⑥的文本框与图片，输入文字，组合文本框与图片。选定编号⑥对象，右击，在弹出菜单中选择"超链接……"，在打开的"插入超链接"对话框中单击"本文档中位置"→"幻灯片2"。复制并粘贴编号⑥至第4～16张幻灯片右下角。

第三题：制作第4、5页幻灯片。

步骤1：选定第4张幻灯片，插入编号①的文本框，输入文字，并设置字体格式。

步骤2：插入4个艺术字，样式1，字体设置为华文行楷。

步骤3：选定第5张幻灯片，插入编号③的文本框，输入文字，并设置字体格式。

步骤4：插入图片app14，删除图片背景，调整图片大小和位置。

步骤5：按表11-3中"动画设置及开始"列分别设置第4、5张幻灯片的动画效果，参照效果文件在动画窗格调整播放次序。

第四题：制作第6～11页幻灯片。

步骤1：选定第6张幻灯片，插入编号①②③④⑤的形状——圆。

步骤2：根据表11-4中的题目要求，分别将图片app26、p2、p3、p6、p8设置为形状的填充图。

步骤3：选定编号①的形状，单击"插入"→"链接"功能区中的"动作"，打开"动作设置"对话框。选择"鼠标移过"选项卡，在"超链接到"下拉列表框中选择"幻灯片……"，在"幻灯片标题列表"中选择"幻灯片7"。

重复步骤3，设置编号②③④⑤的"鼠标移过"时，分别链接到8、9、10、11张幻灯片。

步骤4：插入编号⑦的文本框，输入文字，并设置字体格式。

步骤5：同时选定编号为①②③④⑤⑥⑦的对象，复制并粘贴至第7、8、9、10、11张幻灯片。

步骤6：在第7、8、9、10、11张分别插入编号⑧、⑨、⑩、⑪、⑫的文本框，输入文字，设置字体格式。

第五题：制作第12页幻灯片。

步骤1：选定第12张幻灯片，插入编号①的文本框，输入文字，并设置字体格式。

步骤2：插入编号②③④的形状——圆，并设置其形状填充图片分别为p4、p7、app5。

步骤3：插入编号⑤⑥⑦的3个圆角矩形，输入文字，并设置字体格式。

步骤4：分别设置编号⑤⑥⑦的动画效果为"玩具风车"和"基本缩放（放大）"，其中"玩具风车"动画效果是使用触发器，分别单击编号②、③、④时实现。

具体的动画效果及播放效果请参见"\素材\PPT\案例3.pptx"效果文件。

第六题：制作第13、14幻灯片。

步骤1：打开素材文件下"iPhone销售表.xlsx"，复制数据区域。

步骤2：选定第13张幻灯片，单击"插入"→"插图"功能区中的"图表"，在打开的"插入图表"对话框中选择"柱形图"→"堆积柱形图"，这时，PowerPoint 窗口与 Excel 窗口平铺自动打开，如图 11 - 23 所示。

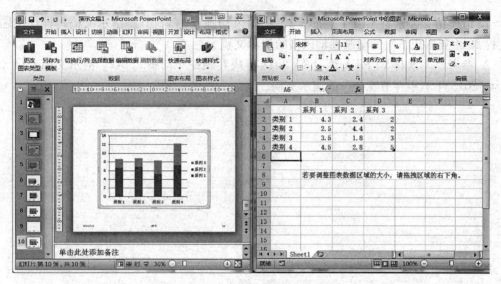

图 11 - 23　PPT 中直接创建图表

步骤 3：Excel 中数据修改为步骤 1 中复制的数据，并拖拽蓝色框线的控制柄，正好框住数据，关闭 Excel，图表自动创建。

步骤 4：自动创建的图表如果样式不符合需要，比如需要添加标题、更改图例位置、修改坐标轴刻度等，此时操作方法与 Excel 环境编辑图表方法一致，在此不再细述。

步骤 5：设置 2 张幻灯片的标题，插入艺术字，样式 1，华文行楷，16 磅。

步骤 6：选定第 14 张幻灯片，单击"插入"→"表格"，插入一个 6 行 5 列的表格，输入文字，设置字体格式。

步骤 7：按表 11 - 6 中"动画设置及开始"列分别设置第 13、14 张幻灯片的动画效果，参照效果文件在动画窗格调整播放次序。

第七题：制作第 15、16 页幻灯片。

步骤 1：选定第 15 张幻灯片，插入 5 张图片 app16、app6、app7、p8、app8，删除图片背景，调整图片大小和位置。

步骤 2：选定第 16 张幻灯片，插入 4 张图片 app16、app6、app7、app8，删除图片背景，调整图片大小和位置。

步骤 3：按表 11 - 7 中"动画设置及开始"列分别设置第 15、16 张幻灯片的动画效果，参照效果文件在动画窗格调整播放次序。

第八题：将演示文稿打包成 CD。

步骤 1：在桌面上新建文夹"班级学号"，如"法学 132 _ 201345628"。

步骤 2：单击"文件"→"保存并发送"→"将演示文稿打包成 CD"→"打包成 CD"，打开"打包成 CD"对话框。

步骤 3：在将"CD 命名为"文本框中输入姓名，如"石三"，单击"复制到文件夹"按钮，找到桌面上刚新建的文件夹。

———————◇◆◇ 习题 ◇◆◇———————

    1. 请模仿"\素材\PPT\练习 3\中国风动画卷轴.pptx"演示文稿，设计主题为"庆祝 2014 年国庆节"的动画卷轴风格的演示文稿。

    2. 参考"\素材\PPT\练习 3\2013 喜庆卷轴蛇年动画.pptx"演示文稿，设计主题为"2015 年羊年春节晚会"的演示文稿。

参考文献

［1］孙小小. PPT 演示之道——写给非设计人员幻灯片指南［M］. 2 版. 北京：电子工业出版社，2012.

［2］吴卿. 办公软件高级应用 Office 2010［M］. 杭州：浙江大学出版社，2012.

［3］吴卿. 办公软件高级应用考试指导 Office 2010［M］. 杭州：浙江大学出版社，2014.

［4］飞龙书院. Office 2010 从新手到高手［M］. 北京：化学工业出版社，2011.

［5］李永平. 信息化办公软件高级应用［M］. 北京：科学出版社，2009.

［6］陈伟. 办公自动化高级应用案例教程［M］. 北京：北京交通大学出版社，2008.

［7］廖金权. Office 2010 高效办公综合应用从入门到精通［M］. 北京：科学出版社，2013.

［8］卞诚君等. 完全掌握 Office 2010 超级手册（办公大全集）［M］：北京：机械工业出版社，2013.

参考文献

[1] 眭碧霞. 办公软件高级应用：Office 2010[M]. 北京：高等教育出版社，2012.

[2] 赛贝尔资讯. Office 2010 办公应用标准教程[M]. 北京：清华大学出版社，2012.

[3] 神龙工作室. 新手学电脑从入门到精通（Office 2010 版）[M]. 北京：人民邮电出版社，2014.

[4] 卓越科技. Office 2010 电脑办公从入门到精通[M]. 北京：电子工业出版社，2013.

[5] 杰诚文化. Office 2010 办公应用实战从入门到精通[M]. 北京：人民邮电出版社，2013.